电焊工入门与技巧

编 著 高忠民 金凤柱

金盾出版社

内 容 提 要

《电焊工入门与技巧》是专门为在焊接生产第一线从事电焊作业的技术工人和走上这一岗位的初学者编写的技术读本和工具书。本书结合焊接实践中经常出现的问题和作者多年的实践,详实地介绍了电焊的基础知识、基本操作技术、焊接规范、常用金属材料的焊接和大量的焊接工程实例,以及焊接应力和焊接变形、焊接缺陷和质量检查、焊条电弧焊安全技术等方面的内容。

图书在版编目(CIP)数据

电焊工入门与技巧/高忠民,金凤柱编著·——北京:金盾出版社,2005.5(2018.9重印)
ISBN 978-7-5082-3520-2

Ⅰ.①电… Ⅱ.①高…②金… Ⅲ.①电焊—焊接工艺 Ⅳ.① TG443

中国版本图书馆 CIP 数据核字(2005)第 013374 号

金盾出版社出版、总发行
北京市太平路 5 号(地铁万寿路站往南)
邮政编码:100036 电话:68214039 83219215
传真:68276683 网址:www.jdcbs.cn
封面印刷:北京凌奇印刷有限公司
正文印刷:北京万博诚印刷有限公司
装订:北京万博诚印刷有限公司
各地新华书店经销
开本:850×1168 1/32 印张:13.25 字数:394 千字
2018 年 9 月第 1 版第 12 次印刷
印数:90 001～93 000 册 定价:39.00 元

前　言

在工业生产中,电焊技术广泛应用于建筑施工、管道、压力容器、工业制造、石油、化工、船舶等行业,焊接作业在工程和产品的质量方面起着关键作用。培养和造就大批懂技术、会操作、有创新能力、从事焊接作业的高素质劳动者,是现代企业人力资源管理活动和职业技术技能训练与鉴定的一项紧迫任务。

《电焊工入门与技巧》一书详实地介绍了焊接技术和焊条电弧焊的实际操作经验。为满足从事焊接作业和学习焊接操作技术与技巧的广大读者的需求,本书由长期从事焊接职业教育和在焊接生产第一线从事多年焊接工作、具有丰富焊接操作经验的人员共同编写。本书的编写指导思想是能够使读者全面掌握电焊技术:对于初学者,能够使他们少走弯路,掌握基本知识和相关技术,尽快地通过技能、技术鉴定和考核,达到资质上岗要求;对于在职焊工,也能学到新的焊接技术,不断提高自己的电焊技艺。

在编写本书的过程中,我们力求使内容通俗易懂,结合操作实际,针对工程实例中的关键技术问题,在全面介绍焊接工艺的同时,重点叙述了操作方法和要领,便于读者自学。

鉴于作者水平所限,该书所述内容难免有错误和不妥之处,敬请广大读者批评和指正。

作　者
2005 年 3 月

目　　录

第一章　焊条电弧焊

第一节　焊条电弧焊的特点及其特性

一、焊条电弧焊的特点

电弧焊是利用电弧的热量加热、熔化金属进行焊接的。焊条电弧焊是用手工操纵焊条进行焊接的电弧焊方法。GB/T 3375—1994《焊接术语》把原来的"手工电弧焊"改称为焊条电弧焊。焊条电弧焊有以下特点：

(1)焊条电弧焊是以外部涂有涂料的焊条作为电极和填充金属,电弧在焊条的端部和被焊工件表面之间燃烧。涂料在电弧热的作用下一方面可以产生气体保护电弧,另一方面可以产生熔渣覆盖在熔池表面,防止熔化金属与周围气体的相互作用。熔渣更重要的作用是与熔化金属产生物理化学反应,添加合金元素,改善焊缝金属的性能。

(2)焊条电弧焊配用相应的焊条可适应于大多数工业用碳钢、不锈钢、铸铁、铜、铝、镍及其合金的焊接。

(3)焊条电弧焊具有工艺灵活、适应性强的特点。适用于各种厚度、各种结构形状及位置的焊接。可以应用于维修及装配中的短缝的焊接,特别是可以用于难以达到的部位的焊接。

(4)焊条电弧焊对焊接接头的装配要求较低。由于焊接过程中用手工操作控制电弧长度、焊条角度、焊接速度等,因此对焊接接头的装配尺寸要求可相对降低。同时还易于通过改变工艺操作来控制焊接变形和改善接头应力状况。

(5)焊条电弧焊设备简单、轻便,操作灵活,维修方便。与气体保护焊、埋弧焊等电弧焊接方法比较,生产成本较低。

(6)焊条电弧焊生产效率较低,焊工劳动强度大,而且对焊工的操作技术水平要求较高。

二、焊条电弧焊的冶金特性

(一)焊接熔池的形成和结晶

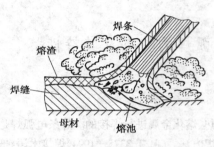

图 1-1 焊条电弧焊过程示意图

如图 1-1 所示,焊条电弧焊时,焊件和焊条在电弧热量的作用下,焊件坡口边缘被局部熔化,焊条熔化形成熔滴向焊件过渡,熔化的金属形成焊接熔池。随着焊接电弧向前移动,熔池后边缘的液态金属温度逐渐降低,液态金属以母材坡口处未完全熔化的晶粒为核心,生长出焊缝金属的枝状晶体并向焊缝中心部位发展,直至彼此相遇而最后凝固。与此同时,前面的焊件坡口边缘又开始局部熔化,使焊接熔池向前移动。当焊接过程稳定以后,一个形状和体积均不变化的熔池随焊接电弧向前移动,形成一条连续的焊缝。

焊缝的几何形状和横截面尺寸可以用熔深(H)、熔宽(B)及余高(a)等参数来表示,如图 1-2 所示。通常采用焊缝成形系数(φ)、余高系数和熔合比三个指标来反映焊缝成形的特征。

焊缝成形系数指焊缝的熔宽与熔深之比,即 $\varphi = \dfrac{B}{H}$,成形系数小,表示焊缝深而窄,因而焊接的热影响区就小。焊缝成形系数小,有利于充分利用电弧的热能,减少热影响区尺寸和减少焊接变形。但当焊缝成形系数太小时,焊缝易产生裂纹、气孔和夹渣,焊缝成形系数一般控制在 1.3~2.0 较为合适。

焊缝的余高系数指熔宽与余高的比值,即 $\dfrac{B}{a}$。一般应把余高系数控制在 4~8,余高太大对承受动载荷的结构不利。对于角焊缝不应有余高,理想的角焊缝应当是凹形的。一定的余高具有防止产生裂纹的作用,但是余高太大会造成应力集中,降低承载能力,同时也浪费了焊

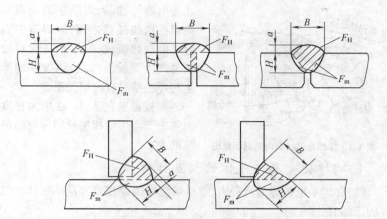

图 1-2 焊缝的熔深(H)、熔宽(B)、余高(a)

F_m——母材熔化横截面面积 F_H——填充金属熔化后的横截面面积

接材料。所以认为多熔敷一些焊接金属可以提高强度是不对的。

熔合比指母材金属在焊缝金属中所占的比率,即:

$$\gamma = \frac{F_m}{(F_m + F_H)} \times 100\%$$

式中 γ——熔合比(%);

F_m——母材熔化横截面面积(mm^2);

F_H——填充金属熔化后的横截面面积(mm^2)。

焊接高合金钢及有色金属时应控制熔合比,防止产生焊接缺陷。

常温下焊缝金属由熔池的液态金属凝固而成,焊缝组织是二次结晶的结果。第一次是由液态转变为固态,即奥氏体时的结晶过程;第二次是当焊缝金属温度低于相变温度时发生的组织转变。焊缝最后得到的组织是由金属中的化学成分和冷却条件决定的。

焊缝金属的结晶过程是:当电弧离去,熔池冷却,首先在母材坡口处未完全熔化的晶粒成为熔池金属的结晶核心。凝固后,部分焊缝金属和坡口处的母材金属形成许多共晶晶粒,即所谓晶内结晶,如图 1-3 所示。通常焊缝结晶从半熔化晶粒开始垂直于焊缝并朝散热的相反方向——焊缝中心生长,即为柱状晶的生长。只有在焊缝中心或火口处,

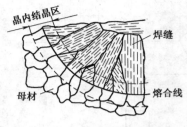

图 1-3　焊缝金属的晶内结晶示意图

才会出现等轴晶,焊缝中的杂质易集聚在这些晶粒之间,故焊缝中心容易出现热裂纹,特别是在火口处更易产生裂纹。总之,热裂纹的产生与焊缝结晶有密切关系。

焊缝晶粒的大小,在很大程度上取决于与熔池相接处的母材的晶粒的大小。

(二)熔化金属与气体的相互作用

(1)在焊条电弧焊的过程中,焊接熔池周围存在着大量的气体。气体的来源有:

①熔化金属周围的空气。

②焊条药皮内的水分遇热蒸发的气体。

③由于冶炼方面的原因而残留在母材金属和焊条金属内的气体。

④工件表面存在的油污、漆、锈等杂质在焊接时放出的气体。

⑤在电弧的高温下,金属和药皮发生强烈的蒸发现象放出的气体。
上述气体主要成分有氢(H_2)、氧(O_2)、氮(N_2)、一氧化碳(CO)、二氧化碳(CO_2)、水蒸气(H_2O)和金属蒸气等。

(2)如果钢中存在过量的氧,在加热时晶粒有长大的趋势。钢中氧以四氧化三铁(Fe_3O_4)和三氧化二铁(Fe_2O_3)的形式存在,呈不规则的点状凝集物分布,或在晶粒边界呈不完整的褐色网线状态。金属中的氧使金属的力学性能有明显的降低,还会使钢的耐腐蚀性降低。焊接时氧气被加热到很高的温度,氧从分子状态分离为原子状态,原子状态的氧比分子状态的氧更活泼,能使铁被激烈氧化,此外还使钢中其他元素氧化,使焊缝中大量有益元素被烧损。氧化物在焊缝金属中有的以夹杂物形式存在,有的以固溶体形式存在。氧在焊缝金属中是非常有害的,采用脱氧的方法去除焊缝中的氧是改善焊缝质量的主要方法之一。

(3)钢随含氮量的增加强度极限和屈服极限上升,但断后伸长率或断面收缩率下降。氮在焊接条件下被高温分解,并与氧反应生成一氧化氮(NO)。生成的一氧化氮被吸附在熔滴表面或熔于熔滴中并过渡到熔池里,在焊缝金属冷却到1000℃左右时,一氧化氮又从固体金属析出,分解为氧原子和氮原子。氮原子与铁生成氮化物,夹杂于焊缝金属中。高温时的氮原子非常活泼,易与很多金属化合成氮化物,这些金属的氮化物存在于焊缝中,使焊缝金属被氮所饱和。氮以饱和的形式存在于焊缝之中,随时间的延长,会以氮化四铁(Fe_4N)析出,而产生时效现象,使钢的硬度增加,塑性下降。因此,焊接时必须设法使焊接熔池里含氮量尽量降低,越低越好,但脱氮相对于脱氧难度较大,较好的办法是加强保护,防止氮的侵入。

(4)氢对焊缝金属的严重危害是造成白点、气孔和裂纹。所谓白点,即在焊缝金属的纵断面中可以看到圆形或椭圆形的银色斑点,在横断面上则表现为细长的发丝状裂纹。出现白点的焊缝在使用时会突然断裂,造成事故。氢常以原子状态溶解于金属中,而且能溶于几乎所有的金属。氢在钢中的溶解度与温度和压力有关,在压力一定时氢的溶解度随温度升高而增大。如图1-4表示压力为9.80665×10^4Pa时氢在铁中的溶解度。由图1-4可知,焊缝金属在冷却过程中焊缝中的氢的溶解度会急剧下降,氢开始从原子状态变成分子状态,而分子状态的氢不溶于金属。当冷却较快时,氢原子来不及扩散到焊缝金属表面逸出

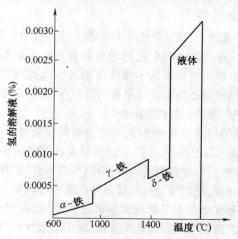

图1-4 压力为9.80665×10⁴Pa时氢在铁中的溶解度

而形成气孔。由于氢分子不能扩散,故在焊缝局部地区产生几千 MPa 的巨大压力,超过了钢的强度极限而在该处形成白点,同时使焊缝和熔合线附近产生微裂纹,微裂纹发展可能形成宏观裂纹。合金钢焊接时,氢使母材近缝区被淬硬并造成冷裂纹(延迟裂纹),同时氢还是焊缝中形成热裂纹的原因之一。

(三)金属元素的蒸发

由于焊接时焊缝各金属元素有蒸发现象,增加了对焊缝金属化学成分控制的难度,并引起焊接缺陷的产生。

一般焊缝各金属元素沸点不同,沸点低的金属易于蒸发,沸点较高的金属在相同条件下蒸发量较少。金属元素在合金中原始浓度不同,蒸发的数量也不同。挥发性大的物质易于形成蒸气,有些元素生成二氧化物后挥发性变强,如二氧化硅(SiO_2),其熔点很高,但易于挥发。

在焊接过程中,当电弧电压高时蒸发激烈;当焊接速度低时蒸发量就多。焊缝金属元素蒸发产生的蒸气,在空气中迅速冷凝和氧化所造成的烟尘对焊工的健康非常有害。焊接时,金属的蒸发现象无法完全避免,一般通过掺合金弥补。同时,在安全、卫生方面应积极采取有效的防护措施。

(四)熔渣的作用

(1)焊条电弧焊时,焊条药皮中的矿物质(造渣剂)在焊接电弧高温作用下熔化成熔渣。熔渣在焊接过程中起着非常重要的作用,就像炼钢一样如果没有炉渣就根本炼不出优质钢,没有熔渣也很难得到优质的焊缝金属。熔渣在焊条电弧焊中起到保护作用、去杂质作用、合金化作用、稳弧作用和改善工艺性能的作用。

(2)由于焊接熔渣包裹着熔滴,可防止熔滴在通过电弧空间向熔池过渡时其他有害气体的侵入。焊接熔渣覆盖在熔池表面,使熔化金属与周围空气隔绝;当焊缝金属凝固后,熔渣形成渣壳,提供保温,从而降低焊缝的冷却速度,使焊缝金属的结晶处在缓慢冷却的条件下,改善焊缝金属的结晶和成形。在焊条电弧焊的过程中,药皮中的有机物和某些碳酸盐在电弧高温作用下燃烧或分解,放出二氧化碳气体,使弧柱区的空气被排出,也起到保护作用。若熔渣的量太少,保护效果就差;如果熔渣量太多,就会给焊接操作带来不便,并产生夹渣等缺陷。

(3)焊接熔渣的去杂质作用包括脱氧、脱硫和脱磷等。脱氧,指去掉焊缝中的氧化亚铁(FeO),金属在焊接时激烈地被氧化,铁的氧化物有氧化亚铁(FeO)、四氧化三铁(Fe_3O_4)和三氧化二铁(Fe_2O_3),其中只有氧化亚铁(FeO)能溶于熔化的焊缝金属,焊缝金属熔化后如果溶有氧化亚铁(FeO)会明显地降低其机械性能。焊缝金属的脱氧方法是将脱氧剂加在焊条药皮中,焊接时脱氧剂熔化在熔渣里,通过熔渣和熔化金属进行一系列的脱氧冶金反应实现焊缝金属的脱氧。在焊接时常用的脱氧剂有锰(Mn)、硅(Si)、钛(Ti)、铝(Al)等。由于锰或硅比铁活泼,焊条熔化时,这些元素大部分过渡到焊接熔池中去,从氧化亚铁中把铁置换出来,形成锰或硅的氧化物。由于锰或硅的氧化物不溶于液态金属中,均上浮形成熔渣,从而起到脱氧作用。如[FeO]+[Mn]→[Fe]+(MnO),式中加中括号的表示该物质在焊缝金属中;加圆括号的表示该物质在熔渣中。用钛(Ti)作为脱氧剂的优点是:不仅能脱氧,而且还能去除氮,钛还能细化晶粒,改善焊缝金属的机械性能。但由于钛和氧亲和力极强,很大一部分钛在药皮刚一熔化时就被烧损掉了,进入熔池起脱氧作用的钛只是其中一小部分,故钛的损失太大而不经济。铝(Al)是最强的脱氧剂,但脱氧生成的三氧化二铝(Al_2O_3)熔点极高(2050℃),极易在焊缝金属内形成夹渣。此外,铝还能引起焊接过程的飞溅,使焊缝成形不良。硫在钢中主要以硫化铁(FeS)和硫化锰(MnS)形态存在,其中硫化锰不溶于钢液中,形成熔渣浮于熔池表面,对钢的性能影响不大。硫化铁(FeS)在焊缝金属中极为有害,冷却时与其他化合物形成易熔物质,聚集在晶界处,破坏晶粒之间的联系,降低焊缝金属的塑性并引起热脆和热裂纹。在焊接过程中,药皮中的氧化锰(MnO)与硫化铁反应生成硫化锰,使其溶于熔渣中,从而达到脱硫的效果。用酸性焊条脱硫是困难的,一般含锰量高及碱性强的熔渣才有好的脱硫效果。磷在钢中以磷化铁(Fe_2P 和 Fe_3P)的形式存在。磷化铁硬而脆,焊接时由于温度的变化会造成冷脆裂纹。此外,在焊接时磷化铁与其他物质形成低熔点共晶体分布于晶界,减弱晶粒间的结合力,造成热脆性,导致结晶裂纹产生。碱性焊条药皮中的 CaF_2、CaO 等具有脱硫、脱磷作用,从而保证焊缝金属的抗裂性能良好。

(4)在焊接过程中,由于气体、熔渣和液态金属的相互作用,使一些有效的合金元素损失,从而使焊缝的组织和性能发生变化。为了保证焊接接头具有一定的性能,需要添加一定量的合金元素。有时为了改善焊缝金属的性能或要求满足某些特殊性能,需要补加一些原母材金属没有的合金元素。如结构钢焊接时,为了提高冲击韧性,而补加一些合金元素作为"变质剂"以细化晶粒。由于焊条焊芯含合金元素过高,较脆、硬,难以锻轧及拉丝,因而成材率低、成本高,较少采用。一般通过焊条药皮来实现合金化作用,通常采用低碳钢或低碳合金钢焊芯,然后在药皮中加入合金剂。焊条药皮中常用的合金剂有:锰铁、硅铁、铬铁、镍铁、钼铁、钴铁、钒铁等。药皮中的合金剂大部分要过渡到焊缝金属中去。

合金元素的过渡数量通常用过渡系数来表示。所谓过渡系数,是指过渡到焊缝金属中合金元素的含量与该元素在焊条(焊芯与药皮)的原始总含量的百分数之比,用下式表示:

$$\eta = \frac{C_{焊缝}}{C_{焊条}}$$

式中　　η——合金元素过渡系数;

$C_{焊缝}$——过渡到焊缝金属中某合金元素的含量(%);

$C_{焊条}$——焊条中某合金元素的原始总含量(%)。

合金元素过渡系数的大小主要与焊接熔渣的酸碱度有关。利用药皮来掺合金时,一般用氧化性极低的碱性熔渣药皮,有利于合金元素过渡到焊缝中去。同时合金元素与氧的亲和力对过渡系数影响也很大。合金元素与氧的亲和力大,易被烧损,过渡系数就较小;合金元素与氧的亲和力弱,过渡系数就较大。此外,焊接工艺对过渡系数也有影响,焊接时电弧越长,进入弧柱的氧就越多,合金元素烧损就越大,因而合金元素的过渡系数就越小。总之,熔渣的合金化作用有两个方面:一是弥补焊芯中原有合金元素的烧损;二是向焊缝金属过渡一些其他合金元素,使焊缝金属具有所需要的性能。

焊条药皮中加入稳弧剂,用来提高电弧燃烧的稳定性。电弧燃烧的稳定性是保证焊接过程稳定的重要条件。一般稳弧剂多采用碱金属及碱土金属,即钾、钠、钙的化合物,如石灰石、碳酸钠、钾硝石、水玻璃、花岗石、长石等。焊条药皮里的钾、钠、钙等,能降低电弧电压,而且是易电离的物质,可改善电弧空间气体电离的条件,使焊接电流易通过电弧空间,从而大大地增加电弧燃烧的稳定性。由于在碱性焊条中有萤石(CaF_2)的存在,因氟(F)的电离电压很高,恶化了电弧空间气体的电离条件,使得电弧燃烧的稳定性降低。所以,对于碱性低氢焊条,由于其电弧燃烧不稳定,故采用直流焊接电源。

焊条药皮熔化后,形成具有一定熔点、黏度、表面张力和透气性的熔渣,使焊缝成形良好,无气孔,且渣壳易于脱落。在焊接时,要求在焊条端头能够形成一定长度的药皮套筒,从而增加电弧吹力,能进行全位置的焊接。

(五)焊接接头组织

电弧焊接时,焊接电弧使焊件局部加热和熔化,同时加入填充金属(焊条或焊丝),形成金属熔池,并不断把热量传给周围冷的母材金属。当电弧移开后,熔池的温度迅速降低,熔池中液体金属凝固成焊缝。由于热传导的作用,母材将受到不同程度的加热和冷却,相当于进行了一次热处理,使其组织和性能发生了变化,这部分金属所占的区域就称为焊缝的热影响区。焊接接头是焊缝和热影响区的总称。

由于电弧对焊接接头的加热是不均匀的,焊缝区温度达到金属的熔化温度,而在整个热影响区中,离焊缝越近温度就越高。因此,在焊接接头组织中不仅组织和性能都不均匀,而且在焊缝和热影响区中还容易产生各种焊接缺陷,存在焊接残余应力和应力集中。焊接接头组织和性能与焊接方法、焊接规范、接头形式等因素有关,并直接影响焊接结构的性能和可靠性。

热影响区某点加热的最高温度、高温停留时间及冷却速度决定了该点在焊接后的组织。由于距焊缝的距离不同,母材上不同区域的加热温度和冷却速度各不相同,所以各部分的组织也不同。热影响区各部分的组织分布可根据合金状态图来确定。

1. 低碳钢或其他不易淬火钢热影响区　如图1-5为低碳钢焊接接

头热影响区各部分的组织变化。在图 1-5 中画出了铁-碳状态图的一部分。若研究含碳量为 0.2% 的低碳钢时,可首先在状态图上找出含碳量为 0.2% 的位置,然后在上面划一条垂直线(如图 1-5 的点划线),就可以根据它来判断该成分的钢在不同加热温度时所具有的组织状态。把图 1-5 中所示的焊接接头上各点的温度与铁-碳状态图对照起来,就可以得出热影响区冷却后的组织。

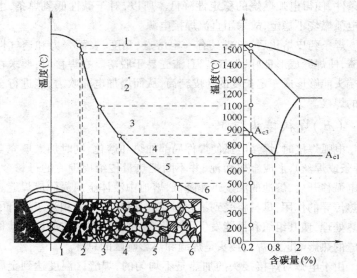

图 1-5 低碳钢焊接接头热影响区各部分的组织变化
1. 不完全熔化区 2. 过热区 3. 正火区
4. 不完全重结晶区 5. 再结晶区 6. 蓝脆区

(1)不完全熔化区。不完全熔化区在靠近焊缝区的母材被加热到熔化终了的温度范围内。由于低碳钢的固相线与液相线的温度区间很小,因而不完全熔化区是很窄的,实际上难以区分。不完全熔化区内的金属组织属于过热组织,冷却后晶粒粗大。由于不完全熔化区是焊缝金属与母材金属发生连接的区域,虽然很窄,但对焊接接头的强度和塑性有很大的影响。

(2)过热区。过热区处于 1100℃ 至固相线的高温范围。由于其加热温度大大超过了相变温度,致使奥氏体晶粒剧烈长大,冷却后成为晶粒粗大的过热组织。过热区的冲击韧性显著降低(一般可降低 25 %～30 %),焊接接头常在此开裂。过热区的过热程度与高温持续时间有关。一般说电弧焊的过热与气焊和电渣焊相比不太严重。对同一种焊接方法,由于焊接能源输入给单位长度的焊缝上的能量即线能量越大,则过热也越严重。焊接时应采用合理的焊接规范,如提高冷却速度以减少高温持续时间,从而达到减少过热区宽度的目的,或者用热处理的方法改善过热区的性能。

(3)正火区。正火区处于 A_{c3} 线以上到 1100℃ 的温度范围。铁素体和珠光体全部转变为奥氏体,由于在焊接时的加热速度很高,在高温下停留时间又短,通常焊条电弧焊在 A_{c3} 线以上停留时间最长也仅 20s 左右,所以即使温度接近 1100℃,奥氏体晶粒还未十分长大,因而该区冷却以后得到了均匀细小铁素体和珠光体组织。正火区的组织相当于热处理的正火组织,一般该区金属的机械性能高于母材金属,是焊接接头中综合机械性能最好的区段。

(4)不完全重结晶区。不完全重结晶区的加热温度在 A_{c1} 线至 A_{c3} 线之间的温度范围。当温度稍高于 A_{c1} 时,首先是珠光体全部转变为奥氏体。随着温度的升高,部分铁素体转变为奥氏体,但仍有部分铁素体保留下来,随温度升高,未转变的铁素体晶粒则不断长大。冷却时,奥氏体晶粒又发生了重结晶过程,所得的细小的铁素体和珠光体与未转变的粗大的铁素体晶粒混杂在一起,使得金属的机械性能恶化。

(5)再结晶区。再结晶区处在 450～500℃ 至 A_{c1} 线之间的温度范围,该温度范围没有发生向奥氏体的转变。只有那些经过冷加工、产生了加工硬化的材料,焊接时才有再结晶区。由于加工硬化晶粒被破碎和细化,当加热到此温度时,就会发生再结晶,使加工硬化消除,塑性增加,机械性能有所改善。如果焊前金属未经冷塑性变形,则不会发生再结晶过程,金属的性能也不会改变。

(6)蓝脆。金属被加热到 200～500℃,特别是 200～300℃ 时,自铁素体中析出非常细小的渗碳体,使强度稍有提高,而塑性急剧下降,在冷却时有可能出现裂纹。

以上6个区段统称为焊接热影响区,能从铁-碳状态平衡图判断得出的,实际上只有不完全熔化区、过热区、正火区和不完全重结晶区。热影响区的大小可间接判定焊接接头的质量。一般说,热影响区小,焊接时产生的内应力大,容易产生裂纹;热影响区大,内应力小,但焊件变形就较大。对于一般焊接结构,单纯由于内应力还不足以形成裂纹,因此,希望热影响区越小越好。不同的焊接方法、焊接规范都会使热影响区的大小发生变化。正常的焊接规范,焊条电弧焊热影响区总长约为6mm,其中过热区为2.2mm。

2.合金钢的热影响区 一般说,淬火倾向小的普通合金钢热影响区的组织与低碳钢相似;而淬火倾向大的合金钢的热影响区将会出现马氏体组织等,硬度高、脆性大、容易开裂。上述两类淬火倾向不同的合金钢,焊后热影响区的组织变化如图1-6所示。

不易淬火的低合金钢热影响区与低碳钢相似,主要有4个区:不完全熔化区(因很窄,图1-6中未画出)、过热区、正火区和不完全重结晶区。易淬火的合金钢热影响区和碳素钢完全不同,其热影响区主要有4个:不完全熔化区(因很窄,图1-6中未画出)、淬火区、不完全淬火区和回火区。

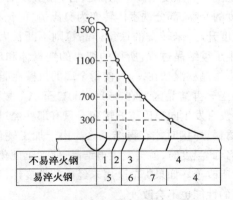

图1-6 合金钢热影响区各部分的组织变化

1.过热区 2.正火区 3.不完全重结晶区 4.不变化区
5.淬火区 6.不完全淬火区 7.回火区

在图 1-6 中的淬火区 5,其组织为马氏体,脆而硬,容易产生裂纹。不完全淬火区 6,其组织为马氏体和粗大的铁素体。回火区 7,当焊件在焊前经过淬火处理,在焊接时加热到 A_{c1} 线以下的温度就会发生不同程度的回火,使硬度和强度有不同程度的降低。

焊接接头中各种组织在加热和冷却的过程中,伴随着不同的膨胀和收缩。低碳钢组织转变时,由于在高温下钢材具有较大的塑性,虽有体积的变化,也不会产生组织应力;而合金钢则不同,由于钢的塑性差,屈服极限高,因此在体积变化的情况下,产生较大的组织应力而容易开裂。易淬火钢焊后在焊缝和热影响区易出现淬硬组织,影响焊接接头质量,故通常采取预热和焊后热处理等工艺措施来消除淬硬组织,改善焊接接头的机械性能。

三、焊条电弧焊的电弧

(一)焊接电弧的产生

焊接电弧是一种强烈的持久的气体放电现象,焊接电弧是由焊接电源供给的。焊接电弧在一定的电场力的作用下,在具有一定电压的两极间或电极与母材间,将电弧所在的空间的气体电离,使中性的气体分子或原子离解为带正电荷的正离子和带负电荷的负离子(电子),这两种带电质点分别向着电场的两极方向运动,使局部气体导电而形成电弧。焊接电弧的实质是气体导电,把电能转换成热能,加热和熔化金属,从而形成焊接接头。

焊接电弧的产生,必须同时具备三个条件:空载电压、导电粒子和短路。

1. 空载电压越高,越有利于引燃电弧和使电弧燃烧稳定 但从经济上和安全角度又希望空载电压尽量低些。我国通常规定焊接电弧的空载电压 U_0 为:弧焊变压器,$U_0 \leqslant 80V$;弧焊整流器,$U_0 \leqslant 90V$;IGBT逆变弧焊机,$U_0 = 70 \sim 80V$。带防电击开关的焊条电弧焊机,其空载电压可以适当提高,见表 1-1。

表1-1 带防电击开关焊条电弧焊机的空载电压

额定电流 I_0(A)	空载电压 U_0(V)	
	弧焊整流器	弧焊变压器
<500	≤85	≤85
≥500	≤95	≤95

2.导电粒子起导电作用 为了在电极空间气体介质中产生足够多的导电粒子来传送电荷,在焊条的药皮中常加入易电离的碱金属、碱土金属及其化合物(稳弧剂),如 K_2O、Na_2O、SiO_2 和 K_2CO_3 等。

3.短路 引弧时焊条与焊件接触,在瞬时短路的过程中,焊条与焊件表面接触的凸起点处,电流密度极大,电阻热把焊条端部接触处加热到接近熔化状态,以便提起焊条后,产生强烈的电子热发射和金属蒸气。在合适的空载电压下,保证电弧能够顺利地引燃并维持正常的燃烧。接触引弧有划擦法和碰击法两种。

此外,引弧的方法除接触引弧外还有非接触引弧的方法。这种方法一般借助于高频和高压脉冲装置,在阴极表面产生强场发射,使发射出来的电子流与气体介质撞击,使其电离导电。

(二)焊接电弧的组成及温度分布

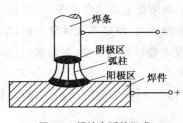

图 1-7 焊接电弧的组成

用直流电焊机焊接时,焊接电弧由阴极区、弧柱区和阳极区组成,如图1-7所示。阴极区在靠近阴极的地方,与焊接电源负(-)极相连,该区很窄。在阴极上有一个非常亮的斑点,称为"阴极斑点",是集中发射电子的地方。阳极区在靠近阳极的地方,与焊接电源正(+)极相连,

该区比阴极区宽些。在阳极区有一个发亮的斑点,称为"阳极斑点"。流向阳极区的电子流在阳极区的"阳极斑点"处被阳极吸收。用交流电焊机时,由于电流在1s(秒)之内改变电流方向50次(频率50Hz),所以焊条和工件上的电极轮流为阴极或阳极。弧柱区在电弧的中部,弧柱

区较长。电弧长度一般是指弧柱区的长度。

阴极区和阳极区的温度取决于电极材料的熔点。当两极材料均为钢铁时,"阳极斑点"的温度为2600℃左右,在阳极区产生的热量占电弧总热量的43%。"阴极斑点"的温度为2400℃左右,在阴极区产生的热量约占电弧总热量的36%。弧柱区的热量约占电弧总热量的21%,但因散热条件比阳极区和阴极区都差,故温度很高。其温度与气体介质的种类有关,通常中心部分可达6000~7000℃,弧柱的热量大部分被辐射,因此要求焊接时应尽量压低电弧,使热量得到充分利用。

阳极区的热量主要来自自由电子撞入时所释放出来的能量,阴极区的热量主要来自正离子撞入时所释放出来的能量,同时阴极发射电子还需消耗一部分能量。因此,一般来说阴极区的温度要低于阳极区的温度。当焊接电流为交流电时,因电极交替为阴极或阳极,所以斑点处的温度相同,等于阳极斑点和阴极斑点温度的平均值。

(三)焊接电弧的静特性和静特性曲线

焊接电弧燃烧时,电流流过两极间的电离空间所产生的电压降称为电弧电压。电弧电压的大小取决于电极材料、电弧长度和焊接电流的大小。在电极材料、气体介质和弧长一定的条件下,电弧稳定燃烧时,经实际测定焊接电流与电弧电压的变化关系称为电弧的静特性,也称为伏安特性。

焊接电弧的静特性用静特性曲线表示。图1-8所示曲线为完整的焊接电弧的静特性曲线。如图1-8所示,曲线呈U形,分为三个区域:

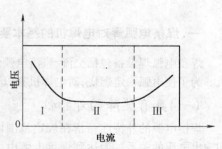

图1-8　焊接电弧的静特性曲线

Ⅰ区为下降电弧特性区,该区的焊接电流增加时,电弧电压则逐渐降低。此段相当于小电流焊接时的情况,在生产实际中很少采用该区所包括的电流值和电压值。

Ⅱ区为平直电弧特性区。它的主要特点是在电弧长度不变时,电弧的电压为一不变值,即电弧电压不随焊接电流的变化而变化。焊条电弧焊、埋弧焊、非熔化极气体保护焊的焊接工艺参数都在该区内。

Ⅲ区称为上升电弧静特性区。在该区内电流密度非常大,电弧电压随焊接电流的增加而增加。熔化极气体保护焊的焊接工艺参数在该区内。

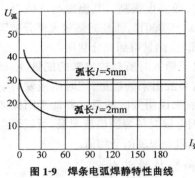

图 1-9 为典型的焊条电弧焊的电弧静特性曲线。由图 1-9 可知,一种弧长对应一条曲线,即弧长增加时曲线上移,所需电弧电压要增加。实际生产所用的电流值和电压值,都处于电弧静特性曲线的水平段范围内。对于焊条电弧焊,其静特性曲线在这一水平段范围内,弧长增加,电弧电压随之增加,弧长决定电

图 1-9　焊条电弧焊静特性曲线

弧电压的高低,而焊接电流与弧长无关。电弧的静特性曲线是选择、设计焊接电源的基本依据之一。

第二节　焊条电弧焊设备

一、焊条电弧焊对电焊机的基本要求

焊条电弧焊设备包括交流、直流电弧焊机,统称为焊接电源或电焊机。为了使电弧稳定燃烧,对电焊机有以下两方面的要求:

(一)具有陡降的外特性

焊接电源的外特性是指在规定范围内,焊接电源稳态输出的电流和输出电压的关系。为达到焊接电弧由引弧到稳定燃烧的目的,要求焊接电源具有陡降的外特性,如图 1-10 所示。

图 1-10 曲线 $1U = f_1(U)$ 为焊接电源的陡降外特性曲线。外特性曲线 $1U = f_1(U)$ 与电弧的静特性曲线 l 相交于 A_0。A_0 即是保证电弧

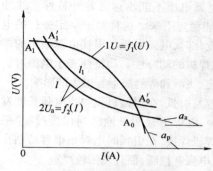

图 1-10　电弧稳定燃烧条件图

稳定燃烧和焊接参数稳定的工作点。如果电弧长度由 l 偶而增长到 l_1，则工作点将由 A_0 移到 A'_0，当弧长由 l_1 又恢复到原来长度 l 时，因 A'_0 点的电源电压高于电弧电压，因此焊接电流将增加，而电源电压将下降，使工作点又恢复到 A_0 点。图 1-10 中的 A'_1 点，当弧长恢复到 l 后，A'_1 点的电源电压低于 A_1 点的电弧电压，因而不可能再回到 A_1 点，A_1 点不是稳定的工作点，而焊条电弧焊所用的电流值和电压值在电弧静特性曲线的水平段范围内。具有陡降外特性的焊接电源具有以下特点：

　　1．空载电压满足引弧和电弧稳定燃烧要求　焊条电弧焊时，电弧稳定燃烧的工作电压为 20～30V，而焊条引弧电压要求在 50V 以上。焊条电弧焊的焊接电源空载电压一般为 55～90V，可以满足引弧要求。

　　2．可以提供电弧稳定燃烧所需要的电压　电弧引燃以后，电弧稳定燃烧电压低于引弧电压，当电流逐渐增加到工作电流时，具有陡降特性的焊接电源输出电压是随着输出电流的增加而降低的，使输出电压等于电弧工作电压。

　　3．弧长变化时，焊接电流变化小　焊接电流对焊缝成形的影响最大。弧长发生变化，电弧电压也随之发生变化，即电弧的静特性发生改变，但只要焊接电源的外特性曲线越陡降，电流变化就越小，从而在实际焊接中能适应弧长的变化，满足电弧稳定燃烧和焊缝成形良好的要求。

　　4．允许短时间短路　具有陡降特性的焊接电源短路时，短路电流通常不会大于额定电流的两倍。因此，短时间的短路不会使焊接电源烧毁。一般要求电焊机能限制短路电流值，使之不超过焊接电流的 50%。

（二）具有良好的动特性

　　在焊接过程中，由于引弧、熔滴过渡发生短路和弧长的不断变化，因而电弧是一个变动的负载。在焊接过程中，焊接回路中会产生感抗，使电焊机的输出的焊接电流和电弧电压不能迅速沿着外特性曲线变化,而是要经过一个过渡过程才能稳定下来。这种对于一定弧长的电弧,当电弧电流发生连续的快速变化时,电弧电压与焊接电源输出的焊接电流瞬时值之间的关系称为电焊机的动特性。动特性表示电源对负载突变的反应能力,它对电弧稳定、飞溅和焊缝成形有很大的影响。

使用动特性良好的电焊机,容易引弧,在焊接过程中当电弧长度发生变化时,不容易熄弧,飞溅较少,电焊工会明显地感到焊接过程"平静"。如果使用动特性不好的电焊机焊接,在引弧时电焊条很容易粘在工件上,当电焊条拉开距离稍大,电弧就拉断,而且飞溅较严重。

一般对焊接电源的动特性要求:在短路时,电弧电压由零恢复到工作电压的时间不超过 0.05s,同时短路电流的上升速率应在 15～180kA/s 的范围之内。

此外还要求焊接电源有足够的电流调节范围和功率,而且使用和维修方便。

二、焊条电弧焊机的种类

焊条电弧焊机按电源的种类可分为交流电弧焊机和直流电弧焊机两大类。其中直流电弧焊机按电源变流的方式的不同可分为:弧焊整流器、逆变弧焊机和旋转式直流弧焊发电机。目前旋转式直流弧焊发电机已淘汰。

(一)技术参数和名词术语

1. 输入电压 指焊接电源的输入电压,通常为 220/380V。输入电压也称初级电压。

2. 频率 指输入电流的频率。

3. 焊接回路 指焊接电源输出的焊接电流经焊件的导电回路。

4. 空载电压 电弧未引燃时,焊接电源输出端的电压。

5. 电弧电压 电弧两端(两电极)之间的电压降。

6. 引弧电压 能使电弧引燃的最低电压。

7. 焊接电流 焊接时流经焊接回路的电流。

8. 功率因数 在电工学上,功率因数等于有功功率和视在功率之比,用 $\cos\varphi$ 表示,φ 为电流和电压相位差(角度)。焊接电源的发热损耗和电弧燃烧时所用的功率称为有功功率;在焊接电源初级端输入的交流电的有效电流强度值和有效电压值的乘积称为视在功率。焊接电源的功率因数越高,焊接电源的性能越好。

9. 负载持续率 负载持续率是指焊接电弧燃烧时间占整个工作周期的百分比。一般焊条电弧焊时,工作周期规定为 5min,负载持续率可用下式计算:

$$负载持续率 = \frac{焊接电弧燃烧时间}{焊接电弧燃烧时间 + 熄弧时间} \times 100\%$$

10. 额定负载持续率 是为了衡量焊接电源的能力而限定的负载持续率。

11. 额定焊接电流 在额定负载持续率上允许使用的最大焊接电流。当焊接电源的实际负载持续率与额定负载持续率不同时,在实际负载持续率下的允许焊接电流可按下式计算:

$$I = \sqrt{\frac{额定负载持续率}{实际负载持续率}} \times I_{额}$$

式中 I——许用焊接电流;

$I_{额}$——额定焊接电流。

12. 额定工作电压 焊接电流为额定焊接电流时相对应的电弧电压。

13. 额定输入电流 当焊接电源输出为额定值时,网路输入到焊接电源的电流值。应根据该值选择电焊机的熔断器。

14. 额定输入容量 当焊接电源输出为额定值时,网路输入至焊接电源的电流与电压的乘积为额定输入容量,以 kV·A 为单位。

15. 额定输出功率 焊接电源在输出为额定值时的功率,以 kW 为单位,即额定焊接电流与额定工作电压的乘积。

16. 短路电流 电极与焊件接触时的电流称为短路电流。对于焊条电弧焊来说,短路电流是焊接电流的 1.25～2 倍。

17. 电流调节范围 在电弧电压等于电弧工作电压的条件下,电流可调节的范围。

(二)交流弧焊电源

交流弧焊电源或称为弧焊变压器,通常称为交流电焊机。交流弧焊机是具有陡降外特性的特殊的降压变压器。交流弧焊机是通过增大主回路电感量来获得下降特性的。一种方式是做成独立的铁芯线圈电感,称为电抗器,与正常漏磁式主变压器串联。另一种方式是增强变压器本身的漏磁,形成漏磁感抗。弧焊变压器中可调感抗的作用,不仅是用来获得下降特性,同时还用来稳定焊接电弧和调节焊接电流。

交流弧焊变压器常用的有:同体式、动铁芯式、分体式和动圈式及抽头式弧焊变压器。

1.同体式弧焊变压器 图1-11所示为同体式弧焊变压器原理图,属于串联电抗器式弧焊变压器。在图1-11中电抗器与变压器共用一个"日"字铁芯,上部为电抗器,下部为变压器。在上部装有可动铁芯,通过改变它与固定铁芯的间隙,即改变漏磁的大小达到调节电流的目的。空载时,由于没有焊接电流通过,电抗线圈产生的电压降为零,因此空载电压基本上等于次级线圈电压,便于引弧。焊接时,由于有焊接电流通过电抗线圈,产生电压降,从而获得陡降外特性。短路时,由于很大的短路电流通过电抗线圈,使次级线圈电压接近于零,这样限制了短路电流。同体式弧焊变压器多用作大功率焊接电源。为了减少电网电压波动对空载电压的影响,设置了79、80、81、82各端点进行调节。

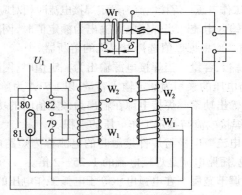

图 1-11　同体式弧焊变压器工作原理
W_r—电抗器线圈　δ—空气间隙

2.动铁芯式弧焊变压器 图1-12为动铁芯式弧焊变压器的示意

· 20 ·

图,属于增强漏磁式弧焊变压器。在图 1-12 中初、次级绕组 W_1 和 W_2 都是固定绕组,其间放一个活动铁芯 II 作为 W_1、W_2 间漏磁分路,它可以在垂直于纸面方向移动。动铁芯式弧焊变压器的次级线圈分成两部分,一部分绕在次级线圈所在的主铁芯上,另一部分兼作电抗线圈绕在初级线圈所在主铁芯上。动铁芯式弧焊变压器的陡降外特性是靠可动铁芯的漏磁作用获得的。空载时,由于没有

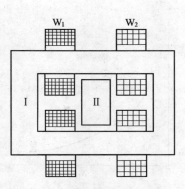

图 1-12 动铁芯式弧焊变压器

焊接电流通过,电抗线圈不产生电压降,因而具有较高的空载电压,便于引弧;焊接时,次级线圈有焊接电流通过,同时在铁芯内产生磁通,可动铁芯的漏磁显著增加,这样使次级线圈电压下降,从而获得陡降的外特性。

动铁芯式弧焊变压器焊接电流的调整有粗调和细调两种。粗调改变次级线圈的匝数,即在次级线圈接线板上有两种接法。在两种接法中,均可转动手柄来改变铁芯的位置,实现焊接电流的细调节。当动铁芯向外移动时,磁阻增大,漏磁减少,则焊接电流增大;反之,焊接电流减小。而且焊接电流的变化与动铁芯移动距离呈线性关系,故电流调节均匀。动铁芯式弧焊变压器结构紧凑、节约机电材料。

3.动圈式弧焊变压器 图 1-13 为动圈式弧焊变压器的示意图,属于增强漏磁式弧焊变压器。如图 1-13 所示,初级绕组

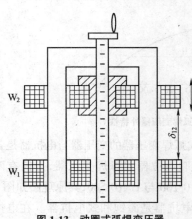

图 1-13 动圈式弧焊变压器
W_1—初级线圈 W_2—次级线圈
δ_{12}—间隙

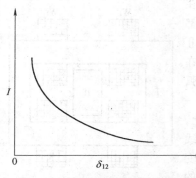

图 1-14 动圈式弧焊变压器调节特性

W_1固定不动,次级绕组 W_2 可用丝杆上下移动,在 W_1、W_2 两个绕组之间形成漏磁磁路,W_1、W_2 间距离 δ_{12} 愈大,则漏磁感抗 X_L 愈大,输出电流愈小。这种弧焊变压器输出电流 I 与间隙 δ_{12} 之间关系是非线性的。

图 1-14 为动圈式弧焊变压器的调节特性,从图 1-14 看出,当 δ_{12} 增大到一定程度后,δ_{12} 再增加,则电流变化就不太明显了。

图 1-15 为动圈式弧焊变压器的陡降外特性。当转换开关指向Ⅰ时为小电流档,此时空载电压高,有利于小电流时稳弧。转换开关指向Ⅱ时为大电流档。这种弧焊变压器振动小,但调电流时移动 W_2 线圈距离大,铁芯尺寸大,因而消耗机电材料多。

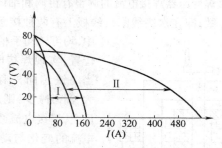

图 1-15 动圈式弧焊变压器外特性

4. 分体式弧焊变压器 分体式弧焊变压器的变压器与电抗器是各自独立的,这类弧焊变压器属于串联电抗器式弧焊变压器,目前有两种:一种是用于钨极氩弧焊,如 BX10-100 与 BX10-500,其原理图如图 1-16 所示。这种弧焊变压器所用的电抗器是磁饱和式电抗器。在电抗器铁芯的中间芯柱上有直流控制绕组,调节控制绕组中的控制电流便可细调焊接电流。另一种分体式弧焊变压器为多站式焊条电弧焊焊接电源,型号为BP-3X500,如图1-17所示。这种弧焊变压器的主变压器是一台正常漏磁三相变压器,附有12台电抗器,每相连4台。每台电抗器电流调节范围为25～210A。电抗器结构如图1-18所示,中间为活动铁芯,活动铁芯下部与磁轭之间的间隙可调。各站可独立调节焊接电流。

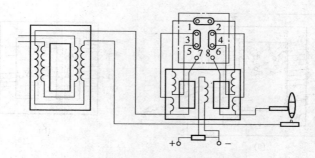

图 1-16　分体式弧焊变压器原理图

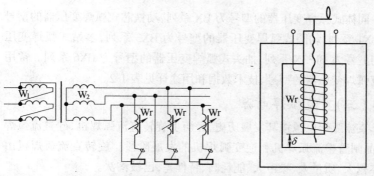

图 1-17　BP-3X500 多站式焊条电弧焊焊接电源
W_r—电抗器绕组

图 1-18　电抗器结构
δ—空气间隙　W_r—电抗器绕组

5. 抽头式弧焊变压器　抽头式弧焊变压器属于增强漏磁式弧焊变压器。这种焊接变压器的初级线圈 W_1 分为 W_{11} 和 W_{12} 两部分,次级线圈 W_2 也分为 W_{21} 和 W_{22} 两部分,绕线方式如图1-19所示。改变开关 K_1、K_2 的位置可调整焊接电流。调 K_1 时使绕组 W_{12} 增加的圈数与绕

组 W_{11} 减少的圈数相等,以保证空载电压不变。用 K_2 进行粗调,可做到小档时空载电压高,利于小电流稳弧。图 1-19b 是为增大漏抗而增加一个固定漏磁分路。抽头式弧焊变压器结构紧凑,重量轻、体积小,无活动部分,故无振动,通常为手提式焊条电弧焊电源。抽头式弧焊变压器焊接电流为有级调节,不能粗调。

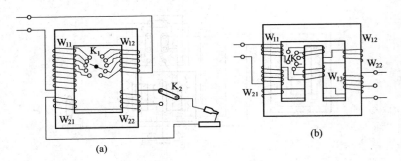

图 1-19　抽头式弧焊变压器
(a)二芯柱式　(b)三芯柱式

同体式弧焊变压器的型号为 BX 系列,动铁芯式弧焊变压器的型号为 BX1 系列,动圈式弧焊变压器的型号为 BX3 系列,多站式弧焊变压器的型号为 BP-3X 系列,抽头式弧焊变压器的型号为 BX6 系列。常用交流弧焊变压器的型号、技术数据和用途详见表 1-2。

(三)直流弧焊电源

直流弧焊电源按其发展历史,经历了旋转直流弧焊机、硅整流弧焊机、晶闸管整流弧焊机和逆变弧焊机的发展阶段。旋转直流弧焊机由于体积大、质量大、噪声大、能耗高、特性差,已被淘汰。

1. 硅弧焊整流器　硅弧焊整流器将 50Hz 或 60Hz 的单相或三相交流电网电压,利用降压变压器降为数十伏(V)的电压,经硅整流器整流和电抗器滤波获得直流电,对焊接电弧供电。图 1-20 为硅弧焊整流器基本原理的框图。

硅弧焊整流器按其外特性调节方式分类为动绕组式、动铁芯式、附加变压器式、磁放大器式、自调电感式和抽头式等;按使用可分为单站、

表 1-2　常用交流弧焊变压器的型号、技术数据和用途

主要技术数据	同体式	动铁芯式			动铁分磁式	动圈式				抽头式		多站式
	BX-500(BA-500)	BX1-160	BX1-250	BX1-400	BX1-500	BX3-250	BX3-300	BX3-400	BX3-500	BX6-120	BX6-200	BP3X500
额定焊接电流(A)	500	160	250	400	500	250	300	400	500	120	200	3×500×(12×155)
电流调节范围(A)	150~500	32~150	50~250	80~400	80~690	36~360	40~400	50~500	60~612	50~160	65~200	35~210
一次电压(V)	380	380	380	380	380	380	380	380	380	220/380	380	220/380
额定空载电压(V)	80	80	78	77	80	78/70	75/60	75/70	73/66	35~60(六档)	48~70	70
工作电压(V)	30	21.6~27.8	22.5~32	24~39.2	40	30	22~36	36	40	22~26	22~28	25
额定一次电流(A)	15	—	—	—	110	48.5	72	78	101.4	28/16	40	320/185
额定输入容量(kVA)	40.5	13.5	20.5	31.5	42	18.4	20.5	29.1	38.6	6.24	15	122

主要技术数据	同体式	动铁芯式			动铁分磁式	动圈式				抽头式		多站式
	BX-500 (BA-500)	BX1-160	BX1-250	BX1-400	BX1-500	BX3-250	BX3-300	BX3-400	BX3-500	BX6-120	BX6-200	BP-3X500
额定负载持续率(%)	60	60	60	60	60	60	60	60	60	20	20	100
额定焊接电流时间衰减时间(s)	5~15	—	—	—	—	—	—	—	—	—	—	95
外形尺寸(mm)	570×810×1100	587×325×680	600×380×750	640×390×780	740×520×860	630×480×810	580×600×800	695×530×905	610×530×970	666×345×188	246×480×398	—
质量(kg)	—	93	116	144	300	150	190	200	225	22	≤40	700
用途	焊条电弧焊电源,适用于1~8mm厚低碳钢板的焊接	焊条电弧焊电源,适用于中等厚度低碳钢板的焊接	焊条电弧焊电源,适用于中等厚度低碳钢板的焊接	焊条电弧焊电源,适用于中等厚度低碳钢板的焊接	焊条电弧焊电源,适用于3mm以上厚度低碳钢板的焊接	焊条电弧焊电源,适用于3mm以下厚度低碳钢板的焊接				手工氩弧焊、焊条电弧焊、电弧切割用电源及电弧切割用电源	手提式焊条电弧焊电源、电弧切割用电源	可同时供12个手提式焊条电弧焊工作的焊条电弧焊电源

多站和交、直流两用式等硅弧焊整流器。

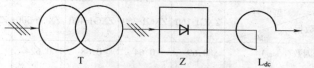

图 1-20　硅弧焊整流器基本原理框图

T—降压变压器　Z—硅整流器　L_{dc}—电抗器

（1）动绕组式、动铁芯式弧焊整流器。这种硅弧焊整流器是在三相动绕组式或动铁芯式弧焊变压器的输出端，接入硅整流器成为动绕组式或动铁芯式硅弧焊整流器。其焊接电流均可无级调节，但无功功率所占比例大，其功率因数（$\cos\varphi$）一般只有 0.5～0.65。其特性为缓降特性，主要用于焊条电弧焊和钨极氩弧焊（TIG）。动绕组式弧焊整流器的型号和技术数据详见表 1-3。动铁芯式弧焊整流器的型号和技术数据详见表 1-4。

表 1-3　动绕组式弧焊整流器的型号和技术数据

技术数据	型号	ZXG1-160	ZXG1-250	ZXG1-400	ZXG6-300	ZXG3-500
输出	额定焊接电流(A)	160	250	400	300	500
	电流调节范围(A)	40～192	62～300	100～480	40～340	100～600
	空载电压(V)	71.5	71.5	71.5	70	70～81
	额定工作电压(V)	26	30	36	30	24～44
	额定负载持续率(%)	60	60	60	60	60
	额定输出功率(kW)	4.22	7.5	14.4	—	—
输入	电网电压(V)	380	380	380	380	380
	相数	3	3	3	3	3
	频率(Hz)	50	50	50	50	50
	额定初级相电流(A)	17	27	42	33	—
	额定容量(kVA)	11.2	17.8	27.6	21.7	40

技术数据 \ 型号	ZXG1-160	ZXG1-250	ZXG1-400	ZXG6-300	ZXG3-500
功率因数(cosφ)	0.69	0.64	0.68	0.624	—
效率(%)	55	66	76.5	72.8	—
质量(kg)	138	182	238	150	280
外形尺寸(mm) 长	595	635	685	680	710
宽	480	530	570	475	590
高	967	1029	1075	885	1050
用途	焊条电弧焊 适于焊薄板	中等厚度的钢板,焊条 φ3～φ6(mm)	焊接厚板,焊条φ3～φ7(mm)	焊条电弧焊,钨极氩弧焊,等离子弧焊	焊条电弧焊 适于焊厚板

表 1-4 动铁芯式弧焊整流器的型号和技术数据

主要技术数据		动 铁 芯 式		
		交 直 流 两 用		
		ZXE1-160	ZXE1-300	ZXE1-500
输出	额定焊接电流(A)	160	300	500
	电流调节范围(A)	交流:8～180 直流:7～150	50～300	交流:100～500 直流:90～450
	额定工作电压(V)	27	32	交流:24～40 直流:24～38
	空载电压(V)	80	60～70	80(交流)
	额定负载持续率(%)	35	35	60
	额定输出功率(kW)	—		

主要技术数据		动 铁 芯 式		
		交 直 流 两 用		
		ZXE1-160	ZXE1-300	ZXE1-500
输入	电压(V)	380	380	380
	额定输入电流(A)	40	59	—
	相数	3	3	3
	频率(Hz)	50	50	50
	额定输入容量(kVA)	15.2	22.4	41
功率因数		—	—	—
功率(%)		—	—	—
质量(kg)		150	200	250
用 途		焊条电弧焊,交直流钨极氩弧焊电源	焊条电弧焊、交直流钨极氩弧焊电源	焊条电弧焊、交直流钨极氩弧焊电源

(2)磁放大器式硅弧焊整流器。在降压主变压器 T 和硅整流器 Z 之间接入磁饱和电抗器(磁放大器 MA),用来获得所需的外特性和调节工艺参数。图1-21为磁放大器式硅弧焊整流器主电路原理图。将

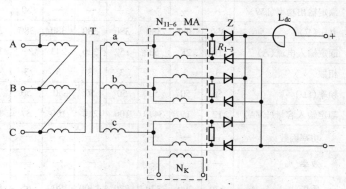

图 1-21　磁放大器式硅弧焊整流器主电路原理图

降压变压器与磁饱和电抗器做成一体,称为自调电感式硅弧焊整流器。这种硅整流弧焊整流器可以无级调节焊接工艺参数,有电网电压补偿,但效果不理想,可遥控,但控制电流较大,因其磁惯性很大,所以调节速度低,不灵活,体积大而笨重,耗材多,因此有逐步被淘汰的趋势。一般用于焊条电弧焊和钨极氩弧焊(TIG),其外特性为下降特性。

磁放大器式硅弧焊整流器的型号和技术数据详见表1-5。

表1-5 磁放大器式硅弧焊整流器的型号和技术数据

主要技术数据		磁放大器式				磁放大器式			
		下降特性				下降特性		具有平面及陡降外特性	
		ZX-160	ZX-250	ZX-400	ZX-1000	ZX-1500	ZX-1600	ZDG-500-1	ZDG-1000R
输出	额定焊接电流(A)	160	250	400	1000	1500	1600	500	1000
	电流调节范围(A)	20~200	30~300	40~480	100~1000	200~1500	400~1600	50~500	100~1000
	额定工作电压(V)	21~28	21~32	21.6~40	24~44	34~45	36~44	15~40平特性	24~44
	空载电压(V)	70	70	70	90/80	95	90/80	95	90/80
	额定负载持续率(%)	60	60	60	60	100	80	60	80
	额定输出功率(kW)	—	—	—	—	—	—	20	—
输入	电压(V)	380	380	380	380	380	380	380	380
	额定输入电流(A)	18	28	53	152	320	243	—	152
	相数	3	3	3	3	3	3	3	3
	频率(Hz)	50	50	50	50	50	50	50	50
	额定输入容量(kVA)	12	19	34.9	100	210	160	37	100
	功率因数	—	—	—	—	—	—	—	—
	效率(%)	—	—	—	—	—	—	—	—
	质量(kg)	170	200	330	820	1300	1200	55	820

续表 1-5

主要技术数据	磁放大器式				磁放大器式			
	下降特性				下降特性		具有平面及陡降外特性	
	ZX-160	ZX-250	ZX-400	ZX-1000	ZX-1500	ZX-1600	ZDG-500-1	ZDG-1000R
用途	焊条电弧焊、钨极氩弧焊电源	焊条电弧焊、钨极氩弧焊电源,等离子喷涂、碳弧气刨电源		可作为埋弧焊、粗丝 CO_2 气体保护焊和碳弧切割电源	主要用作埋弧焊电源	主要用作埋弧焊、粗丝 CO_2 气体保护焊及碳弧切割电源	用作 CO_2 气或 Ar 气保护下,进行熔化极或不熔化极电弧焊接电源	用作埋弧焊和碳弧切割电源,也可用作粗丝 CO_2 气体保护焊电源

(3)抽头式硅弧焊整流器。由抽头式弧焊变压器和硅整流器组成。主电路电气原理如图 1-22 所示,通过主变压器 T 的抽头换档来有级调

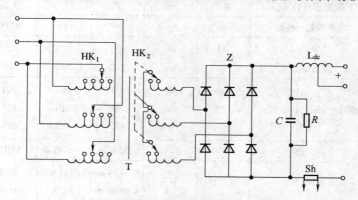

图 1-22　抽头式硅弧焊整流器主电路原理图
HK$_1$、HK$_2$—换档开关　Sh—分流器

节焊接工艺参数,这种电源不能遥控,没有网路电压补偿,但具有无功功率小、效率高的优点。具有缓降特性用于焊条电弧焊和钨极氩弧焊(TIG);平特性用于各种一般要求的熔化极气体保护焊,如 MIG、MAG/CO_2 焊。抽头式硅弧焊整流器的型号和技术数据详见表 1-6。

表 1-6　抽头式硅弧焊整流器的型号和技术数据

技术数据	型号	ZPG-200	ZGP-250	EUROM AG350	JLX400	CGL220
输出	额定焊接电流(A)	200	250	350	400	220
	电流调节范围(A)	—	—	50～350	40～460	30～220
	空载电压(V)	14～30	14～32	19～41	20～52	18～41
	额定工作电压(V)					15～25
	额定负载持续率(%)	100	60	60	60	35
	额定输出功率(kW)	6				
输入	电网电压(V)	380	380	380/220	380	380
	相数	3	3	3	3	3
	频率(Hz)	50	50/60	50/60	50/60	50/60
	额定初级相电流(A)	11.4	—	23/40		14
	额定容量(kVA)	7.2		15	19.3	9.2
功率因数($\cos\varphi$)		—				0.75
效率(%)		80	80			
质量(kg)				200	240	90
外形尺寸(mm)	长	730	500	830	980	760
	宽	522	460	460	910	465
	高	1070	880	815	485	865
用途		MIG		MAG	MIG	MIG
生产厂		成焊等	华天	德国 Messer Griesheim	英国 PORTA MIG	德国 DALEX

注:MIG—熔化极惰性气体保护焊,MAG—熔化极混合气体保护电弧焊。

2. 晶闸管整流弧焊机　晶闸管整流弧焊机也称晶闸管弧焊整流器,利用晶闸管桥来整流,可获得所需的外特性及调节电压和电流,而且完全用电子电路来实现控制功能。图 1-23 为晶闸管整流弧焊机的基本原理框图,三相 50/60Hz 网路电压由降压变压器 T 降为几十伏(V)的电压,借助晶闸管桥 SCR 的整流和控制,经输出电抗器 L_{dc} 滤波和调节动特性,从而输出所需的直流焊接电压和电流。用电子触发电路控制并采用闭环反馈的方式来控制外特性,以便对焊接电压和电流进行无级调节。图 1-23 中 M 为电流、电压反馈检测电路;G 为给定电压电路;K 为运算放大电路,它把反馈电压信号和给定电压比较后的电压进行放大并送到脉冲移相电路,从而实现对外特性的控制和工艺参数调节。除利用电抗器调节动特性外,还可通过控制输出波形来控制金属熔滴过渡和减少飞溅。

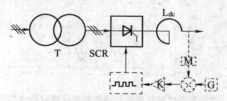

图 1-23　晶闸管整流弧焊机基本原理框图

图 1-24 为三相桥式全可控晶闸管弧焊整流器主电路原理图,它主要由三相降压变压器 T、晶闸管整流器 $SCR_{1\sim6}$、维弧电路 $D_{1\sim6}$、R_1、R_2、电抗器 L_{dc} 和控制电路 GO 等组成。外特性和工艺参数调节靠晶闸管整流器 $SCR_{1\sim6}$ 获得,若 $SCR_{4\sim6}$ 改用硅二极管组,则属半可控晶闸管弧焊整流器。如图 1-25 为带平衡电抗器双反星形晶闸管弧焊整流器主电路原理图,$T_{11\sim12}$ 为降压主变压器,PDK 为平衡电抗器,$D_{1\sim6}$ 和 R_1 为维弧电路,由晶闸管整流器 $SCR_{1\sim6}$ 实现工艺参数调节和获得外特性。

与磁放大器等弧焊整流器比较,晶闸管弧焊整流器具有下述优点:结构简单,获得多种外特性并对其进行无级调节,动特性好,反应快,电源输入功率小,电流电压调节范围大,能较好地补偿电网电压波动和周围温度的影响,对于较低的焊接速度可采用微机控制。

晶闸管弧焊整流器的型号和技术数据详见表 1-7。

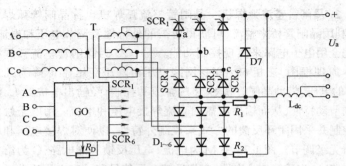

图 1-24 三相桥式全可控晶闸管弧焊整流器主电路原理图

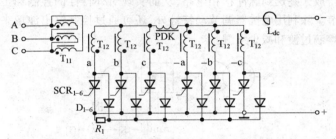

图 1-25 带平衡电抗器双反星形晶闸管弧焊整流器主电路原理图

表 1-7 晶闸管弧焊整流器的型号和技术数据

主要技术数据		晶闸管式						
		ZX5-800	ZX5-250	ZX5-400	ZX5-160B	ZX5-250B	ZX5-400B	ZX5-630B
输出	额定焊接电流(A)	800	250	400	160	250	400	630
	电流调节范围(A)	100~800	50~250	40~400	30~160	40~250	40~400	63~630
	额定工作电压(V)	—	30	36	—	—	36	40
	空载电压(V)	73	55	60	60	65	67	67
	额定负载持续率(%)	60	60	60	60	60	60	60
	额定输出功率(kW)	—	—	—	—	—	—	—

主要技术数据		晶闸管式						
		ZX5-800	ZX5-250	ZX5-400	ZX5-160B	ZX5-250B	ZX5-400B	ZX5-630B
输入	电压(V)	380	380	380	380	380	380	380
	额定输入电流(A)	—	23	37	—	-	48	80
	相数	3	3	3	3	3	3	3
	频率(Hz)	50	50	50	50	50	50	50
	额定输入容量(kVA)	—	15	24	11	19	32	53
功率因数		0.75	0.7	0.75	—	—	0.6	0.6
效率(%)		75	70	75	—	—	75	78
质量(kg)		300	160	200	—	—	—	—
用途		焊条电弧焊或钨极氩弧焊电源,以及碳弧切割的电源	焊条电弧焊电源	焊条电弧焊电源,特别适于碱性低氢焊条焊接低碳钢、中碳钢以及低合金结构钢	焊条电弧焊、TIG焊、埋弧焊、碳弧气刨电源	焊条电弧焊、TIG焊、埋弧焊、碳弧气刨电源	焊条电弧焊、TIG焊、埋弧焊和碳弧气刨电源。控制线路稍加改动可用于各种气体保护焊电源	

目前市场上出现了一批小型晶闸管整流弧焊机,具有满足焊接要求、维修简易、价格便宜,在焊接生产中搬运轻便、灵活等优点,其型号和技术数据详见表 1-8。

表 1-8   小型晶闸管整流弧焊机的型号和技术数据

型号 技术数据	ZX5-63	ZX5-100
电源电压(V)	220	220
空载电压(V)	76	76
额定焊接电流(A)	63	100
电流调节范围(A)	8~63	8~100
额定负载持续率(%)	35	35
额定输入容量(kVA)	2.6	4.2
频率(Hz)	50	50
质量(kg)	8	13

3.逆变弧焊机   逆变弧焊机是一种新型、高效、节能的直流焊接电源,它是利用逆变技术研制的一种具有发展前景的弧焊电源,具有较高的综合指标。图1-26为逆变弧焊机基本原理框图。单相或三相50/

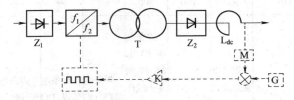

图 1-26   逆变弧焊机基本原理框图

60Hz 的交流网路电压经输入整流器 Z_1 整流和电抗器滤波,借助大功率电子开关(晶闸管、晶体管或场效应管)的交替开关作用,又将直流变换成几千至几万 Hz 的中频交流电,再分别经中频变压器 T、整流器 Z_2 和电抗器 L_{dc} 的降压、整流、滤波就得到所需焊接电压和电流。逆变弧焊机输出电流可以是直流或交流,因此弧焊逆变器可归纳为两种逆变系统:"AC(交流电)→DC(直流电)→AC"和"AC→DC→AC→DC",通常较多采用后一种逆变系统,故称为逆变弧焊整流器。

逆变弧焊机的大功率电子开关器件可采用晶闸管组、晶体管组或场效应管组,目前已发展的最新的逆变弧焊机为 IGBT 逆变弧焊机,即用 IGBT(绝缘门极双极型晶体管)作为开关器件。IGBT 逆变弧焊机集中了场效应管开关频率高、晶体管通过电流能力强的优点,体现出最新科技水平。

逆变弧焊机与硅弧焊整流器和晶闸管弧焊整流器两种弧焊电源的各项技术指标相比较,有以下优点:高效节能,功率因数($\cos\varphi$)可达 0.99,空载损耗极小,效率可达 $80\% \sim 90\%$;重量轻、体积小,中频变压器的重量只为传统弧焊电源降压变压器的几十分之一,整机重量仅为传统式弧焊电源的 $1/5\sim1/10$;具有良好的动特性和弧焊工艺性能;调速快,所有焊接工艺参数均可无级调节;具有多种外特性,能适应各种弧焊方法的需要;可用微机或单旋钮控制调节;设备费用较低,但对制造技术要求较高。

逆变弧焊机可用于焊条电弧焊、各种气体保护焊(包括脉冲弧焊、半自动焊)、等离子弧焊、埋弧焊、管状焊丝电弧焊等多种方法。还可适用于机器人弧焊电源,由于金属飞溅少,因而有利于提高机器人焊接的生产率。它是一种更新换代、应用日益广泛的焊接设备。逆变弧焊机的型号和技术数据详见表 1-9。

表 1-9 逆变弧焊机的主要型号和技术数据

数据 名称 \ 型号	ZX7- 200S/ST	ZX7- 315S/ST	ZX7- 400S/ST	ZX7- 300S/ST (晶闸管式)	ZX7- 500S/ST (晶闸管式)	ZX7- 630S/ST (晶闸管式)
电源	三相、380V、50Hz			三相、380V、50Hz		
额定输入功率(kW)	8.75	16	21	—	—	—
额定输入电流(A)	13.3	24.3	32	—	—	—
额定焊接电流(A)	200	315	400	300	500	630
额定负载持续率(%)	60	60	60	60	60	60

数据 名称 \ 型号	ZX7-200S/ST	ZX7-315S/ST	ZX7-400S/ST	ZX7-300S/ST (晶闸管式)	ZX7-500S/ST (晶闸管式)	ZX7-630S/ST (晶闸管式)
最高空载电压(V)	70～80	70～80	70～80	70～80	70～80	70～80
焊接电流调节范围(A)	20～200	30～315	40～400	Ⅰ档: 30～100 Ⅱ档: 90～300	Ⅰ档: 50～167 Ⅱ档: 150～500	Ⅰ档: 60～210 Ⅱ档: 180～630
效率(%)	83	83	83	83	83	83
外形尺寸(mm)	600×355 ×540	600×355 ×540	640×355 ×470	640×355 ×470	690×375 ×490	720×400 ×560
质量(kg)	59	66	66	58	84	98
用途	用于φ2.5mm以下各种焊条进行焊条电弧焊,也可以进行手工钨极氩弧焊	焊条电弧焊和手工钨极氩弧焊两用焊机。氩弧焊时,采取划擦法引弧。焊条电弧焊时,适用于直径6mm以下各种焊条的焊接		"S":为焊条电弧焊电源 "ST":为焊条电弧焊、氩弧焊两用电源		

数据 名称 \ 型号	ZX7-125	ZX7-200	ZX7-250	ZX7-315	ZX7-400	ZX7-160	ZX7-200	ZX7-250	ZX7-315	ZX7-400	ZX7-500	ZX7-630
	场效应管式					晶闸管式						
电源	单相220V, 50Hz	三相、380V、50Hz				三相、380V、50Hz						
额定输入功率(kW)	3.5	6.6	8.3	11.1	16	4.9	6.5	8.8	12	16.8	23.4	32.4
额定输入电流(A)	15	11	13	17	22	7.5	10	13.3	18.2	25.6	35.5	49.2

数据名称 \ 型号	ZX7-125	ZX7-200	ZX7-250	ZX7-315	ZX7-400	ZX7-160	ZX7-200	ZX7-250	ZX7-315	ZX7-400	ZX7-500	ZX7-630
	场效应管式					晶闸管式						
额定焊接电流(A)	125	200	250	315	400	160	200	250	315	400	500	630
额定负载持续率(%)	60	60	60	60	60	60	60	60	60	60	60	60
最高空载电压(V)	50	<80	60	65	65	75	75	75	75	75	75	75
焊接电流调节范围(A)	20~125	8~200	40~250	50~315	60~400	16~160	20~200	25~250	30~315	40~400	50~500	60~630
效率(%)	90	>85	90	90	90	≥90	≥90	≥90	≥90	≥90	≥90	≥90
外形尺寸(mm)	350×150×200	413×193×318	400×160×250	450×200×300	560×240×355	500×290×390				550×320×390		
质量(kg)	10	23	15	25	30	25	30	35	35	40	40	45
用途	具有电流响应快、静、动特性好,功率因数高、空载电流小、效率高等特点,适用于各种低碳钢、低合金钢及不同类型结构钢的焊接					采用脉冲宽度调制(PWM)、20kHz 绝缘门极双极型晶体管(IGBT)模块逆变技术。具有引弧迅速可靠、电弧稳定、飞溅小、体积小、质量轻、高效节能、焊缝成形好,并可"防粘"等特点。用于焊条电弧焊、碳弧气刨电源						

(四)焊接极性及电弧偏吹

1.焊接极性 焊条电弧焊用直流焊接电源焊接时,工件与焊条与电源输出端正、负极的接法称为焊接极性。如图 1-27 所示,所谓直流正接,是将焊件接电源的正极,电极(焊条、焊丝等)接电源的负极的接线方法;直流反接是将焊件接电源负极,电极(焊条、焊丝)接电源正极的接法。用交流弧焊机时,不存在正反接的问题。由于直流弧焊机正极部分放出的热量较负极部分高,如果焊件需要的热量高,就选用直流正接法,反之就选用反接法。反接的电弧比正接稳定,因此低氢型焊条用直流电源焊接时,一定要直流反接。如 E4315(J427)、E5015(J507)等焊条必须用直流反接法焊接,以保证电弧稳定燃烧。焊接薄板时,不论用碱性焊条还是酸性焊条,都要选用直流反接。

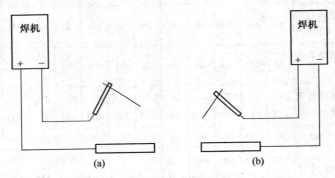

图 1-27　直流弧焊机的正、反接
(a)正接　(b)反接

如果直流弧焊机陈旧,标注的焊机极性看不清,或对焊机的极性有怀疑时,可用下述方法鉴别焊机的极性:使用直流电压表确定极性;使用 E4315(J427)、E5015(J507)等碱性低氢焊条进行试焊,若焊接过程中电弧稳定、燃烧正常、飞溅小,则与焊条相接端为正极;将直流弧焊机的两个输出端放在食盐水中,如果其中一端有大量气泡析出,则该端为负极。

2.电弧偏吹　在焊接过程中,因气流干扰、磁场作用或焊条偏心等影响,使电弧中心偏离电极轴线的现象称为电弧偏吹。直流电弧焊时,因受到焊接回路所产生的电磁力的作用而产生电弧偏吹。如图 1-28 所示,焊接电流在焊件

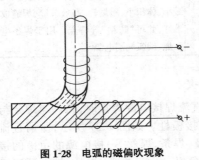

图 1-28　电弧的磁偏吹现象

上的分布相对于焊条轴线不对称,使作用在电弧上的磁场力不相等,电弧就会偏向磁场力小的一侧。如图1-29所示,当电弧附近的构件不对称时,右侧多了一块筋板(图1-29a),使原来空气中的磁力线有一部分集中到筋板中去,造成了磁场不均衡,电弧发生了偏移(图1-29b)。用直流焊接电源进行焊条电弧焊时,经常存在电弧偏吹现象。焊接电流越大,电弧偏吹现象就严重。电弧偏吹导致电弧飞溅增大,熔滴过渡不易控制,严重时会影响焊缝成形,造成未熔合等焊接缺陷。克服磁偏吹的措施主要有:减小焊接电流,压低电弧即采用短弧焊,调整焊条角度使焊条倒向电弧偏吹的一侧,改变焊接电缆连接工件的部位使之远离焊缝,减小接头间隙等。采用交流弧焊机时,磁偏吹现象不明显,这是采用交流电弧焊的显著优点之一。

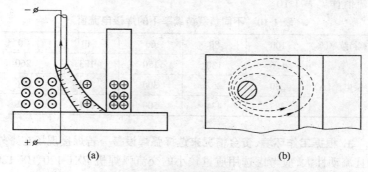

(a)　　　　　　　　　　　　(b)

图1-29　筋板引起的磁偏吹

三、焊条电弧焊设备的选用与故障排除

(一)焊条电弧焊机的选用

1. 根据焊条类型、母材材质、焊接结构来选择弧焊设备　采用酸性焊条时可选用弧焊变压器(动铁芯式、动绕组式或抽头式),如 BX3-300、BX3-500、BX1-300、BX1-500 等交流弧焊机。采用碱性焊条焊接,或焊接较重要的焊接结构时,应选用直流弧焊电源,如硅弧焊整流器、晶闸管式弧焊整流器、逆变弧焊机等,选用的型号为 ZX3-250、ZX3-400、ZX5-250、ZX5-400、ZX5-400B、ZX7-315、ZX7-400 等。如果资金紧

张,焊接材料类型又较多,可考虑选用通用性较强的交、直流两用焊机或多用途的焊接设备,如 ZXE-160、ZXE-300、ZXE1-500,以及 WSE1-315 等。

2. 根据焊接结构所选用材料的厚度、所需焊机容量等来选择弧焊设备 选用焊接设备时,应根据焊接过程中使用的焊接电流值和焊机铭牌上所标注的额定焊接电流(额定负载持续率条件下允许使用的最大焊接电流)来选择焊机的具体型号。如果焊接电流超过额定焊接电流,应考虑更换额定焊接电流大的焊机或者在使用中降低焊机的负载持续率。否则焊机因过热而损坏。我国标准规定 500A 以下焊机工作时间周期为 5min,通常额定负载率为 60%,即每 5min 之内通过额定焊接电流时间不得超过 3min。不同的负载持续率时电焊机所允许的焊接电流值详见表 1-10。

表 1-10　不同负载持续率下的焊接电流值

负载持续率(%)	100	80	60	40	20
焊接电流(A)	116	130	150	183	260
	230	257	300	363	516
	387	434	500	611	868

3. 根据工作环境、资金情况来选择弧焊设备 若焊接现场在野外,并且流动性大,应考虑选用质量较小的交流弧焊机 BX1-120、BX-120、BX-200、BX5-120、BX6-120 或直流弧焊机 ZX-160、ZX7-200S/ST、ZX7-315S/ST、ZX7-500S/ST 等。若企业自有资金雄厚,可选购综合性能好的焊机,如直流弧焊机 ZX5-400、ZX5-400B 和 IGBT 逆变弧焊机等;若企业自有资金紧张,可选用 BX 系列、BX3 系列或 ZX 系列焊机。

(二)焊条电弧焊设备的使用、维护和常见故障排除

1. 焊条电弧焊设备的使用和维护

(1)电弧焊机应尽可能放在通风良好、干燥、无腐蚀介质、不靠近高温和粉尘不多的地方。对于弧焊整流器还要特别注意对其的保护冷却,以加强保护。

(2)初级线圈的电压和接法必须与标牌的规定相符,线的直径要合

适。在几台焊接电源的情况下,接线时要考虑三相负载的平衡。初级线上必须有开关及熔断器。熔丝额定电流要合适,确实能起到防止过载的作用。焊条电弧焊电源的初级线、熔断器及铁壳开关的选用详见表1-11。

表1-11　焊条电弧焊电源初级线、熔断器及铁壳开关的选用

电源类型	电源型号	YHC 型初级线规格（根数×mm²）	熔断器额定电流（A）	铁壳开关额定容量（V·A）
弧焊变压器	BX$_3$-300	2×10～2×16	50～60	500×60
	BX$_1$-300	2×10～2×16	60～70	500×60
	BX-500	2×16～2×25	90	500×100
弧焊发电机	AX-320	3×6～3×10	60	500×60
	AX$_1$-500	3×10～3×16	100	500×100
弧焊整流器	ZXG-300	4×6～4×10	40	500×60
	ZXG-500	4×14～4×16	60	500×100

(3)启动电焊机时,电焊钳和焊件不能接触,以防短路。在焊接过程中,也不能长时间短路。特别是弧焊整流器,在大电流工作时,长时间短路易使硅整流器损坏。

(4)调节焊接电流和变换极性接法时,应在空载下进行。

(5)焊接电源必须在标牌上规定的电流调节范围内及相应的负载持续率下使用。许多焊条电弧焊机电流调节范围的上限电流都大于额定焊接电流,但应特别注意,只有在负载率小于额定负载持续率时使用才是安全的。使用焊接电流与负载持续率的关系详见表1-10。

(6)露天使用时,要防止灰尘和雨水侵入电焊机内部。搬动电焊机时,特别是弧焊整流器,不应使之受到较剧烈的振动。

(7)保持焊接电缆与电焊机接线柱的接触良好。

(8)每台电焊机机壳都应有可靠的接地线,以确保安全。地线的截面积,铜线不得小于6mm²,铝线不得小于12mm²。

(9)定期清扫灰尘,定期调节丝杠和旋转轴承,对于弧焊整流器还应经常检查空冷风扇的转动是否正常。

(10)当电焊机发生故障或有异常现象时,应立即切断电源,然后及时进行检查修理。较大的故障应找电工检修。

(11)新安装或闲置已久的焊接电源,在启动前要做绝缘程度检查。若不符合规定要求,必须做干燥处理后再使用。电焊机不得在输出端短路状态下启动。

(12)焊接作业完毕或临时离开工作现场,必须及时切断电焊机的电源。

2.焊条电弧焊设备常见故障的排除 弧焊变压器的常见故障和排除方法详见表 1-12。

表 1-12 弧焊变压器的常见故障和排除方法

故障特征	产生原因	解决方法
变压器外壳带电	(1)电源线漏电并碰在外壳上	(1)消除电源线漏电或解决碰外壳问题
	(2)一次或二次线圈碰外壳	(2)检查线圈的绝缘电阻值,并解决线圈碰外壳现象
	(3)弧焊变压器未接地或地线接触不良	(3)检查地线接地情况并使之接触良好
	(4)焊机电缆线碰焊机外壳	(4)解决焊接电缆碰外壳现象
变压器过热	(1)变压器线圈短路	(1)检查并消除短路现象
	(2)铁芯螺杆绝缘损坏	(2)恢复铁芯螺杆的绝缘
	(3)变压器过载	(3)减少焊接电流
导线接触处过热	导线电阻过大或连接螺钉太松	认真清理导线接触面并拧紧连接处螺钉,使导线保持良好接触
焊接电流不稳定	(1)焊接电缆与焊件接触不良	(1)使焊件与焊接电缆接触良好
	(2)动铁芯随变压器的振动而滑动	(2)将动铁芯或其调节手柄固定
焊接电流过小	(1)电缆线接头之间或与焊件接触不良	(1)使接头之间、包括与焊件之间的接触良好
	(2)焊接电缆线过长,电阻大	(2)缩短电缆线长度或加大电缆线直径
	(3)焊接电缆线盘成盘形,电感大	(3)将焊接电缆线散开,不形成盘形

故障特征	产生原因	解决方法
焊接过程中变压器产生强烈的"嗡嗡"声	(1)可动铁芯的制动螺钉或弹簧太松 (2)铁芯活动部分的移动机构损坏 (3)一次、二次线圈短路 (4)部分电抗线圈短路	(1)旋紧制动螺钉,调整弹簧拉力 (2)检查、修理移动机构 (3)消除一次、二次线圈短路 (4)拉紧弹簧并拧紧螺母
电弧不易引燃或经常断弧	(1)电源电压不足 (2)焊接回路中接头处有接触不良 (3)二次侧或电抗部分线圈短路 (4)可动铁芯严重振动	(1)调整电压 (2)检查焊接回路,使接头接触良好 (3)消除短路 (4)解决可动铁芯在焊接过程中的松动
焊接过程中,变压器输出电流反常	(1)铁芯磁回路中,由于绝缘损坏而产生涡流,使焊接电流变小 (2)电路中起感抗作用的线圈绝缘损坏,使焊接电流过大	检查电路或磁路中的绝缘状况,排除故障

弧焊整流器常见故障及排除方法详见表 1-13。

表 1-13　弧焊整流器常见故障及排除方法

故障特征	产生原因	解决方法
焊接电流不稳定	(1)风压开关抖动 (2)控制线圈接触不良 (3)主回路交流接触器抖动	(1)消除风压开关抖动 (2)恢复良好的接触 (3)寻找原因,消除抖动现象
焊机壳漏电	(1)电源接线误碰机壳 (2)焊机接地线不正确或接触不良 (3)变压器、电抗器、电风扇及控制线路元件等碰外壳	(1)检修与焊机壳体接触的电源线 (2)检查地线接法或清理接触点 (3)逐一检查并解决碰外壳的问题

故障特征	产生原因	解决方法
弧焊整流器空载电压过低	(1)网路电压过低 (2)磁力启动器接触不良 (3)变压器绕组短路	(1)调整电压 (2)恢复磁力启动器的良好接触状态 (3)消除短路
电风扇电动机不转	(1)电风扇电动机线圈断线 (2)按钮开关的触头接触不良 (3)熔丝熔断	(1)修复电动机线圈断线处 (2)恢复按钮开关功能 (3)更换规定的熔丝
焊接电流调节失灵	(1)焊接电流控制器接触不良 (2)整流器控制回路中元件被击穿 (3)控制线圈匝间短路	(1)恢复接触器功能 (2)更换损坏元件 (3)消除控制线圈中的短路,恢复控制线圈功能
焊接时电弧电压突然降低	(1)整流元件被击穿 (2)控制回路断路 (3)主回路全部或局部发生短路	(1)更换损坏元件 (2)检修控制回路 (3)检修主回路线路
电表无指示	(1)主回路出现故障 (2)饱和电抗器和交流绕组断线 (3)电表或相应的接线短路	(1)修复主回路故障 (2)消除断线故障 (3)检修电表

ZX7 系列晶闸管逆变弧焊机常见故障及排除方法详见表 1-14。

表 1-14　ZX7 系列晶闸管逆变弧焊机常见故障及排除方法

故障特征	产生原因	解决方法
开机后指示灯不亮,风机不转	(1)电源缺相 (2)自动空气开关 S1 损坏 (3)指示灯接触不良或损坏	(1)解决电源缺相 (2)更换自动空气开关 S1 (3)清理指示灯接触面或更换指示灯
开机后电源指示灯不亮,电压表指示 70～80V,风机和焊机工作正常	电源指示灯接触不良或损坏	(1)清理指示灯接触面 (2)更换损坏的指示灯

故障特征	产生原因	解决方法
开机后焊机无空载电压输出	(1)电压表损坏 (2)快速晶闸管损坏 (3)控制电路板损坏	(1)更换电压表 (2)更换损坏的晶闸管 (3)更换损坏的控制电路板
开机后焊机能工作,但焊接电流偏小,电压表指示不在 70～80V 之间	(1)三相电源缺相 (2)换向电容可能有个别的损坏 (3)控制电路板损坏 (4)三相整流桥损坏 (5)焊钳电缆截面太小	(1)恢复该相电源 (2)更换损坏的换向电容 (3)更换损坏的控制电路板 (4)更换损坏的三相整流桥 (5)更换大截面电缆线
焊机电源一接通,自动空气开关立即断电	(1)快速晶闸管有损坏 (2)快速整流管有损坏 (3)控制电路板有损坏 (4)电解电容个别的有损坏 (5)过压保护板损坏 (6)压敏电阻有损坏 (7)三相整流桥有损坏	(1)更换损坏的快速晶闸管 (2)更换损坏的快速整流管 (3)更换损坏的控制电路板 (4)更换损坏的电解电容 (5)更换过压保护板 (6)更换损坏的压敏电阻 (7)更换损坏的三相整流桥
控制失灵	(1)遥控插头座接触不良 (2)遥控电线内部断线或调节电位器损坏 (3)遥控开关没放在遥控位置上	(1)插座进行清洁处理,使之接触良好 (2)更换导线或更换电位器 (3)将遥控选择开关置于遥控位置上
焊接过程中,出现连续断弧现象	(1)输出电流偏小 (2)输出极性接反 (3)焊条牌号选择不对 (4)电抗器有匝间短路或绝缘不良的现象	(1)增大输出电流 (2)改变焊机输出极性 (3)更换焊条 (4)检查及维修电抗器匝间短路或绝缘不良的现象

(三)焊条电弧焊辅助设备及工具

焊条电弧焊辅助设备及工具包括电焊钳、焊接电缆、电焊条烘干箱、电焊条保温筒、面罩及防护用具、清理工具、坡口加工机、夹具、胎具和量具等。

1. 电焊钳 焊钳是夹持电焊条并传导焊接电流的焊接工具,应安全、轻便、耐用。常用的焊钳有 300A、500A 及 160A 三种,其型号和规格详见表 1-15。目前市场上出现一种不烫手焊钳,不烫手焊钳的型号和主要特点详见表 1-16。不烫手焊钳与普通焊钳相比,节能、节材 60%,与国内外轻型焊钳相比,重量下降 30%,焊接过程中手柄温升低(≤11℃)。

表 1-15　常用焊钳的型号和规格

型　　号	160A 型		300A 型		500A 型	
额定焊接电流(A)	160		300		500	
负载持续率(%)	60	35	60	35	60	30
焊接电流(A)	160	220	300	400	500	560
适用焊条直径(mm)	1.6~4		2~5		3.2~8	
连接电缆截面积(mm^2[1])	25~35		35~50		70~95	
手柄温度(℃[2])	≤40		≤40		≤40	
外形尺寸(mm)	220×70×30		235×80×36		258×86×38	
质量(kg)	0.24		0.34		0.40	
参考价格(元)	6.10		7.40		8.40	

注:①小于最小截面积时,必须用导电良好的材料填充到最小截面积内。
　　②按 IEC26、29 号文规定的标准要求做试验。

表 1-16　不烫手焊钳的型号及主要特点

型号	专利号	主要特点
QY-91 (超轻)型	发明专利号:ZL89107205 发明专利 不烫手的手工 电弧焊焊钳	焊接电缆线可以从手柄腔内引出,也可以从手柄前的旁通腔引出,使手柄内无高温电缆线,减少热量 90%,从而达到不烫手的目的,不影响传统使用习惯
QY-93 (加长)型	实用新型 专利号:ZL91229936.3 不烫手的手工 电弧焊焊钳	焊接电缆线紧固接头延伸在手柄尾端后的护套内,采用特殊的结构使手柄内受热辐射减少 80%,从而达到不烫手的目的,安装电缆线极为省事

型号	专利号	主要特点
QY95-三叉型	申请专利号：ZL93242600.X	焊钳为三根圆棒形式,设有防电弧辐射热护罩。维修方便,焊钳头部细长,适合各种环境焊接,手柄升温低而不烫手

2. 焊接电缆　焊接电缆目前已有特制的 YHH 型电焊用橡胶软电缆和 YHHR 型特软电缆。选用焊接电缆的截面积,应依据电缆的长度和焊接电流的大小按表 1-17 选取。按该表选用可保证供电回路动力线电压降小于额定电压的 5%,焊接回路导线电压降小于 4V(约为工作电压的 10%)。

表 1-17　按电缆长度和焊接电流选取电缆截面积

截面积(mm²)　导线长(m)　电流(A)	20	30	40	50	60	70	80	90	100
100	25	25	25	25	25	25	25	28	35
150	35	35	35	35	50	50	60	70	70
200	35	35	35	50	60	70	70	70	70
300	35	50	60	60	70	70	70	85	85
400	35	50	60	70	85	85	85	95	95
500	50	60	70	85	95	95	95	120	120
600	60	70	85	85	95	95	120	120	120

焊接电缆的长度一般不宜超过 20m。使用超过 20m 长的焊接电缆,接入焊钳在操作中既重又不方便,有时焊接电缆强劲,使焊工无法运条,这时可用分节导线,即自备一段 25～35mm² 截面的焊接电缆短线与焊钳相接,以便于操作。

焊接电缆与焊接电缆、电焊机的连接,使用快速接头、快速连接器,可快速、省力、安全可靠地承担焊接工作,详见表 1-18。

表 1-18　焊接电缆快速接头、快速连接器

名　　称	型号规格	额定电流（A）	用　　途
电焊机电缆快速接头	DKJ-16	100～160	由插头、插座两部件组成，能随意将电缆连接在弧焊机上，螺旋槽端面接触，符合国际标准和 GB/T 7925—1987 标准
	DKJ-35	160～250	
	DKJ-50	250～310	
	DKJ-70	310～400	
	DKJ-95	400～630	
	DKJ-120	630～800	
焊接电缆快速连接器	DKL-16	100～160	能随意连接两根电缆的器件，拆连方便，螺旋槽端面接触，符合国际标准。系国家专利产品，专利号为 ZL85201436.8
	DKL-35	160～250	
	DKL-50	250～315	
	DKL-70	315～400	
	DKL-95	400～630	
	DKL-120	630～800	

3．面罩及其他防护用具　面罩的主要作用是保护电焊工的眼睛和面部不受电弧光的辐射和灼伤。面罩上的护目玻璃起到减弱电弧光并过滤红外线、紫外线的作用。面罩有头盔式和手持式两种，在护目玻璃外还有相同尺寸的一般玻璃，以防金属飞溅沾污护目玻璃。护目玻璃常用的规格详见表 1-19。

表 1-19　护目玻璃常用规格

颜色号	7～8	9～10	11～12
颜色深度	较浅	中等	较深
适用焊接电流范围（A）	＜100	100～350	≥350
玻璃尺寸（$\frac{厚}{mm} \times \frac{宽}{mm} \times \frac{长}{mm}$）	2×50×107	2×50×107	2×50×107

最近，老式的面罩已逐渐开始被 GSZ 光控电焊面罩所取代。GSZ 光控电焊面罩的特点是有效地防止电光性眼炎；可瞬时自动调光和遮

光;防红外线和紫外线;彻底解决了盲焊问题。该面罩在焊接过程中,起弧前,具有最大的透光度,焊工能看清焊接表面;起弧时,能瞬间自动完成调光、遮光,护目玻璃呈暗态,同时也保证最佳的视觉条件;当焊接结束时,自动返回待控状态,护目玻璃呈亮态,能够清晰地观察焊接效果。使用 GSZ 面罩,大大提高了焊接质量和工作效率,减少焊机空载耗电时间,可节电 30％ 左右。目前 GSZ 光控电焊面罩有三大系列:GSZ-A为手持式光控全塑电焊面罩,GSZ-B 为头盔式光控全塑电焊面罩,GSZ-C 为安全帽式光控全塑电焊面罩。

其他防护用品,如电焊工在操作时要戴专用的电焊手套和护脚,在清渣时应戴平光眼镜。

4. 电焊条烘干箱和保温筒　电焊条烘干箱和保温筒用于焊前对电焊条的烘干和保温,减少和防止因焊条药皮潮湿在焊接过程中造成焊缝中出现气孔、裂纹等缺陷。常用的电焊条烘干箱的规格和容量详见表 1-20。一般烘干箱的最高工作温度可达 500℃,温度均匀性为±10℃。

表 1-20　常用电焊条烘干箱的规格和容量

名　　称	型号规格	容量(kg)	主要功能
自动远红外电焊条烘干箱	RDL4-30	30	采用远红外辐射加热、自动控温、不锈钢材料的炉膛、分层抽屉结构,最高烘干温度可达500℃。100kg 容量以下的烘干箱设有保温贮藏箱 RDL4 系列电焊条烘干箱代替 YHX、ZYH、ZYHC、DH 系列,使用性能不变
	RDL4-40	40	
	RDL4-60	60	
	RDL4-100	100	
	RDL4-150	150	
	RDL4-200	200	
	RDL4-300	300	
	RDL4-500	500	
	RDL4-1000	1000	
记录式数控远红外电焊条烘干箱	ZYJ-500	500	采用三数控带 P.L.D 超高精度仪表,配置自动平衡记录仪,使焊条烘焙温度、温升时间曲线有实时记录供焊接参考。最高温度达 500℃
	ZYJ-150	150	
	ZYJ-100	100	
	ZYJ-60	60	

保温筒是在施工现场供焊工携带的可贮存少量电焊条的一种保温容器,与电焊机的二次电压端相连,使其保持一定的温度。重要焊接结构用低氢碱性焊条焊接时,焊前将焊条放入电焊条烘干箱内,在350~450℃下烘焙几小时。烘焙好的焊条应放入电焊条保温筒内,继续在100~200℃下保温,在焊接时,随用随取。电焊条保温筒的型号及主要技术参数详见表1-21。

表1-21　常用电焊条保温筒型号及技术参数

功　　能	型　　号			
	PR-1	PR-2	PR-3	PR-4
电压范围(V)	25~90	25~90	25~90	25~90
加热功率(W)	400	100	100	100
工作温度(℃)	300	200	200	200
绝缘性能(MΩ)	>3	>3	>3	>3
可装焊条质量(kg)	5	2.5	5	5
可装焊条长度(mm)	410/450	410/450	410/450	410/450
质量(kg)	3.5	2.8	3	3.5
外形尺寸($\frac{直径}{mm} \times \frac{高}{mm}$)	$\phi145 \times 550$	$\phi110 \times 570$	$\phi155 \times 690$	$\phi195 \times 700$

5. 坡口加工机　坡口加工机是高效节能的焊接辅助设备。可加工Q235、Q345(16Mn、16MnR)、不锈钢、铜、铝等金属材料的坡口。坡口加工机与气割和刨边机相比,加工坡口的各项性能都好得多,具有坡口加工后质量好、尺寸准确,表面光洁、操作简便、能耗低等优点。常用的HP系列坡口加工机型号及技术参数详见表1-22。

表1-22　HP系列坡口加工机型号及技术参数

型　号 \ 参　数	HP-10	HP-14	HP-18	HP-20	HP-25
被加工钢板抗拉强度(MPa)	390~750	390~750	390~750	390~750	390~750
坡口最大宽度 B(mm)	12~7	20~12	24~15	27~17	35~20
工件最大厚度 δ(mm)	30	40	45	50	70

参 数 型 号	HP-10	HP-14	HP-18	HP-20	HP-25
坡口角度调整范围(°)	30~45	20~50	20~50	20~50	20~50
最小钝边角高度 p (mm)	1	1.5	1.5	1.5	1.5
加工坡口速度 v (m/min)	2.6~3.4	2.6~3.4	1.8~2.8	1.3~3.4	0.8~3.4
主电机功率(kW)	2.2	3	4	4/3	6/5/2.2
整机质量(kg)	65	1000	1250	1450	4500
外形尺寸 $(\frac{A}{mm} \times \frac{B}{mm} \times \frac{C}{mm})$	600×470 ×700	1280×950 ×1356	1280×1000 ×1356	1280×1018 ×1480	1700×1200 ×1830
工作噪声(dB)	≤65	≤65	≤65	≤65	≤70
配备刀具	小	普	普	普、粗	普、粗、特粗

管子对接焊时,焊前需要将管子待焊处开坡口,可采用气动管子坡口机。气动管子坡口机是以压缩空气为动力,在管子装夹上内胀定位装置,可自定中心,在管子待焊处加工各种形式的坡口。加工时,选用不同形状的刀具,在任意位置上,可对 $\phi8 \sim \phi630mm$ 的碳钢、不锈钢、铜等管材进行 V 形、U 形坡口以及倒棱、倒角和削边的加工。气动管子坡口机具有加工质量好、效率高、携带方便、操作简单等优点,其型号及主要技术参数详见表 1-23。

表 1-23　气动管子坡口机型号及主要技术参数

项 目 型 号	GPJ-J30	GPJ-80	GPJ-150	GPJ-350
空气压力(MPa)	0.6	0.6	0.6	0.6
最大输出功率(kW)	0.23	0.47	0.49	0.74
最大耗气量(L/min)	310	630	960	1000

型 号 项 目	GPJ-J30	GPJ-80	GPJ-150	GPJ-350
额定转速(r/min)	110	75	17	6
空载转速(r/min)	220	150	34	9
额定转矩(N·m)	10	45	98	180
胀管内径(mm)	10～29	28～78	70～145	150～300
加工管子直径(mm)	8～30	28～80	65～150	125～350
最大进给行程(mm)	10	35	50	55
质量(kg)	约2.7	约7	约12.5	约42

6. 清理工具 焊接清理工具包括錾子、尖头渣锤、钢丝刷、锉刀、榔头等。这些工具主要用于清理和修理焊缝,清除渣壳及飞溅物,挖除焊缝中的缺陷。焊前清理工作可采用喷砂机,QZPJ-2 型轻便自吸式喷砂机以压缩空气为动力喷射砂料进行表面清理,用负压回收砂料,并将回收的砂料过滤后再次循环使用。这种喷砂机除适用于焊缝坡口及焊缝表面的处理外,还适用于钢板及构件表面、汽车修理行业除锈、除漆、高强螺栓节点摩擦面制造,连接表面摩擦系数达 0.45;对于热喷涂、衬胶行业,一次性喷砂可同时完成除锈和表面粗糙均匀化要求,并使涂层和基体结合强度提高;对塑料和玻璃进行喷砂加工,可得到不透光面和不反光面。QZPJ-2 型轻便自吸式循环喷砂机的技术参数详见表 1-24。

表 1-24 QZPJ-2 型轻便自吸式循环喷砂机的技术参数

电源电压(V)	220	电源功率(kW)	1
气源压力(MPa)	0.4～0.6	气体耗量(m³/min)	0.9～1
使用砂料	直 径 0.45 ～0.9mm 的刚玉砂或石英砂	喷砂效率(m²/h)	4～6

7. 夹具、胎具和量具 在焊接生产中,能固定焊件位置,防止焊件发生变形的工具称为夹具。而把支承或翻转焊件的机械装置称为胎

具,胎具又称为焊接变位机械。

图 1-30 为 CXJ-1 型直角磁性吸具。该直角磁性吸具有双面强吸力永磁工作面,在焊工作业和装配作业上应用,不需要辅助工便可进行箱体装配及焊接。直角磁性吸具工作完毕后,侧拉即可卸下。

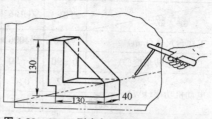

图 1-30　CXJ-1 型直角磁性吸具的工作状态

全位置焊接变位机械,可配合各种机械化焊、半机械化焊和焊条电弧焊。通过工作台的旋转和翻转,使焊缝位置处在最理想的焊接位置。全位置焊接变位机采用晶闸管直流调整器,使变位机实现稳定的恒转矩,无级调速,适用范围广,精度高。焊接过程中常采用 HBZ 型全位置焊接变位机、ZHB 型自动变位机,其型号和技术数据分别见表 1-25 和表 1-26。

表 1-25　HBZ 型全位置焊接变位机的型号和技术数据

型号 参数	HBZ-3 (管轴)	HBZ-6	HBZ-12	HBZ-12II	HBZ-30	HBZ-50	HBZ-50II	HBZ-150
承载质量(kg)	300	600	1200	1200	3000	5000	6000	15000
工作台尺寸(mm)	ϕ400	ϕ600	ϕ1500	ϕ1200	1200×1200	ϕ2000	ϕ2000	2000×2000
转速(r/min)	0~4	0~2	0~2	0~2	0~1.5	0~1.5	0~1.5	0~0.4
工作台翻转角度(°)	90	90	90	135	135	90	90	90

表 1-26　ZHB 型自动变位机的型号和技术数据

参数 \ 型号	ZHB-3	ZHB-6	ZHB-12	ZHB-30	ZHB-50	ZHB-100
最大承载质量(kg)	300	600	1200	3000	5000	10000
工作台回转速度(r/min)	0.25~6	0.05~2	0.04~0.7	0.05~0.5	0.05~0.5	0.01~0.1

参 数 \ 型 号		ZHB-3	ZHB-6	ZHB-12	ZHB-30	ZHB-50	ZHB-100
工作台尺寸(mm)		ϕ600	ϕ1000	ϕ1200	ϕ1400	ϕ1500	ϕ2000
工作台翻转角度(°)		0～90	0～90	0～90	0～120	0～120	0～120
电动机功率(kW)	回转	0.2	0.6	1.1	1.5	2.2	3
	翻转	—	0.75	2.2	3	4	5
调速方式		晶闸管无级调速			电磁调速电动机		
最大重心距(mm)		200	200	250	300	300	400
最大偏心距(mm)		150	150	200	200	200	200
90°时工作最大回转直径(mm)		ϕ800	ϕ1200	ϕ1500	ϕ2000	ϕ2500	ϕ3000
外形尺寸($\frac{A}{mm} \times \frac{B}{mm} \times \frac{C}{mm}$)		840×640×730	1220×1000×900	1900×1290×1300	2100×1400×1200	2600×1400×1700	2800×1800×1700
机器质量(kg)		400	700	2000	3500	5000	8000
电源电压(V)		220/380					

　　检查焊口的量具可用 HCQ-1 型焊口检测器(图 1-31)。

　　HCQ-1 型焊口检测器是一种多用途的量具。用它可以在焊前检测坡口角度、间隙、错边；还可以在焊后测量焊缝高度、焊缝宽度和厚度等。

　　HCQ-1 型焊口检测器的测量范围详见表 1-27。

表 1-27　HCQ-1 型焊口检测器的测量范围

角度样板的角度(°)	坡口角度(°)	钢直尺规格(mm)	间隙(mm)	错边(mm)	焊缝宽度(mm)	焊缝余高(mm)	角焊缝厚度(mm)	角焊缝余高(mm)
15 30 45 60 90	≤150	40	1～5	1～20	≤40	≤20	1～20	≤20

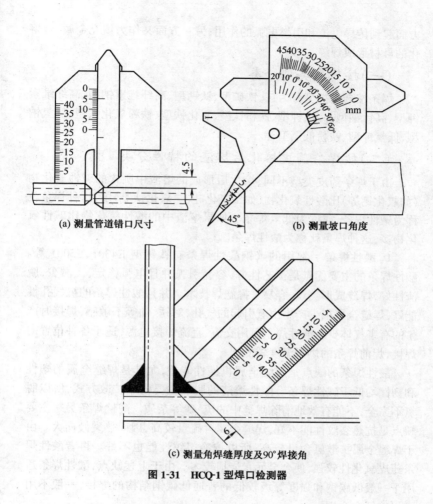

(a) 测量管道错口尺寸

(b) 测量坡口角度

(c) 测量角焊缝厚度及90°焊接角

图 1-31　HCQ-1 型焊口检测器

第三节　电　焊　条

一、电焊条的分类及特性

焊条由焊芯(金属芯)和药皮构成。在焊条电弧焊过程中,焊条一方面起到传导电流和引燃电弧的作用；另一方面又作为填充金属，与熔化的母材形成焊缝。

(一)按药皮类型分类

焊条按药皮类型分为：钛铁矿型、钛钙型、高纤维素钠型、高纤维素钾型、高钛钠型、高钛钾型、铁粉钛型、氧化铁型、铁粉氧化铁型、低氢钠型、低氢钾型、铁粉低氢型等。

(二)按焊条药皮熔化后熔渣的特性分类

由于焊条药皮类型不同，熔化后形成的熔渣中所含的碱性氧化物(如氧化钙等)比酸性氧化物(如二氧化硅、二氧化钛等)多，这种焊条就称为碱性焊条，或称为低氢焊条。如果熔渣中的酸性氧化物比碱性氧化物多，这种焊条就称为酸性焊条。

1. 酸性焊条 常用的碳钢酸性焊条有钛钙型 E4301、E5001 等。酸性焊条的主要优点是工艺性好，容易引弧并且电弧稳定，飞溅少，脱渣性好，焊缝成形美观，容易掌握施焊技术。并且酸性焊条的抗气孔性能好，焊缝金属很少产生由氢引起的气孔，对锈、油等不敏感，焊接时产生的有害气体少。酸性焊条可用交流、直流焊接电源，适于各种位置的焊接，焊前焊条的烘干温度较低。

酸性焊条的缺点是焊缝金属机械性能差，尤其是焊缝金属的塑性和韧性均低于碱性焊条。酸性熔渣的脱氧主要依靠扩散方式，所以脱氧不完全，不能有效地清除焊缝中的硫、磷等杂质。酸性焊条另一主要缺点是抗热裂纹性能不好，焊缝金属含硫量较高，因而热裂倾向大。由于焊缝金属扩散氢含量较高，所以抗冷裂纹性能也不好。再者酸性焊条药皮氧化性较强，使合金元素烧损较多。由于上述缺点，酸性焊条适用于一般低碳钢和强度等级较低的普通低碳钢结构的焊接，一般不用于焊接低合金钢。

2. 碱性焊条 碱性焊条又称低氢焊条。由于碱性焊条药皮氧化性较弱，减弱了焊接过程中的氧化作用，因而焊缝中含氧量较少。由于焊接时放出的氧少，合金元素很少被氧化，所以焊缝金属的合金化效果较好，并且药皮中锰、硅含量较多。碱性焊条药皮中碱性氧化物较多，脱氧、脱硫、脱磷的能力比酸性焊条强。同时药皮中的萤石有较好的去氢能力,故焊缝中含氢量低(低氢焊条因此得名)。使用碱性焊条,焊缝金属的塑性、韧性和抗裂性能都比酸性焊条高,所以这类焊条适用于合金钢和重要碳钢结构的焊接。

碱性焊条的主要缺点是工艺性差。由于药皮中萤石的存在,不利于电弧的稳定,因此要求用直流焊接电源进行焊接。碱性焊条即使在药皮中加入稳弧剂(碳酸钾、碳酸钠等),虽可采用交直流两用焊接电源,但使用交流弧焊机时,其电弧稳定性也比酸性焊条差。此外,碱性焊条对坡口清理要求很高,脱渣性差。

使用碱性焊条要求很短的电弧,焊前坡口去除锈、油和水分,焊条在焊前应严格烘干。碱性焊条的烘干温度在200~300℃,烘 2h。对含氢量有特殊要求的焊条,烘干温度应提高到 450℃。经烘干的碱性焊条,应放入 100~200℃的电焊条保温筒内,随用随取。烘干后暂时不用的碱性焊条再次使用前,还要重新烘干。碱性焊条在焊接时会产生有毒气体,损坏工人健康。

由于碱性焊条对铁锈、油污、水分和电弧拉长都较敏感,容易产生气孔,因此除了焊前要严格烘干焊条,仔细清理焊件坡口外,在施焊时还要始终应保持短弧操作。碱性焊条必须采用直流反接才能施焊。

焊条是碱性还是酸性,如果一时难以区别,可观察焊条端部钢芯表面颜色,碱性焊条端部往往有烤蓝色,而酸性焊条则没有。另外从熔渣颜色也可以识别,碱性焊条熔渣背面呈乌黑色,渣壳较致密;酸性焊条熔渣背面呈亮黑色,而且渣壳较疏松,多孔。当用交流电弧焊机施焊时,电弧稳定的是酸性焊条。

3. 焊条药皮的成分　　焊条药皮的作用详见第一章第一节[二、焊条电弧焊的冶金特性之(四)熔渣的作用]。焊条药皮根据成分的具体用途可分为:

(1)稳弧剂。它是由一些容易电离的物质组成的,如钾、钠、钙的化合物,以及碳酸钾、长石、白垩和水玻璃等。其作用是提高电弧燃烧的稳定性,并使电弧易于引燃。

(2)造渣剂。用以形成熔点、黏度、冶金性能合适的熔渣。熔渣被覆于熔滴及熔池表面,能保护熔化金属不致与空气中的氧、氮发生作用,并使焊缝缓慢冷却,同时在焊接时熔渣与金属之间进行化学反应,这些反应使焊缝金属脱氧、脱硫、脱磷。

造渣剂主要有:钛铁矿、赤铁矿、锰矿、大理石、萤石、金红石、长石、石英砂、高岭土等。造成熔渣后形成一些氧化物,其中酸性氧化物有二氧化硅(SiO_2)、二氧化钛(TiO_2)、五氧化二磷(P_2O_5)等;碱性氧化物有氧化钙(CaO)、氧化锰(MnO)、氧化亚铁(FeO)等。无论酸性熔渣还是碱性熔渣,都具有良好的脱氧性能。脱硫主要靠熔渣中的钙、锰等元素的氧化物,碱性熔渣脱硫较完全,而酸性熔渣只能部分脱硫。只有碱性熔渣才能部分脱磷,酸性熔渣不能脱磷。

(3)造气剂。主要有淀粉、木粉、大理石、菱镁矿等,这些物质在焊条熔化时产生大量的一氧化碳、二氧化碳等气体,包围电弧,形成保护气体。

(4)脱氧剂。主要作用是对焊缝金属脱氧,消除气孔及降低含氧量,常用的有锰铁、硅铁、钛铁等。

(5)合金剂。主要作用是向焊缝金属过渡合金元素。常用的有锰铁、铬铁、钼铁、钒铁等铁合金。

(6)粘结剂。用来把各种粉料粘结在一起,再由压涂机把涂料包覆在焊芯上,经烘干后形成牢固的药皮。常用的粘结剂有钠水玻璃、钾水玻璃或钾、钠混合水玻璃。钾水玻璃还具有稳弧作用。

(7)增塑剂。为了改善药皮涂料的塑性和润滑性,使之容易在压涂机上压涂生产,药皮配方中有时加有云母、白泥、钛白粉等增塑剂。

(三)按焊条的用途分类

电弧焊条按用途可分为:碳钢焊条、低合金钢焊条、钼和铬钼耐热钢焊条、不锈钢焊条、堆焊焊条、低温焊条、铸铁焊条、镍和镍合金焊条、铜及铜合金焊条、铝及铝合金焊条、特殊用途焊条等。近年来,许多焊条标准已等效采纳国际先进标准。

二、电焊条的型号

(一)碳钢焊条(GB/T 5117—1995)

1.碳钢焊条型号表示方法

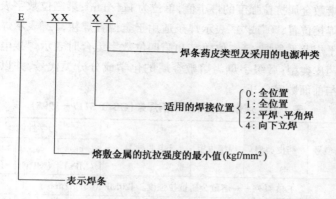

在焊条型号中E表示焊条,E后面的前二位数字表示熔敷金属抗拉强度的最小值,单位为 $kgf/mm^2(1kgf/mm^2 = 9.81MPa)$,第三位数字表示焊条的焊接位置,第三位和第四位数字组合时表示焊接电源种类和药皮类型。若在第四位数后面附加字母"R"表示耐吸潮焊条,附加"M"表示对吸潮和力学性能有特殊规定的焊条,附加"-1"表示冲击性能有特殊规定的焊条。

2. 碳钢焊条的型号举例

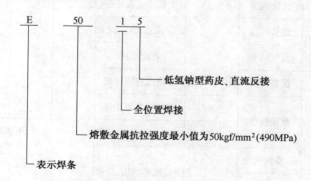

碳钢焊条的产品型号详见表1-28。

(二)低合金钢焊条(GB/T 5118—1995)

低合金钢焊条类型编制方法如下:字母"E"表示焊条;前两位数字

表示熔敷金属抗拉强度的最小值,单位为 kgf/mm²;第三位数字表示焊条的焊接位置,"0"或"1"表示焊条适用于全位置焊接,"2"表示焊条适用于平焊及平角焊;第三位数字和第四位数字组合时表示焊接电源种类和药皮类型;后缀字母为熔敷金属的化学成分分类代号,并以短划"-"与前面数字分开。

表 1-28　焊条电弧焊用碳钢焊条(GB/T 5117—1995)

焊条型号	药皮类型	焊接位置	电源种类	力学性能		
				σ_b (MPa)	$\sigma_{0.2}$ (MPa)	δ (%)
E43 系列——熔敷金属抗拉强度≥420MPa(43kgf/mm²)						
E4300	特殊型	平、立、仰、横	交流或直流正、反接	≥420	≥330	≥22
E4301	钛铁矿型					
E4303	钛钙型					
E4310	高纤维钠型		直流反接			
E4311	高纤维钾型		交流或直流反接			
E4312	高钛钠型		交流或直流正接			≥17
E4313	高钛钾型		交流或直流正、反接			
E4315	低氢钠型		直流反接			≥22
E4316	低氢钾型		交流或直流反接			
E4320	氧化铁型	平角焊	交流或直流正接		不要求	
E4322		平	交流或直流正、反接			
E4323	铁粉钛钙型	平、平角焊	交流或直流正、反接		≥330	≥22
E4324	铁粉钛型					≥17
E4327	铁粉氧化铁型		交流或直流正接			≥22
E4328	铁粉低氢型		交流或直流反接			

焊条型号	药皮类型	焊接位置	电源种类	力学性能		
				σ_b (MPa)	$\sigma_{0.2}$ (MPa)	δ (%)

E50 系列——熔敷金属抗拉强度≥490MPa(50kgf/mm²)

焊条型号	药皮类型	焊接位置	电源种类	σ_b	$\sigma_{0.2}$	δ
E5001	钛铁矿型		交流或直流正、反接			
E5003	铁钙型					≥20
E5011	高纤维钾型		交流或直流反接			
E5014	铁粉钛型		交流或直流正、反接	≥400		≥17
E5015	低氢钠型		直流反接			≥22
E5016	低氢钾型	平、立、仰、横	交流或直流反接			
E5018	铁粉低氢型			≥490		≥22
E5018M			直流反接		365~500	≥24
E5023	铁粉钛钙型		交流或直流正、反接			≥17
E5024	铁粉钛型					
E5027	铁粉氧化铁型		交流或直流正接	≥400		
E5028	铁粉低氢型		交流或直流反接			≥22
E5048						

注:①焊接位置栏中文字含义:平—平焊,立—立焊,仰—仰焊,横—横焊,平角焊—水平角焊,立向下—立向下焊。

②直径大于4.0mm的E5014、E5015、E5016和E5018焊条及直径不大于5.0mm的其他型号的焊条可适用于立焊和仰焊。

③E4322型焊条适宜单道焊。

低合金钢的焊条型号举例说明如下:

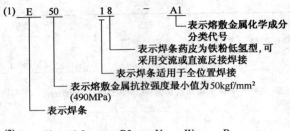

(1) E 50 18 — A1
表示熔敷金属化学成分分类代号
表示焊条药皮为铁粉低氢型,可采用交流或直流反接焊接
表示焊条适用于全位置焊接
表示熔敷金属抗拉强度最小值为50kgf/mm²(490MPa)
表示焊条

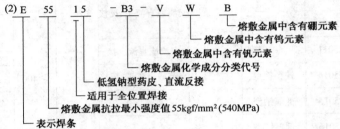

(2) E 55 15 — B3 - V W B
熔敷金属中含有硼元素
熔敷金属中含有钨元素
熔敷金属中含有钒元素
熔敷金属化学成分分类代号
低氢钠型药皮、直流反接
适用于全位置焊接
熔敷金属抗拉最小强度值55kgf/mm²(540MPa)
表示焊条

低合金钢焊条的产品型号详见表1-29。

表1-29 焊条电弧焊用低合金钢焊条(GB/T 5118—1995)

焊条型号	药皮类型	焊接位置	电源种类	力学性能		
				σ_b (MPa)	$\sigma_{0.2}$ (MPa)	δ (%)
E50 系列——熔敷金属抗拉强度≥490MPa(50kgf/mm²)						
E5003-X	钛钙型	平、立、仰、横	交流或直流正、反接	≥490	≥390	≥20
E5010-X	高纤维素钠型		直流反接			
E5011-X	高纤维素钾型		交流或直流反接			
E5015-X	低氢钠型		直流反接			≥22
E5016-X	低氢钾型		交流或直流反接			
E5018-X	铁粉低氢型					
E5020-X	高氧化铁型	平角焊	交流或直流正接			
		平	交流或直流正、反接			
E5027-X	铁粉氧化铁型	平角焊	交流或直流正接			
		平	交流或直流正、反接			

焊条型号	药皮类型	焊接位置	电源种类	力学性能		
				σ_b (MPa)	$\sigma_{0.2}$ (MPa)	δ (%)
E55 系列——熔敷金属抗拉强度≥540MPa(55kgf/mm²)						
E5500-X	特殊型	平、立、仰、横	交流或直流正、反接	≥540	≥440	≥16
E5503-X	钛钙型					
E5510-X	高纤维素钠型		直流反接			≥17
E5511-X	高纤维素钾型		交流或直流反接			
E5513-X	高钛钾型		交流或直流正、反接			≥16
E5515-X	低氢钠型		直流反接			≥22
E5516-X	低氢钾型		交流或直流反接			
E5518-X	铁粉低氢型					
E60 系列——熔敷金属抗拉强度≥590MPa(60kgf/mm²)						
E6000-X	特殊型	平、立、仰、横	交流或直流正、反接	≥590	≥490	≥14
E6010-X	高纤维素钠型		直流反接			≥15
E6011-X	高纤维素钾型		交流或直流反接			
E6013-X	高钛钾型		交流或直流正、反接			≥14
E6015-X	低氢钠型		直流反接			≥15
E6016-X	低氢钾型		交流或直流反接			
E6018-X	铁粉低氢型					
E6018-M			直流反接			≥22
E70 系列——熔敷金属抗拉强度≥690MPa(70kgf/mm²)						
E7010-X	高纤维素钠型	平、立、仰、横	直流反接	≥690	≥590	≥15
E7011-X	高纤维素钾型		交流或直流反接			
E7013-X	高钛钾型		交流或直流正、反接			≥13
E7015-X	低氢钠型		直流反接			≥15
E7016-X	低氢钾型		交流或直流反接			
E7018-X	铁粉低氢型					
E7018-M			直流反接			≥16

续表 1-29

焊条型号	药皮类型	焊接位置	电源种类	力学性能		
				σ_b (MPa)	$\sigma_{0.2}$ (MPa)	δ (%)
E75 系列——熔敷金属抗拉强度≥740MPa(75kgf/mm²)						
E7515-X	低氢钠型	平、立、仰、横	直流反接	≥740	≥640	≥13
E7516-X	低氢钾型		交流或直流反接			
E7518-X	铁粉低氢型					
E7518-M			直流反接			≥18
E80 系列——熔敷金属抗拉强度≥780MPa(80kgf/mm²)						
E8015-X	低氢钠型	平、立、仰、横	直流反接	≥780	≥690	≥13
E8016-X	低氢钾型		交流或直流反接			
E8018-X	铁粉低氢型					
E85 系列——熔敷金属抗拉强度≥830MPa(85kgf/mm²)						
E8515-X	低氢钠型	平、立、仰、横	直流反接	≥830	≥740	≥12
E8516-X	低氢钾型		交流或直流反接			
E8518-X	铁粉低氢型					
E8518-M			直流反接			≥15
E90 系列——熔敷金属抗拉强度≥880MPa(90kgf/mm²)						
E9015-X	低氢钠型	平、立、仰、横	直流反接	≥880	≥780	≥12
E9016-X	低氢钾型		交流或直流反接			
E9018-X	铁粉低氢型					
E100 系列——熔敷金属抗拉强度≥980MPa(100kgf/mm²)						
E10015-X	低氢钠型	平、立、仰、横	直流反接	≥980	≥880	≥12
E10016-X	低氢钾型		交流或直流反接			
E10018-X	铁粉低氢型					

注:①后缀字母 X 代表熔敷金属化学成分分类代号 A1、B1、B2 等,详见标准。

②直径不大于 4.0mm 的 E××15-X、E××16-X 及 E××18-X 型焊条及直径不大于 5.0mm 的其他型号焊条适用于立焊或仰焊。

(三)不锈钢焊条(GB/T 983—1995)

GB 983—1985 不锈钢焊条型号直接以熔敷金属中碳、铬、镍的平均含量表示。现在 GB/T 983—1995 不锈钢焊条型号则以不锈钢材的代号表示,该代号与美国、日本等工业发达国家的不锈钢材的型号相同。世界上多数工业国家都将不锈钢焊条型号与不锈钢材代号相一致,这样有利于焊条的选择和国际交往。

不锈钢焊条的型号举例说明如下:

(1)
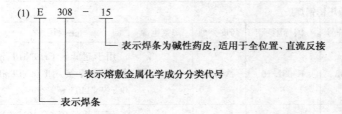

(2)
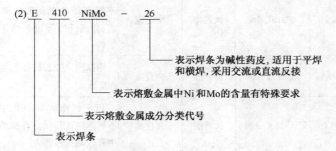

焊条电弧焊用的不锈钢焊条列于表 1-30。

表 1-30　焊条电弧焊用不锈钢焊条(GB/T 983—1995)

1. 铬不锈钢焊条

焊条牌号	国标型号	药皮类型	焊接电源	主要用途
G202	E410-16	钛钙型	交直流	用于 0Gr13 及 1Cr13 不锈钢结构焊接,也可用于耐磨耐蚀堆焊
G207	E410-15	低氢型	直流反接	用途同 G202,可全位置焊接

焊条牌号	国标型号	药皮类型	焊接电源	主要用途
G217	E410-15	低氢型	直流反接	用于 0Cr13、1Cr13、2Cr13 不锈钢结构焊接,也可用于耐磨耐蚀堆焊
G302	E430-16	钛钙型	交直流	用于耐腐蚀(硝酸)耐热 Cr17 不锈钢结构焊接
G307	E430-15	低氢型	直流反接	用途同 G302,可全位置焊接

2. 铬镍不锈钢焊条

焊条牌号	国标型号	药皮类型	焊接电源	主要用途
A002	E308L-16	钛钙型	交直流	用于超低碳 Cr19Ni10 不锈钢结构焊接,如 0Cr19Ni10、0Cr19Ni11Ti 等
A022	E316L-16	钛钙型	交直流	用于超低碳 0Cr19Ni12Mo2 不锈钢结构的焊接。焊接尿素、合成纤维等设备的不锈钢结构
A022Mo	E317L-16	钛钙型	交直流	用途同 A022,耐蚀性更优于 A022
A032	E317MoCuL-16	钛钙型	交直流	用于超低碳 0Cr19Ni13Mo2 不锈钢结构焊接。在硫酸介质中有较高抗蚀能力
A042	E309MoL-16	钛钙型	交直流	用于超低碳 0Cr23Ni13Mo2 不锈钢结构及异种钢的焊接
A052	E385-16	钛钙型	交直流	用于超低碳 0Cr18Ni24Mo5 不锈钢结构及异种钢的焊接
A062	E309L-16	钛钙型	交直流	用于超低碳 0Cr23Ni13 不锈钢结构及异种钢的焊接
A101	E380-16	钛型	交直流	用于工作温度低于 300℃ 的 Cr19Ni9 及 Cr19Ni11Ti 不锈钢薄板结构的焊接

焊条牌号	国标型号	药皮类型	焊接电源	主要用途
A102	E308-16	钛钙型	交直流	用于工作温度低于300℃的0Cr19Ni9及0Cr19Ni11Ti不锈钢结构的焊接
A107	E308-15	低氢型	直流反接	用于工作温度低于300℃的0Cr19Ni11Ti和0Cr19Ni9的不锈钢结构的焊接,可全位置焊接
A112	—	钛钙型	交直流	用于一般耐腐蚀性能不高的Cr19Ni9不锈钢的焊接
A117	—	低氢型	直流反接	用途同A112,可全位置焊
A122	—	钛钙型	交直流	用于工作温度低于300℃抗裂及耐腐蚀性能较高的Cr19Ni9不锈钢结构的焊接
A132	E347-16	钛钙型	交直流	用于重要耐腐蚀含钛稳定的0Cr19Ni11Ti不锈钢的焊接
A137	E347-15	低氢型	直流反接	用途同A132,可全位置焊接
A172	E607-16	钛钙型	交直流	焊ASTM307钢及异种钢,也可焊耐冲击腐蚀和进行过渡层的堆层,如高锰钢、淬硬钢等
A201	E316-16	钛型	交直流	用于非氧化性酸介质工作的0Cr18Ni12Mo2不锈钢结构
A202	E316-16	钛钙型	交直流	用途同A201
A207	E316-15	低氢型	直流反接	用于0Cr18Ni12Mo2不锈钢及焊后不进行热处理的高铬钢Cr13、Cr17及异种钢的焊接,可全位置焊接
A212	E318-16	钛钙型	交直流	用于重要的0Cr18Ni12Mo、00Cr17Ni14Mo2等不锈钢的焊接

续表 1-30

焊条牌号	国标型号	药皮类型	焊接电源	主要用途
A222	E317MoCu-16	钛钙型	交直流	用于含铜的不锈钢,如 0Cr19Ni13Mo2Cu 的结构焊接,耐硫酸介质腐蚀
A232	E318V-16	钛钙型	交直流	用于一般耐热及耐腐蚀的 0Cr19Ni10 及 0Cr18Ni12Mo2 不锈钢结构焊接
A237	E318V-15	低氢型	直流反接	用途同 A232,可全位置焊接
A242	E317-16	钛钙型	交直流	用于 0Cr19Ni13Mo3 不锈钢及复合钢、异种钢等结构焊接
A302	E309-16	钛钙型	交直流	用于 0Cr24Ni13 不锈钢、异种钢、高铬钢、高锰钢等结构焊接
A307	E309-15	低氢型	直流反接	用途同 A302,可全位置焊接
A312	E309Mo-16	钛钙型	交直流	用于 0Cr24Ni13Mo2 不锈钢、异种钢、复合钢的焊接
A312SL	E309Mo-16	钛钙型	交直流	焊接 Q235、20g 和 Cr5Mo 等钢材表面渗铝部件
A402	E310-16	钛钙型	交直流	用于在高温条件下工作的 0Cr26Ni21 耐热不锈钢及铬钢（Cr5Mo、Cr9Mo、Cr13、Cr28 等）、异种钢的焊接
A407	E310-15	低氢型	直流反接	用途同 A402,可全位置焊接
A412	E310Mo-16	钛钙型	交直流	用途同 A402,在抗裂、耐蚀、耐热方面优于 A402、A407
A422		钛钙型	交直流	用于 0Cr25Ni20Si2 奥氏体耐热钢及异种钢的焊接

焊条牌号	国标型号	药皮类型	焊接电源	主要用途
A502	E16-25MoN-16	钛钙型	交直流	用于焊接呈淬火状态下的低合金钢、中合金钢、异种钢及刚性大的结构,并用于 0Cr16Ni25Mo6 的热强钢的焊接
A507	E16-25MoN-15	低氢型	直流反接	用途同 A502,可全位置焊接
A607	E330MoMnWNb	低氢型	直流反接	用于工作温度 850～900℃高温条件下 0Cr16Ni35、0Cr20Ni32、0Cr18Ni37 等不锈钢的焊接
A902	E320-16	钛钙型	交直流	用于硫酸、硝酸、磷酸和氧化性酸腐蚀介质中镍合金的焊接
A1002	E312-16	钛钙型	交直流	为双相组织不锈钢焊条,熔敷金属含有 40% 铁素体,抗裂性能好,用于高碳钢、工具钢及异种钢的焊接

(四)堆焊焊条(GB 984—2001)

1. 堆焊焊条类型编制方法

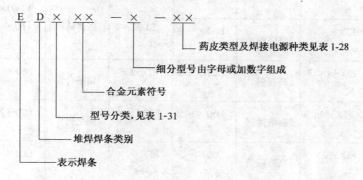

2. 堆焊焊条的型号举例

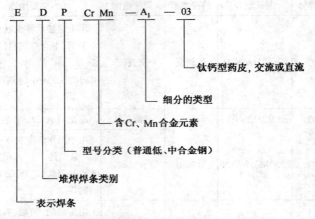

焊条电弧焊用堆焊焊条详见表1-31。

表1-31 焊条电弧焊用堆焊焊条

型号分类	熔化金属化学成分组成类型	对应焊条牌号	型号分类	熔化金属化学成分组成类型	对应焊条牌号
EDP××-××	普通低、中合金钢	D10×~24×	EDD××-××	高速钢	D30×~49×
EDR××-××	热强合金钢	D30×~49×	EDZ××-××	合金铸铁	D60×~69×
EDCr××-××	高铬钢	D50×~59×	EDZCr××-××	高铬铸铁	
EDMn××-××	高锰钢	D25×~29×	EDCoCr×-××	钴基合金	D80×~89×
EDCrMn×-××	高铬锰钢	D50×~59×	EDW××-××	碳化钨	D70×~79×
EDCrNi××-××	高铬镍钢	D50×~59×	EDT××-××	特殊型	D00×~09×

(五)低温钢焊条

1. 低温钢焊条型号编制方法

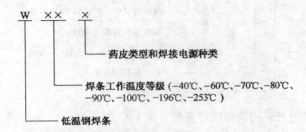

W ×× ×

└── 药皮类型和焊接电源种类

└── 焊条工作温度等级 (−40℃、−60℃、−70℃、−80℃、−90℃、−100℃、−196℃、−253℃)

└── 低温钢焊条

2. 低温钢焊条的型号举例说明

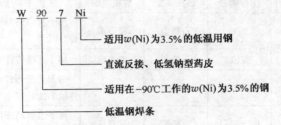

W 90 7 Ni

└── 适用 $w(\mathrm{Ni})$ 为3.5%的低温用钢

└── 直流反接、低氢钠型药皮

└── 适用在 −90℃ 工作的 $w(\mathrm{Ni})$ 为3.5%的钢

└── 低温钢焊条

(六)铸铁焊条

1. 铸铁焊条的类型编号方法

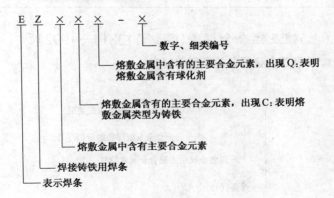

E Z × × × − ×

└── 数字、细类编号

└── 熔敷金属中含有的主要合金元素,出现 Q:表明熔敷金属含有球化剂

└── 熔敷金属含有的主要合金元素,出现 C:表明熔敷金属类型为铸铁

└── 熔敷金属中含有主要合金元素

└── 焊接铸铁用焊条

└── 表示焊条

2. 铸铁焊条的型号举例说明

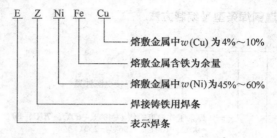

焊条电弧焊用的铸铁焊条列于表 1-32。

表 1-32 焊条电弧焊用铸铁焊条

焊条牌号	国标牌号	药皮类型	焊接电源	主要用途
Z208	EZC	石墨型	交直流	用于灰口铸铁件缺陷的补焊
Z238	EZCQ	石墨型	交直流	用于球墨铸件的补焊
Z308	EZNi-1	石墨型	交直流	用于薄壁铸件或加工面铸件缺陷的补焊
Z408	EZNiFe-1	石墨型	交直流	用于重要高强度灰口铸铁件及球墨铸铁的补焊
Z508	EZNiCu-1	石墨型	交直流	用于强度要求不高的灰口铸铁件的补焊

(七)镍及镍合金焊条(GB/T 13814—1992)

1. 镍及镍合金焊条的类型编制方法

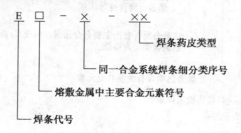

· 74 ·

2. 镍及镍合金焊条的型号举例

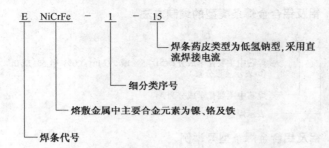

（八）铜及铜合金焊条（GB/T 3670—1995）

1. 铜及铜合金焊条的类型编号

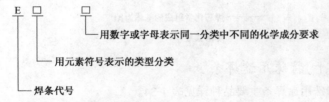

2. 铜及铜合金焊条的型号举例

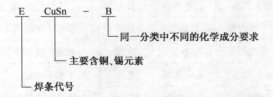

表 1-33 为焊条电弧焊用铜及铜合金焊条型号与牌号对照表。

表 1-33　铜及铜合金焊条型号与牌号

型　号	牌　号	型　号	牌　号
ECu	T107	ECuAl-C	T237
ECuSi-B	T207	ECuNi-B	T307
ECuSn-B	T227		

（九）铝及铝合金焊条（GB/T 3669—2001）

1. 铝及铝合金焊条类型的编制方法

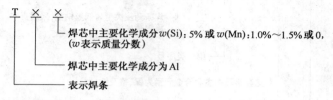

T × ×

焊芯中主要化学成分 w(Si)：5% 或 w(Mn)：1.0%～1.5% 或 0，（w 表示质量分数）

焊芯中主要化学成分为 Al

表示焊条

2. 铝及铝合金焊条型号举例

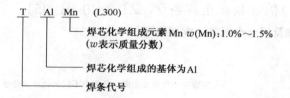

T Al Mn （L300）

焊芯化学组成元素 Mn w(Mn)：1.0%～1.5%（w 表示质量分数）

焊芯化学组成的基体为 Al

焊条代号

（十）特殊用途焊条

特殊用途焊条主要品种详见表1-34。

表 1-34　特殊用途焊条

牌　号	焊条名称	药皮类型	焊接电流	主 要 用 途
TS202	水下电焊条	钛钙型	直流	一般结构钢的水下焊接
TS203	水下电焊条	钛钙型	直流	一般结构钢的水下焊接
TS304	水下割条	氧化铁型	直流	用于水下切割
TS404	开槽割条	氧化铁型	交直流	铸铁件焊补前开坡口用
TS500	管状焊条	锰型	交直流	适合中厚板电渣焊
TS607	铁锰铝焊条	低氢型	直流	高温抗硫腐蚀含铝钢焊接
TSJ421	碳钢焊条	钛钙型	交直流	碳钢薄板
TSJ422	碳钢焊条	钛钙型	交直流	碳钢薄板
TSA102	不锈钢焊条	钛钙型	交直流	不锈钢薄板

三、电焊条的选用

焊条选择和使用是否得当直接影响到焊缝化学成分和使用性能，是焊接准备工作中很重要的一个环节，选择合适的焊条，要综合考虑多方面的因素，有时需要做试验验证才能最后确定。在选用焊条的类型和型号时，必须考虑的因素有：

(一)焊缝金属的使用性能要求

1. 正确选用焊条，首先应了解焊件的使用条件和性能 根据被焊金属材料的类别选择相应的焊条种类。例如，焊接碳钢或普通低合金钢时，应根据母材的抗拉强度，按等强度原则选用焊条；异种钢焊接时，按强度较低一侧的钢材选用焊条；耐热钢焊接时，如过热蒸汽管道、锅炉受热面管子的焊缝，应尽量使焊缝具有与母材相同的金相组织和相近的材质，以免焊接区在长期高温作用下发生合金元素的扩散，保证焊缝与母材具有同等水平的高温性能；不锈钢焊接时，要保证焊缝成分与母材成分相适应，从而保证焊接接头在腐蚀介质中工作的性能要求；低温钢焊接时，在低温下工作的焊缝，应使焊缝尽量与母材有相同的材质，并且具有良好的塑性和冲击韧性。

2. 对于要求有耐磨、耐擦伤的焊缝 应按其工作温度具有常温或高温工作硬度和良好的抗擦伤、耐腐蚀、抗氧化等性能。

3. 对于要承受动荷载的焊缝 则要选用熔敷金属具有较高的抗拉强度、冲击韧性及延伸率的焊条，按要求的高低顺序选用低氢型、钛钙型、锰型、氧化铁型药皮类型的焊条。而对于承受静荷载的焊缝，只要选用抗拉强度与母材相当焊条即可。

(二)焊件的形状、刚度和焊缝位置

(1)结构复杂、刚度大的焊件，由于焊缝金属时收缩产生的应力大，应选用塑性较好的焊条。如形状复杂或厚度大的工件，由于它的焊缝金属在冷却时收缩产生的内应力大，容易产生裂纹，因此必须选用抗裂性强的焊条，如锰型、氧化铁型药皮类型的焊条。

(2)同一种焊条，如果焊接对接焊缝时强度和塑性适中，当焊接角

焊缝时则焊缝金属强度会比母材金属偏高,而塑性偏低。凡是促使焊缝金属冷却速度加大的因素,都会使焊缝强度提高、塑性降低。

(三)焊缝金属的抗裂性

当焊件刚度较大,母材中含碳、硫、磷偏高或外界温度低时,焊件容易出现裂纹。这时除了从工艺上想办法改善外,还应注意选用抗裂性好的焊条。碱性焊条抗裂性较高。

(四)操作工艺性

对焊条还应有良好的工艺性要求,即电弧稳定,飞溅少,焊缝成形整齐匀称,熔渣容易脱落,并希望适用于全位置焊接。因此,在酸性焊条和碱性焊条都可以满足要求的地方,应尽量采用操作工艺性良好的酸性焊条。但是,选用焊条应以保证焊缝使用性能和抗裂性能合乎要求为主,而不能把操作工艺性放在第一位。

(五)设备及施工条件

(1)由于受到施工条件的限制,某些焊接部位难以清理干净,就应考虑选用氧化性强,对铁锈、油垢和氧化皮不如碱性焊条敏感的酸性焊条,以免产生气孔等缺陷。

(2)在没有直流电焊机的情况下,不能选用特别加稳弧剂的低氢焊条和仅限用直流电源的焊条,应选用交、直流两用焊条;如受施工条件限制焊接部位不能翻转,就必须选用能在空间任何位置进行焊接的焊条,如立焊和仰焊时,建议按钛型药皮类型、铁钛型药皮类型的焊条顺序选用;在密封容器内或狭窄的环境焊接时,除考虑加强通风外,应尽可能避免使用碱性低氢焊条,因为碱性低氢焊条在焊接时会放出大量有害气体和粉尘,将对操作者的健康造成危害。

(六)经济合理性

在保证符合焊接性能要求的条件下,应首先选用成本低的焊条。如钛钙型药皮类型的焊条成本较高,而钛铁矿药皮类型的焊条制造费用低,所以应选用钛铁矿药皮类型的焊条。

常用各种碳钢焊条的药皮类型、工艺性和应用范围,见表1-35。

表 1-35　常用各类碳钢焊条的药皮类型、工艺性和应用范围

焊条型号	药皮类型	焊接位置	电源种类	工　艺　性	应用范围
E4301 E5001	钛铁矿型	全位置焊接	交流或直流正、反接	熔渣流动性良好,电弧稍强,熔深较大,熔渣覆盖良好,脱渣容易,飞溅一般,焊波整齐	焊接低碳钢结构
E4303 E5003	钛钙型	全位置焊接	交流或直流正、反接	熔渣流动性良好,脱渣容易,电弧稳定,熔深适中,飞溅少,焊波整齐	焊接较重要的低碳钢结构和相同等级的低合金钢结构
E4323	铁粉钛钙型	平焊、平角焊	交流或直流正、反接	熔敷效率高,工艺性能与 E4303 型基本相同	焊接较重要的低碳钢结构
E4310	高纤维素钠型	全位置焊接	直流反接	焊接时在电弧区分解大量气体,保护熔敷金属。电弧吹力大,熔深较大,熔化速度高,熔渣少,脱渣容易,飞溅一般。通常限制采用大电流焊接	焊接一般的低碳钢结构,如管道的焊接等,也可以用于打底焊接
E4311 E5011	高纤维素钾型	全位置焊接	交流或直流反接	电弧稳定,采用直流反接时,熔深小。其他工艺性与 E4310 型相似	焊接一般的低碳钢结构
E4312	高钛钠型	全位置焊接	交流或直流正接	电弧稳定,再引弧容易,熔深较小,熔渣覆盖良好,脱渣容易,焊波整齐,但熔敷金属塑性及抗裂性能较差	焊接一般的低碳钢结构、薄板结构,也可用于盖面焊
E4313	高钛钾型	全位置焊接	交流或直流正、反接	电弧比 E4312 型稳定,工艺性、焊缝成形比 E4312 型好	焊接一般低碳钢结构、薄板结构,也可以用于盖面焊

焊条型号	药皮类型	焊接位置	电源种类	工 艺 性	应用范围
E5014	铁粉钛型	全位置焊接	交流或直流正、反接	焊缝表面光滑,焊波整齐,脱渣性好,角焊缝略凸	焊接一般的低碳钢结构
E4324 E5024	铁粉钛型	平焊、平角焊	交流或直流正、反接	熔敷效率高,飞溅少,熔深小,焊缝表面光滑	焊接一般的低碳钢结构
E4320	氧化铁型	平焊、平角焊	交流或直流正接	电弧吹力大,熔深较大,电弧稳定,再引弧容易,熔化速度高,熔渣覆盖好,脱渣性好,焊缝致密,略带凹度,飞溅稍大。不宜焊薄板	焊接重要的低碳钢结构
E4322	氧化铁型	平焊	交流或直流正、反接	工艺性与 E4320 相似,但焊缝较凸,不均匀,适用于高速焊、单道焊	主要焊接低碳钢的薄板结构
E4327 E5027	铁粉氧化铁型	平焊、平角焊	交流或直流正接	熔敷效率很高,电弧吹力大,焊缝表面光滑,飞溅少,脱渣好,焊缝稍凸,可采用大电流焊接	焊接较重要的低碳钢结构
E4315 E5015	低氢钠型	全位置焊接	直流反接	熔渣流动性好,焊接工艺性能一般,焊波较粗,角焊缝略凸,熔深适中,脱渣性较好,焊接时要求焊条干燥,并采用短弧焊	焊接重要的低碳钢结构,也可焊接与焊条强度相当的低合金钢结构

焊条型号	药皮类型	焊接位置	电源种类	工 艺 性	应用范围
E4316 E5016	低氢钾型	全位置焊接	交流或直流反接	工艺性与 E4315、E5015 相似,电弧稳定,熔敷金属具有良好的抗裂性能和机械性能	焊接重要的低碳钢结构,也可以焊接与焊条强度相当的低合金钢
E5018	铁粉低氢型	全位置焊接	交流或直流反接	焊缝表面平滑,飞溅较少,熔深适中,熔敷效率较高,焊接时应采用短弧焊	焊接重要的低碳钢结构,也可以焊接与焊条强度相当的低合金钢结构
E5048	铁粉低氢型	全位置焊接	交流或直流反接	具有良好的向下立焊性能。其他方面的工艺性能与 E5018 一样	焊接低碳钢结构,也可以焊接与焊条强度相当的低合金钢结构
E4328 E5028	铁粉低氢型	平焊、平角焊	交流或直流反接	药皮很厚,熔敷效率很高	焊接重要的低碳钢结构,也可以焊接与焊条强度相当的低合金钢结构

四、电焊条的保管、使用与鉴定

(一)电焊条的保管和使用

1. 电焊条的保管

(1)焊条入库前要检查焊条质量保证书和焊条型号标志。焊接锅炉、压力容器等重要结构的焊条,应按规定做质量复验合格后才能入库。

(2)焊条贮存库应干燥且通风良好,应设置温度计和湿度计。焊接重要结构的焊条,特别是低氢型焊条,最好贮存在专用仓库内,室内温度在 10～25℃的范围内,相对湿度低于 60%。

(3)电焊条应按种类、牌号、批次、规格、入库时间分类堆放,并有明确标志。堆放时必须垫高,与地面和墙面距离应大于 300mm,并要分垛放置,以保证上下左右空气流通。

(4)电焊条必须符合国家标准规定的各项技术要求,无质量保证书或对其质量有怀疑时,应按批次抽查试验。特别是焊接重要产品时,焊接前应对所选用的焊条进行鉴定。对于存放较久的焊条也要进行鉴定才能确定是否可以使用。严禁使用过期、报废的电焊条。

(5)如果发现电焊条内部有锈迹,须经试验、鉴定合格后方可使用。如果焊条药皮受潮严重,已发现药皮脱落时,应予报废。

2．电焊条的使用　电焊条在使用前,一般应按说明书规定的烘焙温度进行烘干。电焊条的烘干应注意以下事项:

(1)纤维素性焊条的烘干,使用前应在 100～200℃烘干 1h。注意温度不可过高,否则纤维素易烧损。

(2)酸性焊条的烘干要根据受潮情况,在 70～150℃烘干 1～2h。如果贮存时间短而且包装完好,用于一般的钢结构焊接时,使用前可不再烘干。

(3)碱性焊条的烘干,焊前一般在 350～400℃烘干 1～2h。如果所焊接的低合金钢易产生冷裂时,烘干温度可提高到 400～500℃,并放置在保温筒中随用随取。烘干时,要在炉温较低时放入焊条,逐渐升温;也不可从高温炉中直接取出,待炉温降低后再取出,以防止将冷焊条放入高温烘箱或突然冷却而发生药皮开裂。如果使用吸潮的碱性焊条焊接,工艺性变坏,焊缝易产生气孔;再者由于焊缝金属扩散氢含量高,焊缝金属和焊接热影响区易产生冷裂纹。

(二)电焊条的鉴定

电焊条的尺寸和药皮应符合国家标准规定的技术要求。

1．电焊条直径　指焊条的焊芯直径。常用的焊条直径分别为 1.6、2.0、2.5、3.2、4.0、5.0、6.0mm 和 8.0mm。焊条直径的极限偏差为 ±0.05mm。焊条长度取决于焊条直径、焊芯材质和焊条药皮的类型。焊条长度的极限偏差为 ±2.0mm。碳钢焊条的尺寸见表 1-36。

表 1-36 碳钢焊条尺寸 (mm)

焊 条 直 径		焊 条 长 度		
基本尺寸	极限偏差	基本尺寸		极限偏差
1.6		200	250	
2.0		250	300	
2.5				
3.2	±0.05	350	400	±2.0
4.0				
5.0		400	450	
6.0				
8.0		500	650	

2. 电焊条药皮 应均匀,紧密地包覆在焊芯周围,整根焊条药皮上不应有影响焊接质量的裂纹、气泡、杂质及剥落等缺陷。焊条引弧端药皮应倒角,焊芯端面应露出药皮外,以保证易于引弧。焊条药皮应具有足够的强度,不致在正常搬运和使用过程中损坏。

焊芯直径不大于 2.5mm 时,焊条偏心度不应大于 7%;焊芯直径为 3.2mm 和 4mm 时,偏心度不应大于 5% ;焊芯直径不小于 5mm 时,偏心度不应大于 4%。由图 1-32 所示,焊条偏心度的计算公式如下:

$$焊条偏心度 = \frac{T_1 - T_2}{\frac{1}{2}(T_1 + T_2)} \times 100\%$$

式中 T_1——焊条断面药皮层最大厚度 + 焊芯直径;

T_2——同一断面药皮层最小厚度 + 焊芯直径。

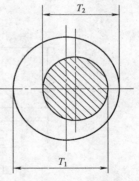

图 1-32 焊条偏心示意图

3. 焊条工艺性能评定 焊条电弧焊用焊条除上述有关尺寸和形状的鉴定内容外,还应包括工艺性能评定、试验,熔敷金属机械性能试验,焊缝射线探伤试验,焊条药皮含水量试验,焊条抗裂性试验等内容。

焊条工艺性能试验是指在平焊位置或该种焊条说明书允许的其他位置进行的焊接试验。工艺性能试验的评定项目有:

(1)电弧应易引燃,在焊接过程中电弧燃烧平稳。

(2)药皮应均匀地熔化,无成块脱落现象,药皮形成的套筒不应妨碍焊条药皮正常熔化。

(3)焊接过程中不应有过多的烟雾和飞溅。

(4)熔渣流动性良好,焊缝成形正常,熔渣容易清除。

(5)焊条在说明书规定的电流范围内施焊,不应有严重的发红并造成气孔现象。

(6)焊缝不允许有裂缝、密集或连续的气孔或夹渣。

4.焊条焊接工艺性能检验方法 焊工可根据该种焊条说明书的规定试验,也可按下述方法试验:

(1)在两块等厚度钢板上进行 T 形接头角焊,如图 1-33 所示。接头处加工平整,如图 1-33 安装并在两端定位焊后,在一侧单层角焊一道角焊缝。试验钢板长度 L 应足够焊完一根试验焊条。

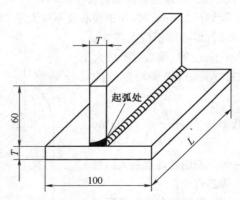

图1-33 T形接头角焊缝试验

T—钢板厚度　L—钢板长度

(2)不同直径的焊条适应的钢板厚度如表 1-37。角焊缝焊脚高度为焊条直径的 $1 \sim 1.5$ 倍。

表 1-37　焊条直径适应的钢板厚度　　　　　（mm）

焊 条 直 径	钢 板 厚 度
≤2.5,>2.5及≤6	4~6,8~12

(3)起焊后至焊条熔化约焊条的 1/2 长时,停弧脱渣,再起弧焊接。焊接过程中观察电弧稳定、焊条熔化、熔渣形成及覆盖、焊缝成形等情况。冷却后消除熔渣,检查焊缝表面质量。

(4)破坏焊缝,允许沿焊缝纵向做出切口,并使切口产生在焊缝中心。观察焊缝断面的质量,有无气孔、夹渣、裂缝等缺陷。焊缝金属不允许有裂纹,也不允许有密集或连续的气孔或夹渣,在断口中每 100mm 范围内出现的气孔或夹渣不应超过 2 个,气孔或夹渣的大小,对于直径大于 3.2mm 的焊条不应超过 1.5mm,对于直径等于或小于 3.2mm 的焊条不应超过 1mm。

(5)做再引弧试验,按表 1-37 规定焊接,起焊后至焊条熔化约焊条的 1/2 长时,停弧后约 3s,再引弧,观察再引弧的情况。

5. 焊条的抗裂性能试验　为了选择和评定焊条的抗裂性能,确定焊接工艺参数,常采用斜 Y 形坡口焊接裂纹试验方法。这种方法也称小铁研式裂纹试验法,是最常用的一种抗裂性能试验方法。

(1)此法试件如图 1-34 所示,坡口采用机械切削加工。

(2)试验的焊条应与钢材相匹配。焊条在焊前应烘干。如图 1-34 所示,试件两端的焊缝为拘束焊缝,试验焊缝在中间,长度为 80mm。拘束焊缝应采用双面焊接,注意不要产生角变形和未焊透。试件达到试验温度后,原则上以标准的规范进行试验焊缝的焊接。焊接试验焊缝时,从坡口侧面起焊,再引入到坡口中;收尾时把弧坑引到侧面。

(3)试件焊后,放置 48h 以上再做裂纹检查。用目测或磁粉探伤检查是否有表面裂纹,并测量表面裂纹长度。然后把试验焊缝部分分切成 5 块试样,对同一方向的 5 个断面做裂纹检查,看有无裂纹并测量其长度。一般采用磁粉探伤、着色探伤或用显微镜检查的方法。表面裂纹长度 $L_裂$ 和断面裂纹长度 $h_裂$ 的测量见图 1-35。

一般采用表面裂纹率和断面裂纹率来评定焊条的抗裂性能。表面

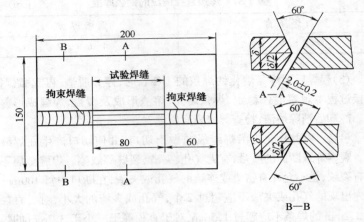

图 1-34　试件的形状和尺寸

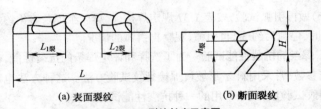

(a) 表面裂纹　　　　　　　　(b) 断面裂纹

图 1-35　裂纹长度示意图

L—焊缝长度　H—焊缝厚度

裂纹率和断面裂纹率分别按下列两式计算：

$$表面裂纹率(\%) = \frac{表面裂纹长度之和}{试验焊缝长度} \times 100\%$$

$$= \frac{L_1 + L_2 + L_3 \cdots\cdots}{L} \times 100\%$$

$$断面裂纹率(\%) = \frac{五个断面裂纹长度之和}{五个断面焊缝厚度之和} \times 100\%$$

$$= \frac{h_1 + h_2 + h_3 + h_4 + h_5}{H_1 + H_2 + H_3 + H_4 + H_5} \times 100\%$$

　　上述鉴定焊条抗裂性能的方法比较严格,若试件焊缝上未产生裂纹,实际产品上也不会产生裂纹。这种试验方法常用来评比钢种的冷裂倾向、选择电焊条和确定焊接工艺参数等。

第二章 焊接接头和焊条电弧焊的焊接规范

第一节 焊接接头

一、焊接接头和坡口形式

（一）焊接接头

焊接结构最常用的接头形式有对接接头、角接接头、T形接头和搭接接头（图2-1）。选择接头形式主要依据产品的结构，并综合考虑受力

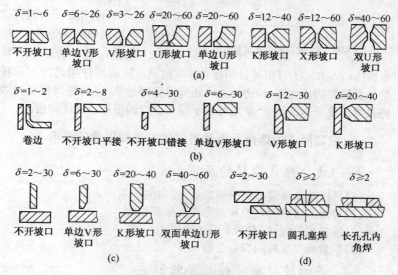

$\delta=1\sim6$　$\delta=6\sim26$　$\delta=3\sim26$　$\delta=20\sim60$　$\delta=20\sim60$　$\delta=12\sim40$　$\delta=12\sim60$　$\delta=40\sim60$

不开坡口　单边V形坡口　V形坡口　U形坡口　单边U形坡口　K形坡口　X形坡口　双U形坡口

(a)

$\delta=1\sim2$　$\delta=2\sim8$　$\delta=4\sim30$　$\delta=6\sim30$　$\delta=12\sim30$　$\delta=20\sim40$

卷边　不开坡口平接　不开坡口错接　单边V形坡口　V形坡口　K形坡口

(b)

$\delta=2\sim30$　$\delta=6\sim30$　$\delta=20\sim40$　$\delta=40\sim60$　$\delta=2\sim30$　$\delta\geqslant2$　$\delta\geqslant2$

不开坡口　单边V形坡口　K形坡口　双面单边U形坡口　不开坡口　圆孔塞焊　长孔孔内角焊

(c)　(d)

图2-1 焊条电弧焊的接头形式

(a)对接接头　(b)角接接头　(c)T形接头　(d)搭接接头

条件和加工成本等因素。

(二)坡口与坡口形式

坡口是根据设计或工艺需要,在工件的待焊部位加工成一定几何形状并经装配后形成的沟槽。对接、搭接、T形和角接接头的坡口有 I 形(不开坡口)、V 形、X 形和 U 形四种基本形式,如图 2-1 所示。对于焊条电弧焊、气焊和气体保护焊的碳钢和低碳合金钢的焊缝坡口的基本形式与尺寸,国家已于 1988 年发布新的标准《气焊、手工电弧焊及气体保护焊焊缝坡口的基本形式与尺寸》(GB/T 985—1988)代替(GB 985—1980)的旧标准。

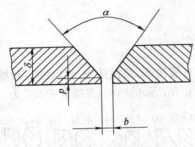

图 2-2　坡口的基本参数

熔化焊的每一种热源都有极限熔透厚度,当工件的板厚 δ(见图 2-2)超过极限熔透厚度时,就不能保证钢板被焊透,并使焊缝中母材占的分量减少。一般焊条电弧焊对大于 6mm 厚的钢板都要开坡口。通常用凿子、气割、碳弧气刨、刨边机和刨床等开坡口。如图 2-2 所示,坡口的基本参数由钝边(p)、间隙(b)和坡口角度(α)等组成。钝边的作用是用来承托熔化金属和防止烧穿,钝边的大小还应保证焊透第一层;坡口留有间隙的目的是便于自由运条,使电弧易于深入坡口的根部以保证焊透。

二、坡口形式的选择原则及对焊接效率和质量的影响

(一)坡口形式选择的原则

(1)尽量减少焊缝金属的熔敷量,提高生产率。

(2)应保证熔透(焊透)和避免产生根部裂纹。

(3)坡口加工方便,有利于焊接操作。

(4)尽量减少工件的焊后变形。

(二)各形坡口对焊接效率的影响

(1)V 形坡口的金属熔敷量少于 U 形坡口,较薄的板选用 V 形坡

口,生产效率较高。电弧在 V 形坡口内燃烧,坡口角度 α 对电弧有一定的机械压缩作用,因此电弧易于集中到间隙的根部,对根部的焊透性较好。V 形坡口和 U 形坡口的施焊条件相同。但 V 形坡口的焊缝由于上下熔化金属宽度相差较大,故其变形比 U 形坡口大。

(2)选用 U 形坡口,在焊接厚板时生产效率较高。电弧在 U 形坡口内燃烧,其集中程度与 V 形坡口相比,大大降低,特别是在圆弧的转角处,由于电弧热量分散,如果不配以合适的运条手法,易出现未焊透现象。U 形坡口必须通过机械加工获得,而且加工要求较高。U 形坡口焊后的焊缝顶角大于 V 形坡口焊缝的顶角,这样对减少应力集中非常有效,故应力集中系数较小,在相同的焊接条件下,U 形坡口的焊缝不易产生根部裂纹。

(3)X 形坡口与 V 形坡口相比较,在任何板厚情况下,熔敷金属量都少于 V 形坡口,而且板越厚,这种差别就越明显。因此当焊件为厚板时,选用 X 形坡口更为合理。由于 X 形坡口必须双面施焊,工件必须能够翻转或采用仰焊的方法来完成背面焊缝的焊接,因而给焊接带来操作上的困难,劳动强度也较大。所以当工件无法翻转或根本不能进行反面施焊(如管道)时,就不能采用 X 形坡口。但是,正是由于 X 形坡口双面施焊,采用对称的交替焊接法,使工件的变形相互抵消,因而能够更好地控制焊件变形,所以,X 形坡口变形量比 V 形坡口、U 形坡口都小。

(三)坡口形式不合理,对于焊接质量的影响

(1)使母材在焊缝中的比例不当,引起焊接质量降低。例如在焊接中碳钢时,为了防止产生热裂纹,要设法减少母材在焊缝中的比例,宜将坡口开成 U 形。如果坡口开成 V 形,则会使母材在焊缝中的比例增加,在焊缝中就容易产生热裂纹。

(2)不合理的坡口形式,容易造成焊缝夹渣、未焊透和应力集中等缺陷。这些缺陷不仅使焊接接头强度降低,而且使焊缝金属脆化,导致产生裂纹,严重时会使结构发生断裂。

(四)坡口角度过小,对焊接质量的影响

(1)造成未焊透缺陷,能形成较大的应力集中,导致焊接接头机械性能下降,甚至产生裂纹。

（2）在焊接过程中，由于坡口角度过小，清渣不便，易使焊缝夹渣，使焊缝强度下降，严重者使焊缝金属脆化。当坡口角度过小时，不仅使焊接工作量加大，而且影响焊缝外观，焊后变形也难以控制。

三、焊缝符号

（一）国家相关标准

对于金属熔化焊和电阻焊的焊缝符号，国家已于 1988 年发布新的标准《焊缝符号表示法》（GB/T 324—1988）取代了《焊缝代号》（GB/T 324—1980）的旧标准。与 GB/T 324—1988《焊缝符号表示法》配套使用的技术制图标准为《技术制图　焊缝符号的尺寸、比例及简化表示法》（GB/T 12212—1990）。焊缝符号一般由基本符号与指引线组成，必要时还可以加上辅助符号和补充符号。图形符号的比例、尺寸和图样上的标注方法，按技术制图（GB/T 12212—1990）有关规定执行。

（二）焊缝符号表示法

在焊缝符号中，基本符号是表示焊缝横剖面形状的符号，用近似于焊缝横剖面形状的符号来表示，详见表 2-1。辅助符号是表示焊缝表面形状特征的符号，详见表 2-2。补充符号是为了补充说明焊缝的某些特征而采用的符号，详见表 2-3。

表 2-1　焊缝基本符号（GB/T 324—1988）

序号	名称	示意图	符号	序号	名称	示意图	符号
1	卷边焊缝①（卷边完全熔化）		八	6	带钝边单边 V 形焊缝		Ⅴ
2	Ⅰ形焊缝		‖	7	带钝边 U 形焊缝		Ⅴ
3	Ⅴ形焊缝		Ⅴ	8	带钝边 J 形焊缝		Ⅴ
4	单边 V 形焊缝		Ⅴ	9	封底焊缝		⌒
5	带钝边 V 形焊缝		Ⅴ				

序号	名称	示意图	符号	序号	名称	示意图	符号
10	角焊缝		△	12	点焊缝		○
11	塞焊缝或槽焊缝		⊔	13	缝焊缝		⦶

注:①不完全熔化的卷边焊缝用 I 形焊缝符号来表示,并加注焊缝有效厚度 S。

表 2-2　焊缝的辅助符号(GB/T 324—1988)

序号	名称	示意图	符号	说明
1	平面符号		—	焊缝表面齐平(一般通过加工)
2	凹面符号		⌣	焊缝表面凹陷
3	凸面符号		⌢	焊缝表面凸起

表 2-3　焊缝的补充符号(GB/T 324—1988)

序号	名称	示意图	符号	说明
1	带垫板符号①		▭	表示焊缝底部有垫板
2	三面焊缝符号①		⊏	表示三面带有焊缝

序号	名称	示意图	符号	说明
3	周围焊缝符号		○	表示环绕工件周围焊缝
4	现场符号			表示在现场或工地上进行焊接
5	尾部符号		<	可以参照 GB 5185—1985 标注焊接工艺方法等内容

注:①采用说明:ISO2553 标准未作规定。

(三)指引线、尺寸线和数据

完整的焊缝表示方法除了上述基本符号、辅助符号、补充符号外,还包括指引线、尺寸符号和数据。

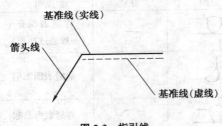

基准线(实线)

箭头线

基准线(虚线)

图 2-3 指引线

1.指引线 如图 2-3 所示,指引线一般由带有箭头的指引线(简称箭头线)和两条基准线(一条为实线,另一条为虚线)两部分组成。指引线的箭头线相对焊缝的位置一般没有特殊要求。但在标注单边带有坡口的焊缝时,箭头线应指向带有坡口一侧的工件,必要时允许箭头线弯折一次。基准线的虚线可以画在基准线的实线下侧或上侧。基准线一般应与图样的底边相平行,在特殊情况下也可以与底边相垂直。为了能在图样上确切地表示焊缝位置,基本符号相对基准线的位置有如下规定:如果焊缝在接头的箭头侧,则将基本符号标在基准线的实线侧;如果焊缝在接头的非箭头侧,则将基本符号标在基准线的虚线侧;如果标注对称焊缝或双面焊缝时,可不加虚线。

2.焊缝尺寸线 焊缝尺寸可以不标注,如果设计和生产需要注明焊缝尺寸时,尺寸的标注方法可对照《技术制图　焊缝符号的尺寸、比例及简化表示法》(GB/T 12212—1990)中的标注实例。一般标注原则为:焊缝横截面上的尺寸标注在基本符号的左侧,若在基本符号左侧无任何标记且又无其他说明,表示对焊缝要完全焊透。焊缝长度方向尺寸标在基本符号右侧;坡口角度、坡口面角度、根部间隙等尺寸标在基本符号的上侧或下侧。

(1)国家标准《气焊、手工电弧焊及气体保护焊焊缝坡口的基本形式与尺寸》(GB/T 985—1988)还对不同厚度钢板的对接焊接,全熔透焊缝、焊缝外形尺寸作出以下规定:

不同厚度的钢板对接接头的两板厚度差$(\delta - \delta_1)$不超过表 2-4 规定时,则焊缝坡口的基本形式与尺寸按较厚板的尺寸数据来选取;否则应在厚板上(如图 2-4 所示)进行单面或双面削薄,其削薄长度 $L \geqslant 3(\delta - \delta_1)$。

表 2-4　两板厚度允许的厚度差　　　　　(mm)

较薄板厚度 δ_1	$\geqslant 2\sim 5$	$>5\sim 9$	$>9\sim 12$	>12
允许厚度差$(\delta - \delta_1)$	1	2	3	4

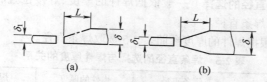

(a)　　　　　　(b)

图 2-4　不同厚度钢板对接接头厚板的削薄

(2)对接接头为了达到全熔透的目的,允许焊缝清根焊接。对于本标准(GB/T 985—1988)所列非全熔透焊缝,熔透深度 $S \geqslant 0.78\delta$ 即可,否则应注明熔透深度的具体数据。

(3)关于焊缝外形尺寸的要求有两点:一是在承受动载荷情况下,焊接接头的焊缝增高量 h 应趋向零值,在其他工作条件下,h 值可在 $0\sim 3$mm 范围内选取;二是对于焊缝宽度 C(单道焊缝横截面中,两焊趾之间的距离)不作具体规定,但焊缝在焊接接头每边的覆盖宽度不小于 $2\sim 4$mm。

第二节 焊条电弧焊焊接规范

焊接规范通常是指焊条牌号、焊条直径、焊接电压、焊接电流及焊接速度等焊接参数。对于焊条电弧焊的焊接规范是指焊接电流的强度、电弧电压、焊条直径、焊缝层数、电源种类(交流或直流)等。在直流焊条电弧焊中还包括极性的选择。由于焊件的材质、工作条件、形状尺寸和焊接位置不同,焊接时所选用的焊接规范也不相同。即使焊件相同,因焊工的操作习惯和所用焊接设备的不同,所选用的焊接规范也不尽相同。也就是说,对于焊接规范不能限制得过死。

下面对一般的焊接规范参数及其对焊接质量的影响分别说明如下:

一、焊条直径的选择

1. 焊条直径对焊缝质量的影响 焊条直径对焊缝质量有明显的影响,同时与提高生产率有密切的关系。使用过粗的焊条焊接,会造成未焊透和焊缝成形不良;使用过细的焊条,会降低生产效率。

2. 焊条直径的选择 一般依据焊件的厚度、焊接位置和焊接接头形式等选择焊条直径。

(1)应根据焊件的厚度参照表 2-5 选取焊条直径。

表 2-5 焊条直径的选择与焊件厚度的关系 （mm）

焊件的厚度	焊条直径	焊件的厚度	焊条直径
0.5~1.0	1.0~1.5	5.0~10	4~5
1.0~2.0	1.5~2.5	10 以上	5 以上
2.0~5.0	2.5~4.0		

(2)在选取焊条直径时还应考虑不同的焊接位置。在平焊时,可用直径较大的焊条,甚至可选直径 5mm 以上的焊条。立焊一般应选择直径小于 5mm 的焊条,横焊、仰焊与立焊焊条直径的选择基本一致。

(3)在较厚的焊件开坡口时,即在多层焊中,对于根部要求焊透的角焊缝和不清根要求焊透的对接焊缝来说,第一层焊缝所用焊条直径一般不超过 3.2mm,这是因为用粗焊条焊接开坡口的焊件时,会使电弧拉长,容易产生未焊透现象。在焊接后几层焊缝时,可以用较粗的焊条,但是立焊用焊条直径不大于 5mm,横焊和仰焊用焊条直径不大于4mm,这是为了形成较小的熔池,减少熔化金属下淌的可能性和便于操作。对于重要的焊接结构,应根据规定的焊接电流范围,参照表 2-6 确定焊条直径。

表 2-6　焊接电流强度与焊条直径的关系

焊条直径 (mm)	1.6	2.0	2.5	3.2	4	5	6
焊接电流 (A)	25~40	40~65	50~80	100~130	160~210	200~270	260~300

二、电源种类和极性的选择

1.电源种类的选择　电源种类选择的主要依据是焊条类型。一般来说,酸性焊条可用交流或直流电源。采用直流电源焊接,电弧稳定、柔顺、飞溅少。碱性低氢焊条稳弧性差,要用直流电流才能保证焊接质量。当交流电源或直流电源都可用时,应尽量采用交流电源,因为交流电源构造简单、造价低、使用维修方便。

2.采用直流电焊机

(1)采用直流电焊机时,存在极性的选择问题。当电焊机的正极与焊件相接、电焊机的负极与焊条相接时,这种接法就称为正接法或称正极性;当电焊机的负极与焊件相接、电焊机的正极与焊条相接时,称为反接法或称反极性,反接的电弧比正接稳定。焊接的极性详见图 2-5。

(2)采用直流电焊机焊接时,极性的选择主要是根据焊条的性质和焊件所需的热量来决定。其选用原则如下:当焊接重要结构件采用E4315、E5015 等碱性低氢焊条时,为了减少气孔的产生,规定一定要使用直流反接法焊接;而用 E4303 酸性钛钙型焊条时,可采用交流电焊机或直流电焊机。

(3)采用直流电焊机时,对较厚的钢板,一般均用正接法,因为阳极

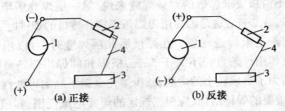

图 2-5   焊接的极性

1.直流电弧焊机   2.焊钳   3.焊件   4.焊条

部分温度高于阴极部分,这样做可得到较大的熔深;焊接薄钢板、铝及铝合金、黄铜及铸铁等焊件,不论用碱性焊条还是酸性焊条,则都宜采用直流反接法。

三、焊接电流强度的选择

(一)焊接电流强度的大小对焊接质量有较大的影响

1.焊接电流过小   不仅引弧困难,而且电弧也不稳定,会造成未焊透和夹渣等缺陷。由于焊接电流过小使热量不够,还会造成焊条的熔滴堆积在表面,使焊缝成形不美观。

2.焊接电流过大   使得熔深较大。如果焊接电流过大,不但容易产生烧穿和咬边等缺陷,而且还会使合金元素烧损过多,并使焊缝过热,造成接头热影响区晶粒粗大,影响焊缝机械性能。焊接电流太大时,还会造成焊条末端过早发红,使药皮脱落和失效,从而导致产生气孔。

(二)影响电流大小的主要因素

焊接电流的大小,与焊条的类型、焊条直径、焊件厚度、焊接接头形式、焊缝位置以及焊接层次等有关,但其中关系最大的是焊条直径和焊缝位置。

焊接时,应根据焊条的直径,并参照表 2-6 数值选取焊接电流的强度。

通常焊接电流与焊条直径有如下关系:

$$I = k \times d$$

式中　I——焊接电流(A)；

　　　d——焊条直径(mm)；

　　　k——经验系数。

当焊条直径 d 为 1～2mm 时，$k = 25～30$；$d = 2～4mm$ 时，$k = 30～40$；$d = 4～6mm$ 时，$k = 40～60$。

(三)其他因素的考虑

利用上述公式计算出的焊接电流值，在实际生产中还应同时考虑其他因素最后确定。当焊缝位置不同时，所用的焊接电流大小也不同。如平焊时，由于运条和控制熔池中的熔化金属都比较容易，可选用较大的焊接电流进行焊接。立焊时，所用的焊接电流比平焊时减少 10%～15%；而横焊、仰焊时，焊接电流比平焊时要减少 15%～20%。当使用碱性焊条时，比酸性焊条的焊接电流减少 10%。当焊接厚板时，焊接电流值宜选用上限。对于不锈钢焊芯，因它的电阻大，易发红，要用较小的焊接电流。

当选用较大的焊接电流时，焊接速度要适当增加，否则，有可能产生烧穿现象。

选择焊接电流，首先应保证焊接质量，其次应尽量采用较大的焊接电流，以提高劳动生产率。焊接电流初步选定后，要经过试焊，检查焊缝成形和缺陷，才能确定。对于锅炉、压力容器等重要结构，要经过焊接工艺评定合格后，才能最后确定焊接电流等焊接工艺参数。

四、电弧电压

(一)电弧电压与弧长

电弧电压即电弧两端(两电极)之间的电压降，当焊条和母材一定时，主要由电弧长度来决定。电弧长，则电弧电压高；电弧短，则电弧电压低。

在焊接的过程中，焊条端头至工件间的距离称为弧长。电弧的长短对焊接质量有很大的影响。通常弧长可按下述经验公式确定：

$$L = (0.5 \sim 1.0)d$$

式中　L——电弧长度(mm);

　　　d——焊条直径(mm)。

(二)长弧与短弧

当电弧长度大于焊条直径时称为长弧,小于焊条直径时称为短弧。使用酸性焊条时,一般采用长弧焊,这样电弧能稳定燃烧,并能得到良好的焊接接头。由于碱性焊条药皮中含有较多的 CaO 和 CaF_2 等高电离电位的物质,若采用长弧则电弧不易稳定,容易出现各种焊接缺陷,因此凡碱性焊条均应使用短弧焊。

(1)在焊接时,电弧不宜过长,否则电弧燃烧不稳定,所获得的焊缝质量也较差,而且焊缝表面的鱼鳞纹不均匀。弧长过大时,电弧容易左右摆动,使电弧的热量不能集中作用在熔池上,而散失在空气中,并使焊缝的熔深较小,而熔宽较大。同时电弧过长时,还会由于空气中的氧、氮侵入电弧区,引起严重飞溅,使焊缝产生气孔。但弧长如果过小,也会使操作困难。

(2)电弧长度还和坡口形式等因素有关。V 形坡口对接、角接的第一层应使电弧短些,以保证焊透,且不致发生咬边现象;第二层可使电弧稍长,以填满焊缝。焊缝间隙小时用短电弧,间隙大时电弧可稍长,并使焊接速度加大。薄钢板焊接时,为防止烧穿,电弧长度不宜过大。仰焊时电弧应最短,以防止熔化金属下淌;立焊、横焊时,为了控制熔池温度,也应用小电流、短弧施焊。

(3)在运条的过程中,不论使用哪种类型的焊条,都要始终保持电弧长度基本不变,只有这样才能保证整条焊缝的熔宽和熔深一致,获得高质量的焊缝。

五、焊接层数

多层焊和多层多道焊的接头显微组织较细,热影响区较窄,因此有利于提高焊接接头的塑性和韧性,特别对于易淬火钢,后焊道对前焊道有回火作用,可改善接头组织和性能。低碳钢及 16Mn(锰)等普通低合金钢的焊接层数对接头质量影响不大,但如果层数过少,每层焊缝厚度过大时,对焊缝金属的塑性有一定的影响。其他钢种都应采用多层多道焊,一般每层焊缝的厚度不应大于 4mm。

六、焊接速度

焊接速度可由电焊工根据具体情况灵活掌握,原则是:保证焊缝具有所要求的外形尺寸,保证熔合良好。焊接那些对焊接线能量有严格要求的材料时,焊接速度要按工艺文件规定掌握。在焊接过程中,焊工应随时调整焊接速度,以保证焊缝的高低和宽窄的一致性。如果焊接速度太小,则焊缝会过高或过宽,外形不整齐,焊接薄板时甚至会烧穿;如果焊接速度太大,焊缝较窄,则会发生未焊透的缺陷。

第三章　常用金属材料的焊条电弧焊

本章主要叙述常用金属材料焊条电弧焊时具有的特点和出现的问题,说明各种常用金属材料的焊接性、焊接方法、焊接材料(焊条)及焊接规范的选择。

第一节　钢的焊条电弧焊

一、碳素钢的焊接

(一)低碳钢的焊接

一般来说,低碳钢的焊接性良好。所谓焊接性是指金属材料在一定焊接工艺条件下,能获得优质焊接接头的能力。对于低碳钢,只要正确选择焊接材料(焊条)和焊接工艺,就能焊出较满意的接头。

1.预热　低碳钢焊接性良好,一般不需预热,只有在母材成分不合格(硫、磷含量过高)、厚壁、刚度过大、焊接环境温度过低时,才需采取一定的预热措施。

低温焊接时,为了防止焊接裂纹及脆性断裂的产生,工艺上采取的措施首先是预热。当施工现场温度低于0℃、母材含碳量较高及壁较厚时,都应考虑预热问题。常用低碳钢容器类产品,采用碱性(低氢)焊条焊接时的预热温度见表3-1。在低温焊接时,要加大焊接电流、降低焊接速度、连续施焊。

2.层间温度及焊后热处理　低碳钢焊件一般不进行焊后热处理,当焊接刚度较大、壁较厚及焊缝很长时,为避免在焊接过程中焊接裂纹倾向加大,应采取控制层间温度和焊后热处理等消除应力的措施。如低碳钢管在壁厚大于36mm时,焊后才进行回火热处理,回火温度一般为600~650℃。

焊接低碳钢时的层间温度及焊后回火热处理温度见表3-2。

表 3-1　常用低碳钢典型产品的焊前预热温度

焊接场地环境温度(℃)	焊件厚度(mm)		预热温度(℃)
(小于)	导管、容器等	柱、桁架、梁类	
0	41~50	51~70	
−10	31~40	31~50	100~150
−20	17~30	—	
−30	16 以下	30 以下	

表 3-2　焊接低碳钢时的层间温度及焊后回火热处理温度

牌　号	材料厚度(mm)	层间温度(℃)	回火温度(℃)
Q235、08、10、15、20	50 左右	<350	600~650
	>50~100	>100	
25、20g、22g	25 左右	>50	600~650
	>50	>100	600~650

3. 焊条的选择　低碳钢的焊接材料(焊条)的选用原则是保证焊接接头与母材强度相等。低碳钢结构通常使用 Q235 钢材(GB/T 700—1988),抗拉强度平均值为 417.5N/mm²,而 E43×× 系列焊条熔敷金属的抗拉强度不小于 420N/mm²,在力学性能上正好与之匹配。这一系列焊条有多种牌号,可根据具体母材和受载情况等,参照表3-3 加以选用。

表 3-3　低碳钢焊接焊条的选用

钢　号	焊　条　选　用		施焊条件
	一般结构(包括壁厚不大的中、低压容器)	焊接动载荷、复杂和厚板结构、重要受压容器及低温焊接	
Q235	E4321、E4313、E4303、E4301、E4320、E4322、E4310、E4311	E4303、E4301、E4320、E4322、E4310、E4311、E4316、E4315、(E5016、E5015)	一般不预热
Q255			
Q275	E4316、E4315	E5016、E5015	厚板结构预热 150℃ 以上

钢 号	焊 条 选 用		施焊条件
	一般结构(包括壁厚不大的中、低压容器)	焊接动载荷、复杂和厚板结构、重要受压容器及低温焊接	
08、10、15、20	E4303、E4301、E4320、E4322	E4316、E4315、(E5016、E5015)*	一般不预热
25、30	E4316、E4315	E5016、E5015	厚板结构预热 150℃ 以上

注: * 一般情况下不选用。

4.工艺要点和焊接规范 在焊前对焊条按规定进行烘干,要清除待焊处的油、污、垢、锈,以防止产生裂纹和气孔等缺陷;避免采用深而窄的坡口形式,以避免出现夹渣、未焊透等缺陷;在施焊时要控制热影响区的温度,不能过高,并在高温停留的时间不能太长,以防止晶粒粗大;尽量采用短弧焊;多层焊时,每层焊缝金属厚度不应大于 5mm,最后一层盖面焊缝要连续焊完。低碳钢、低合金钢焊条电弧焊的焊接参数见表 3-4。

表 3-4 低碳钢、低合金钢焊条电弧焊的焊接参数

焊缝空间位置	焊件厚度或焊脚尺寸(mm)	第一层焊缝		以后各层焊缝		打底焊缝	
		焊条直径(mm)	焊接电流(A)	焊条直径(mm)	焊接电流(A)	焊条直径(mm)	焊接电流(A)
平对接焊缝	2	2	55~60			2	55~60
	2.5~3.5	3.2	90~120			3.2	90~120
	4~5	3.2	100~130	—	—	3.2	100~130
		4	160~200			4	160~210
		5	200~260			5	220~250
	5~6		160~210			3.2	100~130
						4	180~210
	>6	4	160~210	4	160~210	4	180~210
				5	220~280	5	220~260
	≥12			4	160~210		
				5	220~280		

续表 3-4

焊缝空间位置	焊件厚度或焊脚尺寸(mm)	第一层焊缝 焊条直径(mm)	焊接电流(A)	以后各层焊缝 焊条直径(mm)	焊接电流(A)	打底焊缝 焊条直径(mm)	焊接电流(A)
立对接焊缝	2	2	50~55	—	—	2	50~55
	2.5~4	3.2	80~110	—	—	3.2	80~110
	5~6	3.2	90~120	—	—	3.2	90~120
	7~10	3.2	90~120	4	120~160	3.2	90~120
	7~10	4	120~160				
	≥11	3.2	90~120	5	160~200	3.2	90~120
	≥11	4	120~160				
	12~18	3.2	90~120	4	120~160	—	—
	12~18	4	120~160				
	≥19	3.2	90~120	5	160~200	—	—
	≥19	4	120~160				
横对接焊缝	2	2	50~55	—	—	2	50~55
	2.5	3.2	80~110	—	—	3.2	80~110
	2.5		90~120				90~120
	3~4	4	120~160			4	120~160
	5~8	3.2	90~120	3.2	90~120	3.2	90~120
	5~8					4	120~160
	≥9	3.2	90~120	4	140~160	3.2	90~120
	≥9	4	140~160			4	120~160
	14~18	3.2	90~120			—	—
	14~18	4	140~160				
	≥19	4	140~160			—	—
	2	—	—	—	—	2	50~55
	3~5	—	—	—	—	3.2	90~110
	3~5					4	120~160

103

焊缝空间位置	焊件厚度或焊脚尺寸(mm)	第一层焊缝		以后各层焊缝		打底焊缝	
		焊条直径(mm)	焊接电流(A)	焊条直径(mm)	焊接电流(A)	焊条直径(mm)	焊接电流(A)
仰对接焊缝	5~8	3.2	90~120	3.2	90~120	—	
	≥9	4	140~160	4	140~160		
	12~18	3.2	90~120				
	≥19	4	140~160				
平角焊缝	2	2	55~65	—	—	—	
	3	3.2	100~120				
	4	4	160~200				
	5~6	4	160~200	—	—		
		5	220~280				
	≥7	4	160~200	5	220~280		
		5	220~280				
船形焊缝	2	2	50~60	—	—	—	
	3~4	3.2	90~120				
	5~8	3.2	90~120				
		4	120~160				
	9~12	3.2	90~120	4	120~160		
		4	120~160				
	I形坡口	3.2	90~120	4	120~160	3.2	90~120
		4	120~160				

焊缝空间位置	焊件厚度或焊脚尺寸(mm)	第一层焊缝		以后各层焊缝		打底焊缝	
		焊条直径(mm)	焊接电流(A)	焊条直径(mm)	焊接电流(A)	焊条直径(mm)	焊接电流(A)
仰角焊缝	2	2	50~60	—		—	
	3~4	3.2	90~120				
	5~6	4	120~160				
	≥7			4	140~160		
	I形坡口	3.2	90~120	4	140~160	3.2	90~120
		4	140~160			4	140~160

5.沸腾钢的焊接 沸腾钢脱氧不完全而含氧量较高,硫、磷等杂质分布很不均匀,所以焊缝金属的热裂倾向大。在焊接时,要采取防止产生热裂纹的措施,并加强检查。在施工中应注意,沸腾钢不宜用于承受动载荷或在严寒(-20℃以下)条件下工作的重要焊接结构。

(二)中碳钢的焊接

钢中的碳是对焊接性影响最大的元素,随着钢中含碳量的增加,其焊接性逐渐下降。在可焊接的钢种中,中碳钢的焊接性较差,其主要问题是容易产生气孔和裂纹。

1.气孔 产生气孔的原因是由于母材熔化到焊缝金属中,使焊缝金属的含碳量增高,当熔池脱氧不足时,熔池结晶后期产生的一氧化碳、氢气来不及从焊缝金属中逸出,形成气孔。

在实施中碳钢的焊接时,为防止气孔的产生,应采取以下措施:

(1)应尽量减少焊缝金属中的含碳量,在焊接时必须减少母材的熔化,采用开坡口的接头。

(2)第一层焊缝焊接时,尽量采用小的焊接电流、低速焊,减少母材的熔深。同时也要注意保证母材熔透,避免产生夹渣和未熔合等缺陷。

(3)焊条药皮要有足够的脱氧剂;加强对熔池的保护,减少氧气的侵入,使熔池的含氧量减少。

(4)尽量选用低氢型焊条,以减少氢气的来源;工件与焊条要彻底除锈,焊条必须烘干。

2.裂纹　中碳钢焊接时,随着母材含碳量的增高,容易产生热裂纹、冷裂纹和热应力裂纹。

(1)热裂纹。指在焊接过程中焊缝和热影响区金属冷却到固相线附近的高温区产生的焊接裂纹。由于钢即铁碳合金的凝固是在一个温度区间内进行的,在完全凝固之前的温度范围内,固体多而未凝固的液体较少,即呈固液状态时,金属的塑性最低,这样在凝固收缩应力的作用下,焊缝金属易沿液相边界处开裂,形成热裂纹。从铁-碳平衡图可知,在钢中随含碳量增加,凝固温度区也增加,产生裂纹的危险性也增大。

经验表明,用焊条电弧焊焊接碳素钢,在焊缝中含碳量超过 0.20% 时,就有可能产生热裂纹;当含碳量超过 0.4% 时,热裂纹很难避免。

(2)冷裂纹。即焊接接头冷却到较低温度时产生的焊接裂纹。母材中含碳量越高,近缝区的淬火倾向就越大,即在焊接热影响区产生塑性很低的淬火马氏体组织。

当焊件较厚、刚性较大,或焊条选用不当时,均容易产生冷裂纹。

(3)热应力裂纹。指在焊缝区收缩应力的作用下,变形集中在焊接接头的某一区域或远离接头的部位,由于塑性低而产生的裂纹。

(4)裂纹的防止措施。在实施中碳钢及高碳钢的焊接时,为防止焊接裂纹的产生,应采取以下措施:

①正确选用焊条。选择中碳钢焊条的原则是,选用抗热裂纹和抗冷裂纹较强的碱性低氢焊条;当不要求焊缝与母材等强度时,应选择强度低的碱性低氢焊条;对于不重要的结构的焊接,也可选用非碱性低氢焊条;在特殊情况下,当工件不允许预热时,可选用铬镍奥氏体不锈钢焊条。部分中碳钢焊接时焊条的选用详见表3-5。

表 3-5 中碳钢焊接时焊条的选用

中碳钢牌号	焊 条 型 号(牌号)		
	要求等强度构件	不要求等强度构件	塑性好的焊条
30、35 ZG270-500	E5016(J506) E5516-G (J556)、(J556RH) E5015(J507) E5515-G(J557)	E4303(J422) E4301(J423) E4316(J426) E4315(J427)	E308-16 (A101)、(A102) E309-15(A307)
40、45 ZG310-570	E5516-G (J556)、(J556RH) E5515-G (J557)、(J557Mo) E6016-D1(J606) E6015-D1(J607)	E4303(J422) E4316(J426) E4315(J427) E4301(J423) E5015(J507) E5016(J506)	E310-16(A402) E310-15(A407)
50、55 ZG340-640	E6016-D1(J606) E6015-D1(J607)	—	—

　　焊接时焊条必须严格烘干,并防止焊条在使用过程中重新吸潮。

　　②采取预热措施。预热是焊接的一项重要工艺措施,尤其在焊接较厚工件时,更是必不可少的工序。预热有利于降低热影响区的硬度,防止冷裂纹的产生,并能改善焊接接头的塑性。此外,对焊件整体预热和适当的局部预热,还能减少焊后的残余应力。

　　预热温度取决于母材成分、焊件厚度和所用焊接材料。通常情况下,35、45 钢预热及层间温度可在 $100\sim250℃$ 内选择。当含碳量再增高或工件刚度很大时,可将焊前的预热温度提高到 $250℃$ 以上。

　　局部预热的加热范围为焊口两侧 $150\sim200mm$。

　　③采取焊后缓冷措施。工件焊后应缓冷,如包石棉或放在石棉灰中,或将工件放在炉中冷却等,有时焊缝冷却到 $150\sim200℃$ 时,还要进行均温加热,使整个接头均匀缓冷。

　　④采取中间热处理和焊后热处理措施。如焊接厚壁工件,当焊缝焊至 1/3 或 1/2 的焊缝厚度时,可马上入炉进行中间热处理,以降低焊

接内应力。焊后热处理应根据含碳量、工件结构及用途来决定热处理方式。热处理一般采用 450～650℃ 去应力退火，其目的是消除焊接残余应力。

⑤正确选择焊接规范。碳素钢及 400MPa 强度等级以下的普通低合金钢的焊条电弧焊焊接规范详见本节"二、低合金结构钢的焊接"所述内容。

中碳钢的焊接，焊接电源选用直流反接，这样可使工件受热少些，从而减少产生裂纹的倾向。焊接电流要比焊低碳钢时小 10%～15%。

⑥尽量采取 U 形坡口。这样可减少母材在焊缝中的比例，避免产生热裂纹。

⑦采用能降低焊接应力的焊接工艺措施。如采取跳焊，对于较长焊缝采用逆向分段施焊法。

⑧在焊接操作上，尽量减少母材的熔化量。特别是焊第一层时，应采用小电流、低速焊。

(三)高碳钢的焊接

高碳钢含碳量大于 0.6%，除了高碳结构钢外还包括高碳碳素钢铸件和碳素工具钢等。它们的含碳量比中碳钢更高，更容易产生硬脆的马氏体，淬硬倾向和裂纹敏感倾向更大，所以高碳钢的焊接性比中碳钢更差。因此，高碳钢一般不用于制造焊接结构，仅用于高硬度或耐磨部件和零件的焊补修理。

高碳钢焊接时应具体根据钢的含碳量、工件设计和使用条件等选择合适的填充金属，一般不用高碳钢。当焊接头的力学性能要求较高时，应选用 E7015-D2 或 E6015-D1；力学性能要求较低时可选用 E5016 或 E5015 等焊条施焊，也可以用铬镍奥氏体不锈钢焊条，如 E310-15（A407）、E1-23-13-15、E2-26-21-16。采用铬镍奥氏体不锈钢焊条焊接高碳钢时，焊前可不必预热。以上所述的碳钢焊条和低合金钢焊条都应当是低氢的。

采用碳钢焊条和低合金钢焊条焊接高碳钢时，高碳钢应进行退火，方能焊接。通常采用如下措施：

1.焊前预热 高碳钢焊前预热温度较高，一般在 250～400℃ 范围内,个别结构复杂、刚度较大、焊缝较长、板厚较大的焊件,预热温度高于400℃。在焊接过程中还要保持与预热温度一样的层间温度。

2.焊后热处理 高碳钢焊件施焊结束后,应立即将焊件送入加热炉中加热至600~650℃,然后缓冷进行清除应力热处理。

3.焊接工艺 应仔细清除焊件待焊处油、污、锈、垢;采用小电流施焊,焊缝熔深要小;为防止产生裂纹,可先在焊接坡口上用低碳钢堆焊一层,然后再在堆焊层上进行焊接;在焊接过程中采用引弧板和引出板;为减少焊接应力,在焊接过程中,可采用锤击焊缝金属的方法减少焊件的残余应力。

二、低合金结构钢的焊接

(一)低合金结构钢的焊接性

低合金结构钢是在碳素结构钢的基础上加入一定量的合金元素(合金元素总量的质量分数<5%)的合金钢。加入一定量的合金元素以提高钢的强度并保持其具有一定的塑性和韧性,或使钢具有某些特殊的性能,如耐低温、耐高温或耐腐蚀性等。焊接中常用的低合金钢一般可分为高强钢、低温用钢、耐蚀钢及珠光体耐热钢。

低合金钢通过合金元素对钢的组织产生作用,使钢达到一定性能要求的同时也影响着钢的焊接性。此外,自然条件对钢的焊接性也有较明显的影响,如接头的工作环境温度(高温或低温)、工件的承载情况(静载、冲击、交变)及工件接触介质的腐蚀性等。自然条件越恶劣,则金属材料的焊接性就越难以保证。低合金结构钢的焊接性及影响因素可以概括为以下几个方面:

1.焊接热影响区的淬硬倾向 低合金钢焊接热影响区具有一定的淬硬倾向,随着碳当量 C_{eq} 值的提高,淬硬倾向也随之增加。低合金钢由于含有一定的合金元素,容易淬火,在焊接电弧的作用下,过热区被加热到很高温度,随后迅速冷却下来,在过热区形成粗大的碎硬组织。在整个焊接接头中,过热区硬度最高、塑性最低,虽然该区很窄,但却是焊接接头的薄弱环节。因此,冷却速度也是热影响区淬硬倾向的重要影响因素。

在低合金结构钢产品的焊接过程中,容易在过热区产生裂纹,如果不做改善性能的焊后热处理,就会影响产品的使用性能和安全性。

2.焊接裂纹　在焊接低合金钢时,当采用含硫量高的焊接材料(焊条)时,会在焊缝金属中产生热裂纹。产生热裂纹的原因还包括焊接接头的刚度和焊接熔池的形状和尺寸。但总的说来,低合金钢焊接产生热裂纹的倾向并不严重。低合金钢焊接时的主要问题是容易产生冷裂纹。据统计,低合金钢焊接事故中,热裂纹仅占10%,90%的裂纹均属于冷裂纹。冷裂纹经常产生在焊接热影响区,个别在焊缝金属中发生。冷裂纹产生的原因有三个方面的因素:焊缝及热影响区的含氢量;热影响区和焊缝金属的淬硬程度;因接头的刚性所决定的焊接残余应力。焊接裂纹除以上叙述的热裂纹和冷裂纹外,还包括再热裂纹和热影响区的层状撕裂。再热裂纹是焊后热处理过程中出现的裂纹,这种裂纹产生的原因,一般认为是在加热消除热应力的过程中所发生的变形超出了热影响区金属在该温度下的塑性变形能力而引起的。大厚度轧制钢板焊接时,在热影响区可能产生与板表面平行的裂纹,这种裂纹称为热影响区层状撕裂,如图3-1所示。层状撕裂多数产生在三通管接头及T形接头的角焊缝处,与母材的层状偏析密切相关。层状撕裂的特征是从焊趾开始,以45°斜角向母材内部延伸达1mm左右,然后改变方向,向平行于表面的夹层发展,转变为层状撕裂。

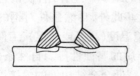

图3-1　层状撕裂

3.氢气孔　在焊接低合金结构钢时,由于低氢碱性焊条抗气孔性较差,要求药皮在焊前彻底烘干,尽量减少焊接接头的含氢量,避免形成氢气孔。

另外,焊条和待焊处的油、污、锈、垢,焊条直径过大,大电流连续施焊,以及焊前预热和焊后热处理温度选择不当等,都是影响和产生氢气孔的因素。

(二)低合金钢的焊条选用、焊接工艺要点和焊接规范

1.低合金结构钢焊条的选用　低合金钢焊条选择的依据是:母材

的力学性能、化学成分、接头刚性、坡口形式及使用要求等。焊条选用的主要原则是:

(1)按等强度原则。要求焊缝的强度等于或略高于母材金属的强度,但不会超过母材的强度太高。当强度等级不同的低合金结构钢或低合金结构钢与低碳钢焊接时,应选用与强度等级低的钢材相匹配的焊条焊接。由于焊条是按抗拉强度分类的,而钢材是按屈服强度分类的,所以选用焊条时,必须考虑所焊钢材的抗拉强度。

(2)按焊接结构的重要程度选用酸、碱性焊条。选用酸、碱性焊条的原则主要取决于钢材的抗裂性能、焊接结构的工作条件、施工条件、焊接结构的形状、焊接结构的刚度等因素。对于重要的焊接结构,要求塑性好、冲击韧性高、抗裂性好、低温性能好的焊接结构应采用低氢碱性焊条。对于非重要的焊接结构,或坡口表面的油、污、锈、垢和氧化皮等脏物难以清理干净时,在焊接结构的使用性能允许的前提下,也可能考虑采用酸性焊条。

低合金结构钢焊接选用的焊条见表3-6。

表3-6　低合金结构钢焊接选用的焊条

钢 材 牌 号		适用焊条型号	钢 材 牌 号		适用焊条型号
GB/T 1591—1994	GB 1591—1988		GB/T 1591—1994	GB 1591—1988	
Q295	09MnV;09Mn2 09MnNb;12Mn	E4303(J422) E4301(J423) E4316(J426) E4315(J427) E5016(J506) E5015(J507)	Q345	18Nb;12MnV 14MnNb 16Mn;16MnRe	E5003(J502) E5001(J503) E5016(J506) E5015(J507) E5018 (J506Fe) E5028 (J506Fe16)
Q390	15MnV;16MnNb 15MnTi	E5016(J506) E5015(J507) E5515- G(J557) E5516- G(J556)	Q420	15MnVNb 14MnVTiRe	E5516- G(J556RH) E5515- G(J557MoV)

钢 材 牌 号		适用焊条型号	钢 材 牌 号		适用焊条型号
GB/T 1591—1994	GB 1591—1988		GB/T 1591—1994	GB 1591—1988	
Q390	15MnV;16MnNb 15MnTi	E5001(J503) E5003(J502) E5015- G(J507R) E5016- G(J506R)	Q420	15MnVNb 14MnVTiRe	E6016- D1(J606) E6015- D1(J607)

2. 焊接工艺要点和焊接规范的确定 低合金结构钢焊接时,焊接规范的影响比焊接低碳钢时要大,直接影响到焊接接头的性能。焊接规范对热影响区淬硬倾向的影响,主要通过冷却速度起作用。焊接规范参数即电弧电压、焊接电流和焊接速度的选择,要考虑三者的综合作用,即以焊接线能量为选择对象。所谓线能量,是指焊接电弧的移动热源给予单位长度焊缝的热量。

$$线能量 = \frac{\eta I U}{v}(J/mm)$$

式中　I——焊接电流(A);

　　　U——电弧电压(V);

　　　v——焊接速度(mm/s);

　　　η——焊接中热量损失的系数。

当施焊条件相同时,焊接规范大,即线能量大,冷却速度则小;反之,焊接规范小,冷却速度则大。从减少过热区淬硬倾向来看,应选择较大的焊接规定。当碳当量 C_{eq} 值为 0.4% ~ 0.6%,在焊接时对线能量要严格加以控制。线能量过低会在热影响区产生淬硬组织,易产生冷裂纹;线能量过高,热影响区晶粒会长大,对于过热倾向大的钢,其热影响区的冲击韧性就会降低。因此,对于过热敏感,且有一定淬硬性的钢材,焊接时应选用较小的焊接规范,以减少焊件高温停留的时间;同时采用预热,以减少过热区的淬硬倾向。部分低合金结构钢的碳当量见表3-7。

表 3-7　部分低合金结构钢的碳当量

钢 材 牌 号		热处理状态	碳当量 C_{eq}(%)
GB 1591—1988	GB/T 1591—1994		
09MnV	Q295	热轧或热处理	0.28
09MnNb			0.26
09Mn2			0.39
12Mn			0.34
18Nb	Q345	热轧	0.28
16MnRe		热轧或热处理	0.37
12MnV		热轧或正火	0.37
14MnNb		热轧	0.31
16Mn			0.39
15MnV	Q390	热轧或热处理	0.40
15MnTi			0.38
16MnNb			0.35
14MnVTiRe	Q420		0.44
15MnVNb			0.44

3.焊前预热、层间温度和焊后热处理　焊接低合金结构钢时,为了防止产生冷裂纹,除选用低氢碱性焊条并在使用前对焊条按规定进行烘干外,还应根据母材确定预热温度。采取局部预热时,预热宽度不得小于壁厚的 2~3 倍;点固焊应在预热后进行,并用较大焊接规范进行焊接,即焊接速度低、焊接电流大;若由于偶然事故中断焊接时,工件应保持在预热温度以上待焊,或控制焊缝层间温度不得低于预热温度,并在焊后缓冷,及时作消氢处理。

焊前预热温度与焊件材料和焊件厚度有关,但起决定作用的是低合金钢的化学成分。低合金结构钢碳当量 C_{eq} > 0.35% 时,要考虑预热,当碳当量 $C_{eq}>0.45\%$ 时,应在焊前进行预热。

对于低合金结构钢的焊接,进行焊后热处理的目的是减少焊接热影响区淬硬倾向和焊接应力,防止产生冷裂纹,但同时避免在焊后热处理的过程中出现再热裂纹。若板较厚,焊至板厚的 1/2 时,应做中间消除应力热处理;焊后应及时进行回火热处理。再者,要求抗应力腐蚀的容器或低温下使用的焊件,应尽可能进行焊后消除焊接应力的热处理。常用低合金结构钢焊接焊前预热温度、焊接过程中的层间温度和焊后热处理温度见表 3-8。

表 3-8　低合金结构钢焊前预热温度、焊接过程中的层间温度和焊后热处理温度

钢 材 牌 号		预热温度	层间温度	焊后热处理
GB/T 1591—1994	GB 1591—1988	（℃）	（℃）	
Q295	09MnV 09MnNb 09Mn2 12Mn	一般厚度 不预热	不限	不处理
Q345	18Nb 12MnV 14MnNb 16Mn 16MnRe	$\delta\leqslant40mm$ 不预热 $\delta>40mm$ 预热温度 $\geqslant100$		600～650℃ 回火
Q390	15MnV 15MnTi 16MnNb	$\delta\leqslant32mm$ 不预热 $\delta>32mm$ 预热温度 $\geqslant100$		560～590℃ 或 630～650℃ 回火
Q420	14MnVTiRe 15MnVNb	$\delta>32mm$ 预热温度 $\geqslant100$	100～150	550～600℃ 回火

在表 3-8 中,Q345(16Mn)钢用量较大,应用最为广泛。Q345(16Mn)钢板一般以热轧供货,并为改善塑性和低温冲击韧性,厚板作 900℃ 正火处理。Q345(16Mn)钢的碳当量 C_{eq} 值接近于 0.4%,具有一定的淬硬倾向,并存在产生冷裂纹问题。Q345(16Mn)钢不预热焊接的最低温度见表 3-9。当起焊时的温度低于表 3-9 中的数值时,应预热到 100℃ 以上。

表 3-9　Q345(16Mn)钢不预热焊接的最低温度

Q345(16Mn)钢板厚 (mm)	不预热焊接的 最低温度(℃)	Q345(16Mn)钢板厚 (mm)	不预热焊接的 最低温度(℃)
<16	-10	25~40	0
16~24	-5	>40	要求预热及 焊后热处理

4.防止层状撕裂的措施　厚钢板中含有的硫、磷等杂质,在轧制时形成了带状组织,受焊接应力作用而造成层状撕裂。为了防止层状撕裂,除了应选择层状偏析少的母材外,接头的坡口形式要设计得合理,尽量减少垂直于母材表面的拉力,或选择强度较低的焊条,或采用预敷焊(如图3-2)的方法。

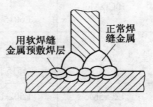

图 3-2　预敷焊

三、耐热钢的焊接

具有热稳定性和热强性的钢称为耐热钢。耐热钢有珠光体耐热钢、奥氏体耐热钢、马氏体耐热钢和铁素体耐热钢。以珠光体耐热钢应用最为广泛。珠光体耐热钢是以铬、钼为基本元素的低合金钢,与普通碳素钢相比具有良好的抗氧化能力和热强性。耐热钢主要用来制造发电设备中的锅炉、汽轮机、管道及石油化工设备等。

(一)珠光体耐热钢的焊接

1.对焊缝金属的要求　为使珠光体耐热钢的焊接结构能长期、可

靠地在特定条件下工作,应对焊缝金属提出下列要求:

(1)在工作温度下应具有良好的抗氧化性能,即能抵抗大气或气体介质的化学腐蚀。

(2)在工作温度下应具有和母材一样的短时、长时的机械性能,即要求接头在高温条件下承受载荷时,具有抗变形和抗破坏的能力。

(3)要求焊缝金属在长期的高温条件下,应具有足够的机械性能和组织的稳定性。因此,对于耐热钢的焊接,在选择焊条时不仅要考虑焊缝金属的室温性能,更主要的是要满足高温性能的要求。耐热钢焊条的选择、焊前预热和焊后热处理详见表3-10。

表 3-10 常用珠光体耐热钢焊条的选择、焊前预热和焊后热处理

牌 号	焊条型号(牌号)	预热及层间温度 (℃)	焊后热处理温度 (℃)
10Cr2Mo1	E6000-B3(R400)	250~300	730~750
	E6015-B(R407)		
12CrMo	E5503-B1(R202)	200~250	650~700
	E5515-B1(R207)		
12Cr5Mo	E502-15(R507)	300~400	740~760
12Cr9Mo1	E505-15(R707)	300~400	730~780
12Cr1MoV	E5500-B2-V(R310)	250~350	710~750
	E5515-B3-V(R317)		
12Cr2MoWVB	E5515-B2-VWB(R347)	250~300	760~780
12Cr3MoVSiTiB	E6015-B3-VNb(R417)	300~350	740~760
15CrMo	E5515-B2(R307)	200~250	650~700
15Cr1MoV	E5515-B2-VW(R327)	300~400	710~730
	E5515-B2-VNb(R337)		
17CrMo1V	E5515-B2-VW(R327)	300~400	720~750
	E5515-B2-VNb(R337)		

2.焊前预热 由于珠光体耐热钢中含有一定量的铬和钼及其他合金元素,因而使热影响区具有较大的淬硬倾向。焊后在空气中冷却,热影响区内会产生脆而硬的组织,所以在低温焊接或焊接刚性较大的结构时,容易产生冷裂纹。此外,焊缝金属在热处理或长期高温使用时,有出现再热裂纹的问题。为防止上述问题发生,珠光体耐热钢焊前一般都需要预热。定位焊也要预热。对于刚性大、焊接质量要求高的焊接结构,一般须整体预热。为确保焊接质量,在焊接中焊件的温度不得低于预热温度,并应尽可能一次焊完,以免因间断焊接而产生接头开裂现象。必须间断焊接时,应使焊件保温后再缓慢冷却。

3.焊后保温或热处理 耐热钢焊后要求采取保温措施,重要结构焊后须进行焊后热处理。焊后热处理的主要目的是消除焊接应力,改善焊接接头的机械性能,提高高温性能和防止变形。焊后热处理一般采用高温回火。

(二)奥氏体耐热钢的焊接

1.奥氏体耐热钢焊接存在的主要问题 焊缝金属和热影响区容易产生热裂纹。在 $600\sim850℃$ 长时间停留会出现 σ 脆性相和 475℃的脆化倾向。

2.焊接操作 为防止热裂纹的产生,应采用短弧、窄焊道的操作方法,同时用小电流、高速焊以减少过热,必要时在焊接的过程中采用强制冷却的措施。一般对奥氏体耐热钢的焊接,焊前不进行预热,在焊后可不进行热处理,只是对刚度较大的构件,必要时进行 $800\sim900℃$ 的稳定化处理。

3.焊接材料与母材合金成分相匹配 焊接奥氏体耐热钢的焊条,要求在焊后无裂纹的前提下,保证焊缝金属的热强性与母材基本相等。因此,要求焊接材料的合金成分基本与母材的合金成分相匹配,并且要求控制焊缝金属内的铁素体含量。长期处在高温运行状态的奥氏体焊缝金属内所含的铁素体,其质量分数应小于 5%。为使焊后清渣方便,并使焊道表面光滑,尽量选用工艺性能良好的钛钙型药皮的焊条。

4.焊条选用与焊前预热和焊后处理　常用奥氏体耐热钢的焊条选用、焊前预热和焊后热处理见表 3-11。

表 3-11　常用奥氏体耐热钢的焊条选用、焊前预热和焊后热处理

钢　号	焊条型号(牌号)	预热及层间温度(℃)	焊后热处理温度(℃)
0Cr18Ni13Si4	E316-16(A202)	可以不进行预热	通常不进行焊后热处理,但对刚度大的焊件,视具体情况进行 800～900℃ 稳定化处理
	E318V-16(A232)		
0Cr23Ni13	E309-16(A302)		
1Cr16Ni35	E330MoMnWNb-15(A607)		
1Cr20Ni14Si2	E309Mo-16(A312)		
1Cr25Ni20Si2	(A422)		
2Cr20Mn9Ni2Si2N	E310-16(A402)		
	E310-15(A407)		
2Cr25Ni20	E310-16(A402)		
	E310-15(A407)		
3Cr18Mn12Si12N	E310-16(A402)		
	E310-15(A407)		

(三)马氏体耐热钢的焊接

1.马氏体耐热钢的焊接存在的主要问题　由于马氏体耐热钢淬硬倾向大,因此,焊缝和热影响区极易产生硬度很高的马氏体组织,使接头脆性增加,焊接残余应力增大,容易产生冷裂纹。一般情况,马氏体耐热钢的含碳量越高,其淬硬和裂纹的倾向也就越大。

2.焊接要求与焊接工艺　焊接马氏体耐热钢,由于其具有相当高的冷裂倾向,焊件和焊条应严格保持在低氢状态,所以应选用超低氢型焊条,同时还应有防止冷裂纹产生的措施。通常采用铬含量和母材基本相同的焊条,使焊缝金属与母材的热膨胀系数相差不大,为防止冷裂纹,也可选用奥氏体焊条。焊接马氏体耐热钢时宜使用大电流,以减小焊缝金属的冷却速度。焊前应预热,包括装配定位焊,焊接过程中,层

·118·

间温度应保持在预热温度以上。预热温度可根据焊件的厚度和刚度的大小确定,为防止脆化,一般预热温度不超过400℃。焊后应缓慢冷却到150~200℃,再进行高温回火热处理。绝不允许回火加热直接从预热温度300~400℃开始,因为在这种情况下焊缝将会由于碳化物的析出、集中而降低焊缝金属的塑性和韧性。图3-3所示为1Cr12MoWV钢蒸汽管道的焊接热规范。焊接马氏体耐热钢时,为了防止焊接接头的冷裂,要求焊接后用较高的回火温度进行热处理。但若回火温度过高,会使焊接接头在高温条件下的持久强度降低和出现塑性破坏。

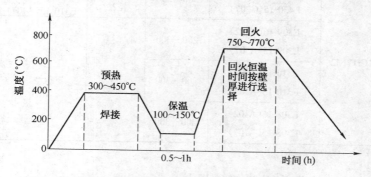

图 3-3　1Cr12MoWV 钢蒸汽管道的焊接热规范

3. 焊条选用与焊前、焊后处理　常用马氏体耐热钢的焊条选用、焊前预热和焊后热处理见表3-12。

表 3-12　常用马氏体耐热钢的焊条选用、焊前预热和焊后热处理

牌　号	焊条型号(牌号)	预热及层间温度(℃)	焊后热处理温度(℃)	备注
1Cr5Mo	E502-15(R507)	300~400	740~760 回火	也可以选用不锈钢焊条:E308-16(A102)
1Cr11MoV	E11MoVNi-15(R807)	300~400	680~720 回火	
1Cr12MoWV	E2-11MoVNiW-15 (R817)	300~400	740 回火	

牌 号	焊条型号(牌号)	预热及层间温度(℃)	焊后热处理温度(℃)	备注
1Cr13	E410-16(G202) E410-15(G207)	300~350	700~750 空冷	也可以选用 不锈钢焊条: E308-16(A102) E308-15(A107) E309-16(A302)
	E309-16(A302) E309-15(A307)	200~300	—	
1Cr17Ni2	E430-16(G302) E430-15(G307)	300~350	700~750 空冷	E310-16(A402) E310-15(A407)
	E309-16(A302) E309-15(A307)	200~300	—	
	E310-16(A402) E310-15(A407)	200~300		
	E308-16(A102) E308-15(A107)	200~300		

(四)铁素体耐热钢的焊接

1.铁素体耐热钢的焊接存在的问题　在高温作用下,近缝区晶粒急剧长大而引起475℃脆化,还会析出σ脆性相。铁素体耐热钢焊接接头室温冲击韧性低,容易在室温状态产生裂纹。

2.焊接铁素体耐热钢焊条　焊接铁素体耐热钢有三种焊条:第一种为奥氏体铬镍高合金焊条,但对长时间处于高温运行的焊接接头,不宜使用这类焊条;第二种为镍基合金焊条,但由于其价格较高,仅在极特殊的情况下使用;第三种为成分基本与母材匹配的高铬钢焊条,适用于含铬质量分数在17%以下的各种铁素体耐热钢的焊接。

3.焊接要求　焊接铁素体耐热钢时,应采用小热输入、高速焊、窄焊道,即较小的线能量,减少焊接接头高温停留时间;多层焊时,不应连续施焊,应待前层焊缝冷却后,再焊下一道焊缝,必要时可采取冷却措施,提高焊缝的冷却速度。为确保焊缝塑性、韧性,也可选用不锈钢焊条。对于厚度小于 8mm 的焊件,焊前可不必预热,应谨慎选择预热温度,防止焊接接头热影响区晶粒因过热而急剧长大并在缓慢冷却时丧失韧性。焊后热处理应在亚临界温度范围内进行,以防晶粒更加粗大。对于厚度在 10mm 以下的高纯度铁素体耐热钢焊件,焊后一般不作焊后热处理。

4. 焊条选用与焊前、焊后处理 常用铁素体耐热钢的焊条选用、焊前预热和焊后热处理见表 3-13。

表 3-13 常用铁素体耐热钢的焊条选用、焊前预热和焊后热处理

牌 号	焊条型号(牌号)	预热及层间温度 (℃)	焊后热处理温度 (℃)
00Cr12	E430-15(G307) E430-16(G302) E309-15(A307) E309-16(A302)	70~150	700~760 高温 回火,然后空冷
0Cr11Ti	E308-15(A107) E316-15(A207) E309-15(A307)	70~150	—
0Cr13Al	E308-16(A102) E308-15(A107) E309-16(A302) E309-15(A307) E310-16(A402) E310-15(A407)	200~250	750~800 回火
1Cr17	E430-16(G302) E430-15(G307)	70~150	700~760 空冷
	E308-16(A102) E308-15(A107)	70~150	—

四、低温钢的焊接

通常把在 $-20 \sim -253$℃ 温度范围内使用的钢材,称为低温钢。低温钢的主要作用是制作在低温下工作的容器和管道。随着石油、化工、能源工业的迅速发展,低温钢在空气分离装置、低温冷凝装置、低温液体贮运设备等方面得到广泛应用。

(一)低温钢的焊接性

铁素体低温钢的含碳量较低,在常温下具有较高的塑性和韧性。因此,铁素体低温钢焊接性良好,焊接时不易产生淬火硬化和冷裂纹。低温钢焊缝金属的性能可以通过选择合适的焊接材料来保证,但熔合区是薄弱环节,其组织粗大,塑性较低。为保证焊接接头(包括焊缝、熔合区及热影响区)与母材有同样良好的力学性能和低温韧性,要求焊接时向焊接区输送的线能量尽量小些,这是低温钢焊接中的关键问题。

焊接低温钢时,希望焊接线能量尽量小。常采取以下工艺措施:采用小电流焊接,用 $\phi 3.2mm$ 焊条时,电流为 $90 \sim 120A$,用 $\phi 4mm$ 焊条时,电流为 $140 \sim 180A$;快速施焊,以降低热影响区的过热程度;层间温度要尽量低;采用多层焊工艺,一方面线能量会降低,另一方面也可以充分利用后续焊道的细化晶粒作用。

(二)低温钢的焊接工艺

1.焊接材料和焊接工艺参数的选择　16MnR 钢可作为 -40℃ 的低温钢使用,采用 E5015 焊条(J507),埋弧焊时焊丝用 H08A,配用 431 焊剂。焊接 -70℃ 使用的 09Mn2V 钢,焊条电弧焊时,选用 W707 焊条(低温钢焊条),埋弧焊时焊丝用 H08Mn2MoVA,焊剂为 250。焊接 -90℃ 使用的 3.5Ni(镍)钢时,选用 W907Ni(E5515-C2)焊条。焊接 -120℃ 使用的 06AlCuNbV 钢时,可选用 W707 焊条或 W707Ni 焊条。焊接 -196℃ 深冷使用的低温钢时,则多采用奥氏体钢或镍基合金焊接材料。

低温钢的焊接材料和焊接工艺参数的选择详见表 3-14。

表 3-14　低温钢焊接材料和焊接工艺参数的选择

温度级别 (℃)	牌　　号	焊条型号 (牌号)	预热温度 (℃)	层间温度 (℃)
-40	Q345(16MnR)	E5003 E5003-A1 E5003-Mo E5015 E5016	100~150	100~150
-70	09Mn2V	W707	—	200
	09MnTiCuRe	W807 (E5515-G)	—	—
-90	06MnNb	W907Ni (E5515-C2)	—	200
	3.5Ni	W907Ni	120~150	200
-120	06AlCuNbN	W707	—	200
	06AlCu	W707Ni	—	200
-196	20Mn23Al	Fe-Mn-Al 1 号焊条	—	200
	9Ni	E310-15 (A407)	100~150	200
-253	15Mn26A14	E310-15 (A407)		200

2. 焊接工艺

(1)严格控制焊接线能量。最大限度地减少过热,防止出现粗大的铁素体和粗大的马氏体组织。

(2)采用快速多道焊有利于提高焊缝的韧性。快速多道焊可以减少焊道过热,有利于细化晶粒。为此,焊接坡口角度可适当加大,使焊道数目增加。应注意控制层间温度,层间温度要低于 300℃。

(3)应尽可能降低焊缝的含氢量。焊条在使用前必须进行 350~400℃、2h 烘干处理。

(4)焊前预热。3.5Ni(镍)钢要求 120~150℃ 预热。9Ni 钢要求 100~150℃ 预热。其余钢种可视具体情况考虑是否采用预热措施。

(5)焊后热处理。3.5Ni 钢及铁素体珠光体低温钢除了钢板较厚、焊接残余应力较大,需进行消除内应力热处理外,其余可不进行焊后热处理。

(6)采用表面退火焊道,改善焊接韧性。

(7)尽量防止接头中的过热组织和工件上的应力集中。

(8)焊缝成形要良好。尽可能防止焊接缺陷的产生、避免咬边。焊缝表面要圆滑过渡到母材,弧坑要填满。

(9)不得在非焊接部位任意引弧。

五、不锈钢的焊接

合金元素总量大于 10% 的钢,一般被称为高合金钢。焊接结构所用的高合金钢,按其使用要求可分为不锈钢和高铬钢等。

(一)不锈钢的焊接

不锈钢按钢中的显微组织可分为奥氏体不锈钢、马氏体不锈钢和铁素体不锈钢等。其中奥氏体不锈钢应用非常广泛。

1.奥氏体不锈钢焊接接头的晶间腐蚀 一般认为,铬是铬镍奥氏体不锈钢中具有耐腐蚀性的基本元素,当含铬量低于 12% 时,就不再具有耐腐蚀性能了。铬镍不锈钢在焊接或使用的过程中,当温度升高到 450~850℃ 时,由于奥氏体中过饱和的碳相晶界处迅速扩散并在晶粒边界析出,析出的碳与铬形成碳化铬;又因为铬在奥氏体中的扩散速度很低,来不及向晶界扩散,这样就大量消耗了晶界处的铬,使晶界处的含铬量降低到小于 12%,这时晶界就失去了耐腐蚀能力。

晶界一旦失去了耐腐蚀能力,使用时,铬镍奥氏体不锈钢在腐蚀性介质的作用下,晶界很快溶解,腐蚀性介质沿着晶界继续深入腐蚀,而晶粒本身则完整无损。从外观上看工件未发生明显变化,但金属已失去塑性。

以上说明了晶间腐蚀的机理及其危害。对于铬镍奥氏体不锈钢来说,晶间腐蚀是最严重的破坏形式,是非常危险的。影响晶间腐蚀的主要因素有加热温度、加热时间和母材的化学成分。

(1)加热温度。如18-8钢在450~850℃范围内,停留一段时间后,就会发生晶间腐蚀。低于450℃,由于奥氏体中的碳扩散不快,不能在晶界处扩散析出而形成碳化铬,所以没有晶间腐蚀现象;如果温度高于850℃,这时不仅碳在奥氏体中扩散极快,而且铬在奥氏体中的扩散也很快,故不能造成晶粒边界处贫铬,因而也不会发生晶间腐蚀。

(2)加热时间。加热到危险温度范围(450~850℃)要产生晶间腐蚀。但在不同温度下不发生晶间腐蚀允许停留的时间是不同的,如图3-4所示。在700~750℃最不稳定,只需十几秒到几分钟就会丧失抗晶间腐蚀的能力。

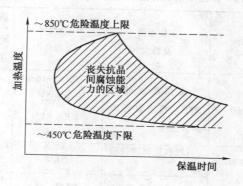

图3-4 加热温度和保温时间对18-8
钢抗晶间腐蚀能力的影响

(3)母材的化学成分。成分中对晶间腐蚀的最主要的影响因素是含碳量。当含碳量小于0.04%,即超低碳的奥氏体不锈钢,则无晶间腐蚀。强碳化物形成元素,如钛、铌、钼、锆等,由于能取代铬而与碳化合,因而能大大提高材料的抗晶间腐蚀能力。

2.奥氏体不锈钢的焊接　实践证明,铬镍奥氏体不锈钢无论是焊缝还是热影响区,都有发生晶间腐蚀的可能。因此,易产生晶间腐蚀是奥氏体不锈钢焊接时的主要问题。此外,还应注意防止发生热裂纹。

焊条电弧焊焊接铬镍奥氏体不锈钢时应注意以下问题:

(1)焊条的选择。一般应根据熔敷金属的化学成分与母材相匹配的原则来选择焊条。要以焊缝金属的主要合金元素不低于母材为原则,并考虑抗裂性、抗腐蚀性及耐热性要求。超低碳不锈钢焊条的抗腐蚀性和抗裂性均好;含有稳定剂元素铌(Nb)的焊条用于抗晶间腐蚀要求较高的焊接,但抗裂性较差;含碳量大于 0.04%、且不含稳定剂的焊条,只能用于耐腐蚀性能不太高的焊件。

目前我国已有定型生产的几十种不锈钢焊条。奥氏体不锈钢焊条的选择、焊前预热和焊后热处理要求,详见表 3-15。

表 3-15　常用不锈钢焊条的选择、焊前预热及焊后热处理

类别	牌号	工作条件及要求	焊条型号及牌号	热规范(℃) 预热、层温	热规范(℃) 焊后热处理	备注
奥氏体不锈钢	0Cr19Ni9	工作温度低于 300℃,要求良好的耐腐蚀性	E308-16 (A102) E308-15 (A107)	原则上不进行预热	原则上不进行	一
	1Cr18Ni9	抗裂、抗腐蚀性较高	(A122)			
	1Cr18Ni9Ti	工作温度低于 300℃,要求有优良的耐腐蚀性能	E347-16 (A132) E347-15 (A137)			
	0Cr19Ni11	耐腐蚀要求极高	E308L-16 (A202)			

类别	牌 号	工作条件及要求	焊条型号及牌号	热规范(℃) 预热、层温	热规范(℃) 焊后热处理	备注
奥氏体不锈钢	0Cr17Ni12Mo2	抗无机酸、有机酸、碱及盐腐蚀 要求良好的抗晶间腐蚀性能	E316-16(A202) E316-15(A207) E318-16(A212)	原则上不进行预热	原则上不进行	一
	0Cr19Ni13Mo3	抗非氧化性酸及有机酸性能较好	E308L-16 (A202) E317-16 (A242)			
	0Cr18Ni11Ti 1Cr18Ni9Ti 0Cr18Ni12Mo2Ti	要求一般耐热及耐腐蚀性能	E318V-16 (A232) E318V-15 (A237)			
	0Cr18Ni12Mo2Cu2	在硫酸介质中要求更好的耐腐蚀性能	E317MoCu-16 (A032) E317MoCu-16 (A222)			
	0Cr18Ni14Mo2Cu2	抗有机、无机酸，异种钢焊接	E317MoCu-16 (A032) E317MoCu-16 (A222)			
	0Cr23Ni13	耐热、耐氧化,异种钢焊接	E309-16 (A302) E309-15 (A307)			
	0Cr25Ni20	高温,异种钢焊接	E310-16 (A402) E310-15 (A407)			

(2)焊接工艺上注意的事项。由于不锈钢的导热性差,所以焊接电流要比同样直径的碳钢焊条小 10% ~20%,这样既保证所需熔深,又防止过热。一般也可按焊条直径的 25~35 倍来选择焊接电流,在立焊或仰焊时的焊接电流还要小 10% ~30%。焊接前应严格清理坡口,焊接中要保持焊条清洁,以防止焊缝中碳的增加。

在焊接工艺方面采取的措施,其基本原则是焊缝金属冷却要快,冷却过程中通过丧失抗晶间腐蚀能力的区域要快(参见图 3-4)。除上述焊接电流要小外,焊接要快,不作横向摆动,层间温度要尽量低,必要时用冷水冷却。在焊接时应采用短弧,以减少合金元素的烧损。在接触腐蚀介质一侧要最后焊。不得随意打弧,地线要卡牢,防止飞溅金属贴在坡口两侧,使不锈钢表面层具有良好的抗腐蚀性能。多层焊时,要等前一道焊缝冷却后再焊下一道焊缝;焊缝尽可能一次焊完,少中断、少接头,收弧要衰减,以防火口裂纹。

(3)焊后热处理。通常指稳定化退火和固溶处理。稳定化退火是把焊好的工件加热到 850℃保温 4h,使铬充分扩散,以消除晶界贫铬的方法。固溶处理指把焊件加热到 1050~1150℃,保温一定时间,这样使碳化铬分解,碳溶解到奥氏体晶格中去,消除晶界贫铬,然后水冷使碳来不及析出。由于稳定化处理和固熔处理都存在加热过程中工件有氧化和变形等问题,所以,并不是总能采用的。

3.马氏体不锈钢的焊接 马氏体不锈钢常称铬不锈钢,即 Cr13 类型的钢,作抗氧化钢使用。Cr13 型马氏体钢的焊接性很差,一是淬硬倾向大、过热倾向大,易产生淬火裂纹;二是易产生扩散氢引起的延迟裂纹。马氏体不锈钢的焊接,选择焊接材料与焊接规范时应注意以下问题:

(1)焊条的选择。采用焊条电弧焊时,焊接材料(焊条)有两种选择:一种是选用与母材成分相接近的 Cr13 型焊接材料,使焊缝金属的各项性能与母材相近。但焊前要预热到 150~350℃,焊后作 700~730℃回火热处理。另一种方法是选用铬镍奥氏体不锈钢焊条,由于焊缝金属为奥氏体组织,能溶解较多的氢,但焊缝强度低。

使用铬镍不锈钢焊条,对防止冷裂非常有效,焊前可不预热,焊后不做热处理。但在焊接厚壁件时,应预热200℃。使用铬镍不锈钢焊条的缺点是:接头性能不均匀,焊缝强度低,对构件在高温下工作有一定的影响。

马氏体不锈钢焊条的选择、焊前预热和焊后热处理要求详见表3-16。

表 3-16　马氏体不锈钢焊条的选择、焊前预热及焊后热处理

类别	牌　号	工作条件及要求	焊条型号及牌号	热规范(℃)		备注
				预热、层温	焊后热处理	
马氏体不锈钢	1Cr13 2Cr13	耐大气腐蚀及气蚀	E410-16(G202) E410-15(G207)	250~350	700~730 回火	—
		耐热及有机酸腐蚀	E1-13-1-15 (G217)			
		要求焊缝有良好的塑性	E308-16(A102) E308-15(A107) E316-16(A202) E316-15(A207) E310-16(A402) E310-15(A407)	不进行(厚大件可预热至200)	不进行	
	1Cr17Ni2	耐腐蚀、耐高温	E430-16(G302) E430-15(G307)	200	750~800 回火	
		焊缝的塑性、韧性好	E309-16(A302) E309-15(A307)			
		焊缝的塑性、韧性好	E310-16(A402) E310-15(A407)			
	1Cr12	在一定温度下能承受高应力,在淡水、蒸汽中耐腐蚀	E410-16(G202) E410-15(G207)	250~350	700~730 回火	

(2)焊接工艺上应注意的事项。焊接薄板时,应采用较小的焊接电流,尽可能高的焊速。应使熔池体积小、焊道窄,以防金属过热。焊前预热温度不应高于 400℃,焊件焊后不应从焊接高温直接升温进行回火热处理,应先使焊件冷却;对于刚度较小的构件可冷却至室温后再回火,焊后的高温回火应注意缓冷。2.5mm 以下的薄板,焊前可不预热。

4.铁素体不锈钢的焊接 铁素体不锈钢具有很好的耐均匀腐蚀、点蚀和应力腐蚀性能,但采用普通熔练方法生产的高铬铁素体不锈钢含有 0.1% 的碳及少量的氮,如 Cr17、1Cr17Ti、1Cr17Mo2Ti、1Cr25Ti、1Cr28 等,对高温热作用敏感,焊接接头塑性和韧性较低,焊接刚度大的接头时还会产生裂纹,焊接性较差。

铁素体不锈钢的焊接,选择焊接材料与焊接规范时,应注意以下问题:

(1)焊条的选择:焊接铁素体不锈钢时,选择的焊接材料(焊条)一种是与母材成分相接近的焊接材料,但在焊前应预热到 120~200℃,焊后作 750~800℃ 的回火热处理;另一种是采用奥氏体焊条,可免除焊前预热和焊后热处理,但对于不含稳定元素的铁素体不锈钢,高温热作用的敏感问题仍然存在。合金含量高的奥氏体焊条有利于提高焊接接头的塑性。奥氏体或奥氏体－铁素体焊缝金属基本与铁素体不锈钢母材等强,但在某些腐蚀介质中耐腐性可能低于化学成分与母材相同的接头。

铁素体不锈钢焊条的选择、焊前预热和焊后热处理详见表 3-17。

表 3-17 铁素体不锈钢焊条的选择、焊前预热和焊后热处理

牌 号	工作条件及要求	焊条型号及牌号	热规范(℃)		备注
			预热、层温	焊后热处理	
1Cr17 Y1Cr17	耐热及耐硝酸	E430-16(G302)	120~200	750~800 回火	
1Cr17 Y1Cr17	耐热及耐有机酸	E430-15(G307)			

| 牌　号 | 工作条件及要求 | 焊条型号及牌号 | 热规范(℃) | | 备注 |
			预热、层温	焊后热处理	
0Cr13Al	提高焊缝塑性	E308-15(A107) E309-15(A307)		不进行	
1Cr25Ti	抗氧化性	E309-15(A307)	不进行	760～780 回火	—
1Cr17Mo	提高焊缝塑性	E308-16(A102) E308-15(A107) E309-16(A302) E309-15(A307)		不进行	

(2)焊接工艺上注意的事项:在焊接铁素体不锈钢的过程中,应选用小的焊接线能量,采用大焊速、窄焊道焊接,焊条不做横向摆动。在多层多道焊时,后道焊缝应等前道焊缝冷却至预热温度时,再进行焊接。焊接高铬铁素体不锈钢,当焊接接头刚度较大时,焊后容易产生裂纹,在焊前要预热到 70～150℃,以防止产生裂纹。为防止焊件出现 475℃脆化倾向,焊后应进行 700～760℃ 回火热处理,然后空冷。若焊件已析出 σ 脆性相,可在 930～980℃ 范围内加热,然后在水中急冷,这样可以得到均匀的铁素体焊缝组织。当焊件厚度较大时,每焊完一道焊缝,可以用手锤轻轻敲击焊缝表面,以改善接头性能。

以上叙述主要指焊条电弧焊焊接不锈钢。近年来采用氩弧焊等新工艺,不但使焊接质量得到保证,而且焊接生产效率高,操作方便和易于实现机械化和自动化。

第二节　铸铁的焊条电弧焊

一、铸铁的焊接

(一)铸铁的焊接性

含碳量超过 2% 的铁碳合金称为铸铁。铸铁中除了碳,还有硅、锰、硫、磷等元素。铸铁按所含碳元素的存在形式不同,又分为灰口铸铁、球墨铸铁、可锻铸铁和耐磨铸铁等。铸铁的焊接往往是对铸件的焊补,一般指灰口铸铁及球墨铸铁的焊接。

1.铸铁的可焊性较差　焊接中存在的主要问题有:焊接时碳、硅等元素容易烧损;当焊后冷却较快时,焊缝极容易产生脆硬的白口和马氏体,又因铸铁本身塑性差,抗拉强度低,当焊接过程中产生的应力达到或超过铸铁的抗拉强度时,便产生裂缝;因铸铁含碳多,易产生气孔。铸铁焊件在焊补处产生了脆硬的白口组织,使焊后不易切削加工。

2.铸铁的焊接方法　通常采用的有焊条电弧焊、二氧化碳气体保护焊及手工电渣焊及气焊。按其焊接工艺过程的特征,可采用热焊法、半热焊法和冷焊法。

(二)灰口铸铁的焊接性

1.灰口铸铁的特性

(1)灰口铸铁所含的碳 80% 以片状石墨形式存在。石墨片强度低,相当于小的裂缝,割裂基体,破坏了基体的连续性,在尖端处容易造成应力集中,所以灰口铸铁强度低、塑性差。但由于灰口铸铁的铸造性、耐磨性、抗振性好,因而得到广泛应用。

(2)灰口铸铁的牌号为 HT××－××。HT 表示灰口铸铁,后面两组数字的前一组表示抗拉强度,后一组表示抗弯强度,强度的单位为 $MPa(N/mm^2)$。

2.灰口铸铁焊接存在的问题　灰口铸铁强度低、塑性差,对冷却速度又非常敏感,所以灰口铸铁的焊接较为困难。在焊接时存在的主要问题是白口和裂纹问题。

（1）产生白口。铸铁在焊接时，母材（近缝区）受到高温加热，当加热温度高于860℃时，在铸铁中原来呈游离状态的石墨开始部分地溶于铁中，温度愈高，溶于铁中的石墨就愈多。冷却时，冷却速度在 30～100℃/s 的急冷条件下，溶于铁中的碳来不及以石墨形式析出，而生成 Fe_3C。铸铁中的碳以 Fe_3C 的形式存在，其断口呈银白色，即白口铸铁。白口铸铁又硬又脆，无法进行切削加工。由于上述原因，灰口铸铁的焊接，在窄小的高温熔合区内，很容易产生白口。白口层的产生，不仅难以切削加工，而且会导致开裂。

（2）产生裂纹。铸铁焊接时出现的裂纹有母材裂纹、焊缝中的冷裂纹和焊缝中的热裂纹。

①母材裂纹。由于灰口铸铁强度低、塑性差，不能承受塑性变形，在焊接应力的作用下，应力值大于铸铁的强度极限就会发生破裂。半熔化区的白口存在会促使母材纵向裂纹的产生，这是由于熔合线处的白口铸铁层在焊缝金属收缩量大时就会沿着白口铸铁层裂开，如图 3-5 所示。

②焊缝中的冷裂纹。当焊缝金属为灰口铸铁，用焊条电弧焊冷焊灰口铸铁时，只要焊缝长度大于 30mm，焊缝就可能出现横向裂纹，并且随焊缝长度的增加，裂纹的数目也增多。裂纹发生时一般都伴随着金属开裂的响声，而且是在焊缝凝固后发生。焊缝中的冷裂纹产生的主要原因是，焊缝中的灰口铸铁塑性非常低，不能承受冷却所产生的焊接应力，在片状石墨的尖端首先产生裂纹，然

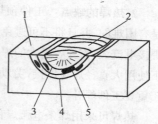

图 3-5 母材裂纹
1.母材 2.焊缝 3.白口铸铁层
4.灰口铸铁 5.母材裂纹

后再扩展开。这种裂纹是在冷却、低温时产生的。

③焊缝中的热裂纹。热裂纹大多产生在采用非铸铁焊条的焊缝金

属上,与焊缝表面的鱼鳞纹相垂直,有纵向、斜向和紧靠熔合线处横向的。热裂纹的断口处有发蓝和发黑的氧化色彩。这种热裂纹产生的原因是由于母材过多地熔入到焊缝金属中,造成了焊缝金属中碳、硫、磷等成分增高所致。若用普通低碳钢焊条焊接灰口铸铁,由于高碳、高硫母材的混入,焊缝金属凝固时有产生热裂纹的倾向;冷却后会形成许多马氏体组织,又有产生冷裂纹的倾向。

(三)灰口铸铁的热焊

把铸铁工件整体或局部预热 600～700℃,然后再焊补,焊补后缓慢冷却,这种铸铁的焊补工艺称为热焊。

1.热焊的优点

(1)可以避免产生裂纹。在600～700℃时,灰口铸铁具有一定的塑性,再加上整体或较大的局部区域缓慢冷却下来,就会使焊缝金属的焊接应力大大降低。

(2)由于预热温度高,焊后冷却缓慢,使碳的石墨化过程充分进行,从而形成片状石墨,不会形成白口或淬火组织。

(3)焊缝金属的组织、性能和颜色与母材相同。

2.热焊的缺点 工件预热温度高达600～700℃,这对于大型铸件是有困难的,并且将不可避免地产生变形。热焊通常采用大直径焊条,焊接电流大,需要容量大的焊接设备。焊工要在 600℃ 以上的高温环境下使用大直径焊条焊接,劳动强度大、工作条件恶劣。因此,热焊只用于重要工件焊补。

热焊可采用焊条电弧焊和气焊的方法来完成。焊条电弧焊采用的焊接材料应为石墨化型药皮铸铁芯铸铁焊条,如 Z248,熔敷金属化学成分为:$\omega(C) \geqslant 3.5\%$,$\omega(Si) \approx 3\%$,药皮为强石墨化型,可交流直流两用;另一种是钢芯石墨化铸铁焊条,如 Z208,熔敷金属化学成分为:$\omega(C) \approx 3\%$,$\omega(Si) \approx 4\%$。热焊时,采用大电流、连续焊。依据焊条直径按表3-18选择焊接电流。

表 3-18   铸铁热焊时焊接电流的选择

焊条直径 (mm)	8	10	12	14	16
电流密度 (A/mm²)	9～10	9～10	9～9.5	8.5～9.0	7.5～8.0
焊接电流(A)	460～520	720～800	1000～1100	1200～1300	>1500

3.热焊注意事项

(1)铸铁的热焊在焊补前应将铸件的缺陷彻底铲挖清理干净,直到出现纯净金属为止;对于裂纹,则应在裂纹的两端头钻止裂孔,然后再铲挖成坡口,坡口的宽度要便于焊接操作。热焊时,由于熔化的铁水较多,冷却又很缓慢,因此需要在被焊部位制型,如同铸造的砂模一样,使熔化金属在焊接和缓冷时能保持一定的形状,所以热焊一般只能在平焊位置进行。

(2)铸铁热焊的焊前预热是最重要的工序。当预热温度在 600～650℃时,焊后熔合区一般不会出现白口和淬硬现象。预热时尽量缓慢和均匀,避免因热应力引起的开裂。在焊接时,除焊接的部位外,其余部分均应用石棉和铁皮遮盖起来,以减少热量的散发,同时也可减轻焊工受高温的烘烤。热焊不能将焊件置于通风场所进行,焊后对焊件和焊口应有保温措施,让其缓慢冷却,从而获得良好的焊接质量。

(3)若在焊前铸铁的预热温度不超过 400℃,这种铸铁的焊接方法就称为半热焊。半热焊的操作工艺与热焊基本相同,只是预热温度较低。由于预热温度低,在焊接时可不制型和不采用夹具。半热焊对于基体质量较好又较简单的铸件,只要操作得当,能获得较好的焊补接头;若操作和处理不当,有可能产生白口、裂纹等缺陷。

(四)灰口铸铁的冷焊

冷焊即不预热的焊接。冷焊是比较方便和经济的焊接方法。在防止产生白口和裂纹的问题上,热焊主要通过预热来防止,而冷焊是通过调整焊缝的化学成分来解决的。冷焊铸铁用的铸铁焊条在国内外研究较多,熔敷金属的化学成分可分为五种类型:

1.强氧化型钢芯铸铁焊条 采用低碳钢芯,在药皮中加入大量的大理石和赤铁矿等强氧化物质,目的是在焊接过程中将熔池内的碳和硅烧损,从而获得含碳、硅较少的低碳钢组织的焊缝,如 EZFe(Z100)。采用这种焊条,如果焊前预热,会使熔深增大、向焊缝中熔入的碳增多,使熔合区白口层的厚度增加,所以预热反而没有好处。用这种焊条焊接时,应采取小焊接电流,短段多层焊,以达到尽量减少母材熔入量的目的。强氧化型钢芯铸铁焊条只适于焊补质量要求不高、焊后不进行机械加工、对接头强度和致密性要求不高的焊件。

2.高钒铸铁焊条 这种焊条用 H08A 钢芯,在药皮中加了大量的钒铁制成的冷焊铸铁用焊条,如 EZV(Z116、Z117)。当焊缝金属具有足够的钒时,便能得到铁素体基体,并且碳与钒能够形成稳定的碳化物,防止碳与铁生成渗碳体(Fe_3C),从而有效地避免了产生白口和淬火组织,所生成的碳化钒呈弥散的细粒分布于铁素体基体中。所以这种焊缝的塑性和强度较高,抗裂性也好,其硬度与灰口铸铁相近,从而改善了机械加工性能。

这种焊条采用低氢型药皮,多用于焊接要求受力大的部位和焊补非加工面上的缺陷,尤其适于焊补球墨铸铁和高强度的铸铁。

采用这种焊条,为减少母材的熔入量,应使用细焊条、小电流、短弧及分段倒退的次序进行焊接。每段焊缝不得超过 30mm,焊后锤击以消除焊接应力。

3.强石墨化型焊条 这一类焊条即铸铁热焊时采用的焊条,如 EZC(Z208、H08 钢芯)、Z248(铸铁芯)焊条。在药皮中加入大量的石墨和硅铁,通过药皮向焊缝过渡碳和硅等强石墨化元素,使焊缝金属得到铸铁成分的组织。

为了保证焊缝金属的石墨化,消除或减少熔合区的白口层,焊接时必须有足够的热规范。一般采用大电流,低速焊、连续焊。因焊缝是铸铁,塑性较差,锤击对消除焊接应力效果不大,故焊后一般不锤击。

4.镍基铸铁焊条 镍基铸铁焊条是采用纯镍、镍铁及镍铜合金作为焊芯、外涂强石墨型药皮的铸铁焊条,如 EZNi-1(Z308)、EZNiFe-1(Z408)、EZNiCu-1(Z508)。

高温下镍基合金的焊缝金属以单相奥氏体组织存在。奥氏体熔解碳的能力很强,使碳全部熔于奥氏体而不能以渗碳体的形式析出,因而焊缝的塑性好,无白口及淬火组织。镍本身又是一种强促进石墨化元素,能使熔合区白口化的倾向降低。所以镍基焊条是冷焊铸铁的较好的一种焊条,多用于重要的加工面的焊补。

使用镍基铸铁焊条焊接速度不能过高,应断续地进行焊接,每焊一次焊缝长度不宜超过 50mm,焊完一层后用锤击消除焊接应力,待焊缝冷至不烫手时再焊第二层,这样做能保证焊补取得较好的效果。

5.铜基铸铁焊条 铜的强度与灰口铸铁相近,并且具有极好的承受塑性变形的能力。铜比铸铁的熔点低,焊接时焊条的熔化速度大于母材,可以减少母材熔化,使母材中的碳、硅、硫等元素较少地过渡到焊缝中去,对减少焊缝中的冷硬夹杂物,防止裂纹和白口的产生都有利。

铜是一种较弱的石墨化元素,对促进熔合区的石墨化也有一定作用。但是铜使电弧的稳定性变差,采用纯铜焊芯易产生气孔,所以在焊条中加入 15%～30%的铁,既改善了焊接性能,又节省了铜。

Z607 为紫铜芯外涂含有 50%的低碳铁粉的铜铁焊条;Z612 为铜包钢芯外涂钛钙型药皮的铜基铸铁焊条。

使用铜基铸铁焊条焊接时,应尽量减少母材的熔化,避免焊缝的硬度增加。在焊接时应采用小电流、短段、断续焊,焊条不作横向摆动,每段焊道长度不超过 30mm,焊后锤击消除焊接应力。

焊条电弧焊冷焊灰口铸铁除上述以外,在焊前应做好准备工作,彻底清理油污,焊补时裂纹两端应钻止裂孔,加工的坡口形状要保证便于焊补及减少母材熔化量。焊接时应注意焊接顺序,以降低焊接应力。

采用二氧化碳气体保护焊焊接灰口铸铁,使用的焊丝为H08Mn2Si,焊丝直径为$\phi0.8\sim1mm$,也称为细丝CO_2气体保护焊。采用小电流、低电压焊接,有利于减少母材熔深和降低焊接应力。目前在汽车、拖拉机修理行业中用于焊补,这种焊接方法得到了一定的应用。

二、铸铁件的焊补技术

(一)灰口铸铁件的冷焊补技术

冷焊就是指焊件在焊前不预热,焊接过程中也不辅助加热。因此,可以大大提高焊补生产率,降低焊补成本,改善劳动条件,减小焊件因预热时受热不均而产生的变形和焊件已加工面的氧化。但冷焊在焊补后因焊缝及热影响区的冷却速度都很大,极易形成白口组织。

目前冷焊方法有两种:一种是铸铁型焊缝电弧冷焊;另一种是非铸铁型焊缝电弧冷焊。

1. 铸铁型电弧冷焊 可使焊缝金属得到铸铁成分的组织,如使用Z248(铸铁芯)等强石墨化型焊条,焊缝为铸铁。铸铁型焊缝电弧冷焊存在很多局限性:焊缝强度低、塑性差,在焊补具有较大刚度的缺陷时易出现裂纹;焊缝为铸铁型,对冷却速度敏感,当缺陷面积较大($>8cm^2$)及缺陷深度较小($<7mm$)时,由于熔池体积小,降温快,焊缝易出现白口;由于在工艺上要求采用大直径焊条、大电流连续焊工艺,所以对薄壁件缺陷的焊补有一定的困难。

2. 非铸铁型电弧冷焊 针对铸铁型焊缝电弧冷焊存在的上述问题,可采用非铸铁型焊缝电弧冷焊,也称为异质焊缝电弧冷焊。其基本特点是获得的焊缝都不是铸铁成分,所以白口问题并不严重。目前异质焊缝冷焊焊条种类较多,如用普通低碳钢焊条、高钒铸铁焊条、纯镍铸铁焊条、镍铁铸铁焊条、铜铁铸铁焊条等。常用的铸铁焊条的牌号、性能、用途和适用方法等,见表3-19。

表 3-19　常用铸铁焊条简表

焊条名称	牌号	焊芯组成	药皮类型	焊缝金属	焊接电源	主要用途及适用的方法
氧化型钢芯铸铁焊条	EZFe (Z100)	低碳钢	氧化型	碳钢	交、直流	一般灰口铸铁件非加工面,一般用于冷焊法
铁粉型钢芯铸铁焊条	Z112Fe	低碳钢	钛钙铁粉型	碳钢	交、直流	一般灰口铸铁件非加工面,一般用于冷焊法
低碳钢焊条	E4303 (J422) E5015 (J506)等	低碳钢	钛钙型低氢型	碳钢	交、直流	一般灰口铸铁件加工面,一般用于冷焊法
高钒铸铁焊条	EZV (Z116) (Z117)	低碳钢	低氢型	高钒钢	交、直流,直流 (反接)	强度较高的灰口铸铁及球墨铸铁、可锻铸铁,可加工,一般用于冷焊法
钢芯石墨化铸铁焊条	EZC (Z208)	低碳钢	石墨型	灰口铸铁	交、直流	灰口铸铁。须预热至400℃以上,刚度较小可不预热;加工性差,易裂
钢芯球墨铸铁焊件	EZXQ (Z238)	低碳钢	石墨型	可成球墨铸铁	交、直流	球墨铸铁。须预热至500℃以上,焊后退火或正火后可以加工
钢芯石墨球化通用铸铁焊条	Z268	低碳钢	石墨型	球墨铸铁	交、直流	球墨铸铁、灰口铸铁及高强度灰口铸铁等,可采用不预热焊工艺及半热焊,薄壁件焊后可加工,补焊铸铁球化稳定,机械性能及抗裂性好

焊条名称	牌号	焊芯组成	药皮类型	焊缝金属	焊接电源	主要用途用适用的方法
铸铁芯铸铁焊条	Z248	灰口铸铁	石墨型	灰口铸铁	交、直流	灰口铸铁加工面及非加工面,可采用不预热焊工艺,刚度大时应预热
纯镍铸铁焊条	EZNi-1 (Z308)	纯镍	石墨型	镍	交、直流	重要灰口铸铁,可加工,如机床、气缸加工面,一般用于冷焊法
镍铁铸铁焊条	EZNiFe -1 (Z408)	镍铁合金	石墨型	镍铁合金	交、直流	球墨铸铁、高强度灰口铸铁、灰口铸铁、球墨铸铁与钢,可加工,一般用于冷焊法
铜镍铸铁焊条	EZNiCu -1 (Z508)	镍铜合金	石墨型	镍铜合金	交、直流	灰口铸铁,可加工,抗裂性及强度较差,一般用于冷焊法
铜铁铸铁焊条	Z607 Z612	紫铜铜芯铁皮或铜包钢芯	低氢型钛钙型	铜－铁混合物	直流交、直流	灰口铸铁,抗裂性好,加工性差,强度较低,常用于气缸等薄壁铸件非加工面,一般用于冷焊法

(1)非铸铁型电弧冷焊补技术的要点仍然是防止裂纹和白口及淬火组织的产生。其工艺要点是:尽量降低铸铁母材在焊缝中的熔合比,以降低铸铁中的碳、硫等进入到焊缝中的含量;尽量降低焊接应力,防止裂纹产生;尽量降低热影响区的宽度,从而降低白口及淬火组织。施焊技术要点是:"短段、断续、分散焊,较小电流熔深小,每段锤击消应力,退火焊道前段软"。若仍像焊接低碳钢那样,用较大电流连续焊进

行铸铁焊接,其结果不仅不能把原有缺陷修复好,而且越焊越出问题。

(2)灰口铸铁件非铸铁型焊缝电弧冷焊的具体工艺要点如下:

①焊前准备工作。开坡口前应在裂纹两端钻止裂孔($\phi 5 \sim 8mm$),以防在焊补过程中裂纹扩张。用扁铲、砂轮等将坡口加工成如图 3-6 或图 3-7 所示的坡口。焊前将坡口附近的油污清除干净,以避免焊缝产生气孔。除油方法可用气焊火焰分段加热,烧尽油污至不冒烟为止。为防止加热时引起裂纹,加热温度不宜超过 400℃。

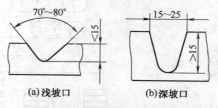

(a)浅坡口   (b)深坡口

图 3-6 非穿透缺陷的坡口

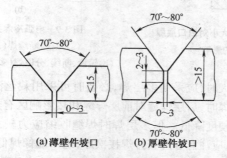

(a)薄壁件坡口   (b)厚壁件坡口

图 3-7 穿透缺陷的坡口

②采用合适的最小电流焊接。冷焊时电流的大小是关键,必须严格掌握。电流小,熔深就小,铸铁中的碳、硫等有害杂质可少进入焊缝,有利于提高焊缝质量。随着电流的减小,在焊接速度不变的情况下,减小了焊接的热输入量和焊接应力,使焊接接头出现裂纹的倾向减小,并且也减小了整个热影响区的宽度,进而减小了最易形成白口的半熔化区宽度,使白口层变薄,如图3-8所示。采用小电流,应配用小直径的焊条。

③采用短段焊、断续焊、分散焊及焊后锤击的方法,以降低焊接应力,防止裂纹产生。焊缝越长,焊缝承受的拉应力就越大。一般每次焊缝长度可在 10~40mm 范围内选取,薄壁取 10~20mm,厚壁取 30~40mm。焊后立即用带圆角的尖头小锤快速锤击焊接处,使焊缝表面出现麻坑,以松弛焊补区应力。并使工件冷却至不烫手(50~60℃)再焊下一道焊缝,如图 3-9 所示。

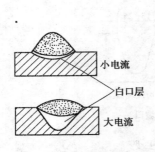

图 3-8 电流大小对白口层厚度的影响

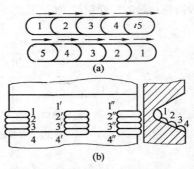

图 3-9 电弧冷焊操作方法
(a)短段、断续焊(1~2 层)
(b)短段、断续、分散焊(多层焊的第一层)

④坡口较大时,应采用多层焊,必要时可采用栽丝法,以提高接头强度。在多层焊时,后层焊缝对前层焊缝和热影响区有热处理作用,可使接头的平均硬度降低。但多层焊时焊缝收缩应力较大,易产生剥离性裂纹。因此,应注意合理安排焊接次序,绝不能像焊低碳钢那样采用宽运条、横跨坡口两侧的宽焊缝。图 3-10 为栽丝法示意图。

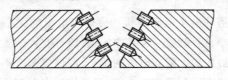

图 3-10 栽丝法示意图

⑤"退火焊道前段软"。在焊补加工面的线状缺陷时,如只焊一层,

由于焊道底部熔合区比较硬,可将第一层上部铲去一些再焊一层,能使先焊的一层底部受到退火作用变得软一些,以改善加工性。在焊补导轨等摩擦表面时,除将缺陷稍微加工深一些,使焊缝底部避开工作面外,还可利用这个方法使焊缝和母材交界处变软些,以提高补焊质量。上述方法即所谓"退火焊道前段软",如图3-11所示。

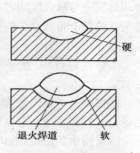

图3-11 "退火焊道前段软"

(二)灰口铸铁件的热焊补技术

1.技术要求 灰口铸铁的电弧热焊补按照焊前预热的温度分为热焊(预热温度为600～700℃)和半热焊(预热温度为400℃左右)。用热焊法焊接时,因焊接冷却缓慢,温度分布均匀,有利于消除白口组织,减小焊接应力,防止裂纹。但热焊成本高,工艺复杂,生产周期长,而且焊接劳动条件差。因此,一般用于焊补被四周刚性大的部位固定、焊接时不能自由收缩、用冷焊法会造成裂纹的工件。

2.热焊法使用焊条 可按不同的铸铁材料,不同的切削加工要求以及修补件的重要与否,分别选用EZC(Z208)、Z248等牌号的石墨型铸铁焊条(参见表3-19)。

3.灰铸铁件电弧热焊补工艺要点

(1)焊前准备。焊补前将铸件缺陷部位的铁渣、熔渣、油脂及残留的型砂等清除至显出金属光泽。根据缺陷的性质,采用钻孔、錾空等方法在缺陷处修制必要的坡口。为保证焊后的几何形状,不使熔融金属外流,可在铸件待焊处简单造型。

(2)焊补前的预热。热焊法的关键是正确选择预热部位、控制预热温度及冷却速度,并控制预热时的加热速度。预热温度最好控制在600～700℃之间。补焊刚度较小、能自由胀缩部位的短裂纹和断裂处,可不必专门预热,利用电弧开坡口的热量使坡口附近升温到400℃左右即可;当铸件较厚或缺陷较大时,应预热至400℃左右进行半热焊;在热焊时,若灰铸铁件不大,可以整体预热到550～650℃。铸件尺寸较大,如果能选择出减应区则应将减应区预先加热或同时加热,使焊补区在冷却过程中与减应区同时自由收缩。如果不易选定减应区,则可对缺陷所在的整个角或半个铸件,加热至550~650℃。

(3)热焊工艺:

①焊接时,最好在平焊位置,要始终保持工件温度范围在400~500℃。

②焊接时应采用较大的电流。焊接电流可按焊条直径的40~50倍选用。在焊补边角部位的缺陷及穿透缺陷时,电流应适当减小。

③采用中弧焊接。由于焊条药皮中的石墨是高熔点物质,短弧焊时药皮不能充分熔化,冶金反应也不充分,起不到石墨化的作用,会形成白口。因此,应采用中弧焊。对于 ϕ4mm 的焊条,电弧长度 4mm 较好,ϕ5mm 的焊条弧长可控制在 4~6mm。总之,电弧长度不可过长,以免石墨元素大量烧损。

④热焊时,为保持预热温度,应以最高的速度完成焊补。每条焊缝应一次焊成。焊缝尺寸大时,可轮流操作,保证焊接连续进行,直至完全填满为止。更换焊条动作要迅速,避免熔池过快冷却。如进行间断焊,应彻底清除接头处残留的石墨及熔渣等污物后再进行续焊。为保证焊缝相接处充分熔透,焊条运走到接头处要延长停留时间。由于焊缝是铸铁,塑性很差,所以一般不应锤击。

⑤在焊接中,为减少热量损失,并使操作者不受高温辐射,除焊接部位留在外面,其余部分均应用石棉板或其他隔热材料盖上。同时,注意不要在有穿堂风的地方进行焊接。

⑥焊后焊件应放在稻草灰或石棉灰中缓冷,厚大焊件可放在炉内加温后随炉冷却。为消除焊接内应力,焊后应进行退火处理。

(三)球墨铸铁件的焊补技术

球墨铸铁的电弧焊采用同质和异质焊条。焊缝为球墨铸铁,同质焊条是指 EZCQ(Z238)、Z268 等,异质焊条则采用镍铁焊条 EZNiFe-1(Z408)和高钒焊条 EZV(Z116、Z117)。若球墨铸铁应用于较重要的零、部件,在采用同质焊条电弧焊时,应保证焊缝铸铁球化稳定,强度及塑性等力学性能达到规定指标,并应尽量降低白口倾向,提高抗裂性。

(1)采用 EZCQ(Z238)焊条电弧热焊。Z238 焊条采用低碳钢焊芯,药皮中加入石墨化剂和球化剂,在一定工艺条件下焊缝中的石墨可成为球状,从而获得较好力学性能的铸铁焊缝。由于球化元素增加白口倾向,为避免白口,应进行 400～700℃ 预热。施焊时由于电弧温度较高,使球化元素氧化、蒸发严重,给焊缝的稳定球化带来困难,即使焊缝实现了球化,力学性能也难以保证达到球墨铸铁的指标。

(2)采用石墨球化通用铸铁焊条 Z268 焊补。这种焊条采用低碳钢芯,除在药皮中加入石墨化剂及球化剂外,还加入较多的脱氧元素和孕育剂,对水分、空气、铁锈等不敏感,球化稳定性很高,白口倾向较低。焊后状态渗碳体较少、铁素体较多,具有一定的塑性,因而抗裂性有所提高。刚度不大的部位可以采用不预热焊接工艺,但刚度很大的部位则应进行预热或采用加热减应区法。

(3)采用镍铁焊条 EZNiFe-1(Z408)或高钒焊条 EZV(Z116、Z117)电弧冷焊补。镍铁焊条是一种通用性很强的焊条,焊缝金属为镍铁合金,在焊补球墨铸铁时熔合区也产生白口,焊缝产生剥离、裂缝的倾向也较大,因此应采用严格的电弧冷焊工艺。采用镍铁焊条只能补焊要求不高的球墨铸铁或球墨铸铁件不重要的部位。采用高钒焊条焊补后切削性稍差。采用镍铁焊条和高钒焊条,虽然焊缝金属的强度比母材低些,但总的说来焊接接头性能仍比较高(如 Z408 冷焊 QT60-2 时,焊接接头抗拉强度为 441～490MPa,延伸率为 1%～3%),焊补球墨铸铁是可以的。通常 EZNiFe-1(Z408)用于加工面的焊补,EZV(Z116、Z117)用于非加工面的焊补。

球墨铸铁毛坯件应先进行热处理,消除铸造应力以后再进行焊接,可以降低焊接裂纹倾向。由于电弧冷焊工艺本身能消除焊接残余应力,所以焊后不必再进行消除应力退火。

(四)铸钢件焊补技术

同等成分的铸钢件与轧制的板材或型材相比较,具有晶粒粗大、微观组织缺陷较多的特点。此外,由于焊补件的结构较复杂,壁厚不均,刚性也较大,焊补时会形成较大的焊接应力。如果措施不当,容易在焊

接热影响区产生裂纹,所以对于铸钢件的焊补应谨慎从事。铸钢件的焊补应注意的问题如下:

(1)铸钢件的焊补,多用于使用中的机件修补焊和堆焊。因此,施焊前应将机件表面的油污、锈蚀、氧化皮和其他污物清除干净。如遇裂纹,应先将工件的表面裂纹用砂轮打磨掉再进行焊补。

(2)对于高强度碳钢和低合金钢铸件,由于母材含碳量和合金元素含量较多,热影响区有明显的淬硬倾向,焊接裂纹敏感性高。焊补前应计算碳当量,确定合适的预热温度。预热并在施焊时保持相同的层间温度,有助于焊缝中的氢向外扩散,减少焊缝中的扩散氢含量。焊后热处理可以达到消除应力、改善组织的效果。焊后热处理的规范主要依据机件本身化学成分来确定。

(3)焊条电弧焊焊补铸钢件,应选用低氢焊条,并注意焊条的烘干和保管,以防延迟裂纹的产生。采用二氧化碳气体保护焊焊补铸钢件是一种减少扩散氢、保证焊接质量的有效方法。

(4)对不锈钢铸钢件的焊补,应特别注意热影响区耐腐蚀性降低的问题。热影响区沿晶界析出的碳化铬,在晶界处形成贫铬层,是造成局部耐腐蚀性降低的原因。晶间碳化物的析出程度与在临界敏感温度区停留的时间长短有关。因此,不锈钢铸钢件焊补时,不要预热,应采用小的焊接线能量。如在焊后对铸钢件进行固溶处理,可以有效地提高抗晶间腐蚀的能力。

第三节　常用有色金属的焊条电弧焊

一、铜和铜合金的焊接

(一)铜和铜合金的焊接性

铜及铜合金的焊接性较差,在焊接时容易出现以下问题:

1.难熔合　由于铜及铜合金具有高的导热性,大量的热量被传导出去,使母材难以局部熔化,因此必须采用功率大、热量集中的热源,并在焊前必须对焊件预热才能进行焊接。

2.流动性大 熔化了的铜液具有很好的流动性,一般只能在平焊位置施焊。若要在其他空间位置单侧对焊,必须加垫板,才能保证焊透和获得良好的成形。

3.易变形 由于铜的热膨胀系数大,冷却下来时,焊缝要产生很大的收缩,因此必然要产生很大的变形。当采用强制防变形措施时,会造成很大的焊接应力,容易出现裂纹。

4.易氧化 铜在液态时易氧化生成氧化亚铜,溶解在铜液中。结晶时,生成熔点较低的共晶体,存在于铜的晶粒边界上,使塑性降低,并往往使接头的强度、导电性、耐腐蚀性低于母材。

5.易开裂 铜和铜合金在焊接时,由于很大的焊接应力及氧化生成低熔点的共晶体存在于晶粒边界,容易开裂。若含有铅、铋、硫等有害杂质时,形成裂纹的危险性则更大。

6.易产生气孔 在液态铜中氢的溶解度很大,凝固后溶解度又降低。焊接时焊缝冷却很快,过剩的氢来不及逸出,则形成氢气孔。另外,高温时的氧化亚铜与氢、一氧化碳反应生成的水蒸气和二氧化碳,若凝固前不能全部逸出,则形成气孔。

(二)铜和铜合金的焊接工艺

铜和铜合金的焊接方法有气焊、碳弧焊、焊条电弧焊和手工钨极氩弧焊等。其中紫铜和黄铜是比较难焊的材料,一般不采用焊条电弧焊的焊接方法。锡青铜、铝青铜可采用焊条电弧焊。若采用氩弧焊,不仅使焊接质量得到保证,而且焊接的生产率很高。因此,铜和铜合金的焊接在大批量生产时不推荐用焊条电弧焊,只有小批量,无法用其他方法焊接时才考虑采用焊条电弧焊。

1.焊条的选择 焊条电弧焊焊接铜和铜合金的焊条有紫铜(纯铜)焊条(ECu)、锡青铜焊条(ECuSn-B)和铝青铜焊条(ECuAl-C)等。铜和铜合金焊条的型号和熔敷金属的化学成分见表3-20。上述焊条均属碱性低氢型,使用直流焊接电源,并采用直流反接。

表 3-20　铜及铜合金焊条的型号和熔敷金属的化学成分　（%）

型号	Cu	Sn	Si	Mn	P	Pb	Al	Fe	Ni	Zn	其他元素总量
ECu	余量	—	<0.1	<0.1	*	<0.02	<0.01	*	*	*	<0.5
ECuSi	余量	—	2.4~4.0	<0.3	*	<0.02	*	*	*	*	<0.5
ECuSn-A	余量	5.0~7.0	*	*	<0.3	<0.02	*	*	*	*	<0.5
ECuSn-B	余量	7.0~9.0	*	*	<0.30	<0.02	*	*	*	*	<0.5
ECuAl	余量	—	<1.0	<2.0	*	<0.02	7.0~9.0	<1.5	<0.5	*	<0.5
ECuMn-Al	余量	—	<0.4	9.0~12.0	*	<0.02	5.5~7.5	2.5~4.0	1.8~2.5	*	<0.5

注：* 表示其他元素总量应包括这些元素。

　　紫铜(纯铜)焊条不宜焊接含氧铜和电解铜。焊接紫铜时,一般要求在 400～500℃ 之间预热。锡青铜焊条用于焊接紫铜、黄铜、锡青铜等材料及铸铁焊补,焊接锡青铜时预热 150～250℃,焊接紫铜时预热 450℃。铝青铜焊条用于铝青铜及其他铜合金的焊接,铝锰青铜焊条用于铜合金与钢的焊接及铸铁的补焊。

　　铜和铜合金焊条的选用和预热、层间温度和焊后热处理见表 3-21。

表 3-21　铜和铜合金焊条的选用和预热、层间温度和焊后热处理

类　别	焊条型号(牌号)	预热、层间温度和焊后热处理
纯铜	ECu(T107) ECuSi-B(T207) ECuSn-B(T227) ECuAl-C(T237)	预热 400～500℃
黄铜	ECuSn-B(T227) ECuAl-C(T237)	预热 200～300℃,焊接性较差,一般不宜采用焊条电弧焊工艺

续表 3-21

类　别	焊条型号(牌号)	预热、层间温度和焊后热处理
锡青铜	ECuSn-B(T227)	预热 150～200℃,焊后 480℃后快冷
铝青铜	ECuAl-C(T237)	含铝量＜7%,预热温度＜200℃,含铝量＞7%,预热温度＜620℃;当板厚 δ＜3mm 时,不预热;焊后可根据焊件、结构大小进行 620℃退火,消除应力
硅青铜	ECuSi-B(T207)	不预热,层间温度＜100℃,焊后锤击焊缝消除应力
白铜	ECuAl-C(T237)	不预热,层间温度＜70℃

2.焊接工艺措施　焊条电弧焊焊接铜和铜合金时,应严格控制氧、氢的来源,焊接应仔细清除待焊处的油、污、锈、垢。采取焊前预热措施。当焊件厚度不超过 4mm 时,可不开坡口;当焊件厚度为 5～10mm 时,可开单面 V 形和 U 形坡口;如果采用垫板,可获得单面焊双面成形的焊缝;若焊件厚度大于 10mm,应开双面坡口,并提高预热温度。焊接时,应采直流反接,大规范、短弧焊、焊条一般不做横向摆动,在焊接中断或更换焊条后续焊时动作要快,焊条的操作角度基本上与焊接碳钢相同。较长的焊缝,应尽量有较多的定位焊缝,并且应用分段退焊法焊接,以减小焊接应力和变形。多层焊时应彻底清除层间熔渣,避免夹渣产生。焊接结束后,应采取锤击或热处理的方法,消除焊接应力,改善接头的组织和性能。由于铜液的流动性好,所以应尽量采用平焊的位置进行焊接。

3.异种铜及铜合金的焊接　异种铜及铜合金焊接时,焊条应按以下原则选用:

(1)结构的使用条件,如导电结构,焊缝的导电性能要大于或等于母材;若承力结构,焊缝的综合力学性能不能低于母材。

(2)焊接工艺的难易程度及耐腐蚀性、耐磨性等要求。

(3)焊条的成本。

异种铜及铜合金焊接焊条的选择见表 3-22。

表 3-22　异种铜及铜合金焊接时焊条的选择

	纯铜	黄铜	硅青铜	锡青铜	铝青铜	镍青铜
纯铜	ECu (T107) ECuSi-B (T207)	ECuSi-B (T207) ECuSn-B (T227)	ECu (T107) ECuSi-B (T207)	ECu (T107) ECuSn-B (T227)	ECuSi-B (T207) ECuNi-B (T307)	ECuNi-B (T307) ECu (T107)
黄铜	—	ECuSi-B (T207) ECuAl-C (T237) ECuSn-B (T227)	ECuSi-B (T207) ECuSn-B (T227)	ECuSn-B (T227) ECuAl-C (T237)	ECuSi-B (T207) ECuSn-B (T227) ECuAl-C (T237)	ECuNi-B (T307) ECuAl-C (T237)
硅青铜	—	—	ECuSi-B (T207)	ECuSi-B (T207) ECuSn-B (T227)	ECuSi-B (T207) ECuAl-C (T237)	ECuSi-B (T207) ECuNi-B (T307)
锡青铜	—	—	—	ECuSn-B (T227)	ECuAl-C (T237) ECuSn-B (T227)	ECuSn-B (T227) ECuNi-B (T307)
铝青铜	—	—	—	—	ECuAl-C (T237)	ECuSi-B (T207) ECuNi-B (T307)
镍青铜	—	—	—	—	—	ECuNi-B (T307)

二、铝和铝合金的焊接

(一)铝和铝合金的焊接性

铝及铝合金指纯铝、防锈铝合金和普通的铸造铝合金。铝及铝合金的焊接性较差,只有正确选用焊接材料和焊接工艺,才能获得性能满足使用要求的焊接产品。铝的焊接方法,通常采用的有气焊、碳弧焊、氩弧焊等,焊条电弧焊的焊接接头质量较低,仅用来焊接一些质量要求不高的产品及铸件的补焊等。铝及铝合金在焊接时容易出现以下问题:

1.极易氧化 铝不论是固态或液态都极易氧化,生成三氧化二铝(Al_2O_3)薄膜。氧化膜熔点很高,为 2050℃,而铝的熔点仅为 658℃。Al_2O_3 具有很高的电阻,在电弧焊中,相当于电弧与工件之间有一层绝缘层,使电弧燃烧不稳定。氧化膜妨碍焊接过程的顺利进行,而且氧化铝的密度大于铝,因此造成焊缝夹渣和成形不良。

2.熔化时无颜色变化 铝从固体到液体的升温过程中没有颜色变化,温度稍高就会造成金属塌陷和熔池烧穿。再者,由于高熔点的氧化膜覆盖在熔池表面,给观察母材的熔化、熔合情况带来困难。这样就增加了焊接工艺上控制温度的难度,稍不注意,整个接头就会塌落,所以铝的焊接比钢材焊接要困难得多。

3.易变形 由于铝的导热系数是铁的2倍,凝固时的收缩率比铁大2倍,所以铝焊件变形大,如果措施不当就会产生裂纹;并且在焊接时,因导热性好,需要较大的焊接热量才能熔化接头。因此,一般要求对焊件预热,并采用强规范,由此也恶化了焊接工艺条件。

4.易产生气孔 铝及铝合金在焊接时,在空气中马上氧化生成Al_2O_3,不但阻碍金属熔合,还会吸收一定的水分。焊丝表面和母材表面氧化膜吸收的水分,在电弧作用下分解出来的氢被液态金属铝吸收。此外,焊条药皮中的潮气、空气中的水分也都是氢的来源。铝合金的一个特征是,氢在液态金属中的溶解度随温度变化的幅度大,又由于铝导热性能好,焊缝凝固快,因此来不及逸出的氢气便形成很多气孔。铝的纯度愈高,产生气孔的倾向就愈大。

5.易开裂 铝合金的凝固不是在某一温度下进行,而是在一温度区间进行。在开始凝固时温度较高,焊缝呈液-固状态,液态金属比较多,此时的收缩量可由未凝固的液态金属补充;在最后凝固之前,焊缝呈固-液状态,液态金属已很少,以间层状存在,由于此时温度处于凝固温度区间的下限,已产生很大的收缩,这样就会在液态的层间处拉开,若无液体补充,便形成裂纹。一般说,纯铝不易产生凝固裂纹,防锈铝合金裂纹倾向也很小,但硬铝、超硬铝等经热处理强化的铝合金的热裂纹倾向较大。

(二)铝和铝合金的焊接工艺

铝和铝合金焊条电弧焊比较困难,对焊工的熟练程度要求较高,主要用在纯铝、铝锰、铸铝和部分铝镁合金结构的焊接和补焊。在焊接时采取的主要工艺措施有:

1. 加强焊前清理 焊前清理可以用化学和机械两种方法,清理完的待焊处必须在 8h 内焊完,否则焊前仍需重复清理待焊处。

(1)首先在去除氧化膜前,将待焊处坡口及两侧各 30mm 内的油污用汽油、丙酮、醋酸乙酯或四氯化碳等溶剂进行清洗。去除氧化膜主要采用化学清洗的方法。首先在温度为 40~50℃ 的 NaOH 溶液(NaOH 为 6%~10%)中冲洗,纯铝冲洗时间为 10~20min,铝合金为 5~7min。碱洗后用冷水冲洗 2min,然后在室温条件下用 HNO_3 溶液(HNO_3 为 30%)冲洗 2~3min。最后再用冷水冲洗 2~3min。化学清洗后应对待焊处进行烘干处理,烘干温度为 100~150℃,或进行风干。

(2)对于尺寸较大、不易用化学清洗的焊件或化学清洗后又被局部沾污的焊件可以采用机械清理的方法。一般用丝径≤0.3mm 的不锈钢钢丝轮或刮刀将待焊处表面清理,达到去除氧化膜的目的。

2. 焊条的选用 焊条电弧焊焊纯铝和铝合金时,焊条选用的原则是根据母材、焊件工作条件和对力学性能的要求而定。铝和铝合金焊条可分为纯铝焊条、铝硅焊条和铝锰焊条,纯铝焊条主要用来焊接接头性能要求不高的铝合金,铝硅焊条的焊缝有较高的抗裂性,铝锰焊条有较好的耐蚀性。铝和铝合金焊条电弧焊的焊条选用,见表 3-23。

表 3-23   铝和铝合金焊条电弧焊用焊条

牌　号	型　号	焊芯成分（%）			焊接接头抗拉强度（MPa）	用　途
		$w(Al)$	$w(Si)$	$w(Mn)$		
L109	TAl	约99.5	≤0.5	≤0.05	≥64	焊接纯铝及接头强度要求不高的铝合金
L209	TAlSi	余量	4.5~6	≤0.05	≥118	焊接纯铝及铝合金,不适用铝镁合金的焊接
L309	TAlMn	余量	≤0.5	1~1.5	≥118	焊接纯铝及铝合金

注:w 表示质量分数。

3.焊接工艺措施   焊条电弧焊焊接铝和铝合金采用直流反接电流,即焊条接直流电源正极,并采用短弧快速施焊,焊接速度是焊钢时的 2~3 倍。焊条在焊前应 150~160℃烘焙 2h,采用大电流焊接,并对焊件进行预热,待焊处预热温度为 100~300℃,以改善气体的逸出条件。在装配和焊接时,不应使焊缝经受很大的刚性拘束,采用分段焊法等措施。在焊缝背面增加衬垫并合理地选择坡口、钝边的大小,合理地选择线能量。

4.焊后清洗   由于铝和铝合金焊条药皮为盐基型,对铝有腐蚀性,所以焊后仍要对焊接接头进行清洗。对于一般焊件,在 60~80℃的热水中用硬毛刷在焊缝的正反面进行仔细清洗;对于重要的焊接结构,热水清洗后,在 60~80℃的体积分数为 2%~3%的稀铬酸水溶液中浸洗5~10min,再用热水冲洗并干燥,或在体积分数为 10%的 15~20℃的硝酸溶液中浸洗 10~20min,再用冷水冲洗并干燥。

三、镍和镍合金的焊接

(一)可焊的镍及镍合金种类

1.纯镍   主要用来制造耐腐蚀件,如机械和化工设备中的耐腐蚀件、医疗器械、食品工业用器皿和电气器件等。

2.镍-铜合金   镍-铜合金常称为蒙乃尔合金,具有优良的抗海水腐蚀性能,对含有氯离子的介质及某些酸、碱都有良好的耐腐蚀性能。含有铝、钛的镍-铜合金强度较高。

3.镍-铬合金 这种合金含铬量一般在20%以下,常称为因康镍合金,具有良好的抗纯水腐蚀性能,化学工业及核电站中常用这些材料。在镍-铬合金中,加入钼、钨、铝、钛等元素又形成很多高温合金。

4.镍-钼合金 这种合金一般含钼15%～30%,尚有少量铁、铝等元素,具有良好的抗腐蚀性能和抗氧化性能。这种合金又称为哈斯特洛依合金。

目前已列入标准的镍及镍合金的化学成分详见表3-24。

表3-24 镍和镍合金的化学成分(GB 5235—1985) （%）

组别	代号	主要化学成分					杂质总和
		Ni＋Co	Cu	Si	Mn	其他	
纯镍	N2	≥99.98	—	—	—	—	≤0.02
	N4	≥99.9	—	—	—	—	≤0.1
	N6	≥99.5	—	—	—	—	≤0.5
	N8	≥99.0	—	—	—	—	≤1.0
	DN（电真空镍）	≥99.35	—	0.02～0.10	—	C:0.02～0.10 Mg:0.02～0.10	≤0.35
阳极镍	NY1	≥99.7	—	—	—	—	≤0.3
	NY2	≥99.4	0.01～0.1	—	—	O:0.03～0.3 S:0.002～0.01	≤0.6
	NY3	≥99.0	—	—	—	—	≤1.0
镍锰合金	NMn3	余量	—	—	2.3～3.3	—	≤1.5
	NMn5	余量	—	—	4.6～5.4	—	≤2.0
镍铜合金	NCu40-2-1	余量	38～42	—	1.25～2.25	Fe:0.2～1.0	≤0.6
	NCu28-2.5-1.5	余量	27～29	—	1.2～1.8	Fe:2.0～3.0	≤0.6

(二)镍及镍合金的焊接性

纯镍及强度较低的镍合金的焊接性良好,相当于铬-镍奥氏体不锈钢。但焊缝金属的热裂纹和气孔及焊接热影响区有晶粒长大倾向,这是镍及镍合金焊接中存在的主要问题。

1.热裂纹 镍及镍合金焊接时,由于S(硫)、Si(硅)等杂质在焊缝金属中偏析,S和Ni形成低熔点共晶。焊缝金属凝固过程中,低熔点共晶在晶界间形成一层液态薄膜,在焊接应力的作用下形成所谓凝固裂纹。Si在焊接过程中和氧等形成复杂的硅酸盐,在晶界间形成一层脆的硅酸盐薄膜,在焊缝金属凝固过程中或凝固后的高温区,形成高温低塑性裂纹。因而,S、Si是镍及镍合金焊缝金属中最有害的元素。

防止热裂纹产生的措施:首先应尽量降低焊缝金属中S、Si等杂质的含量,焊前坡口区域、焊丝等都要严格清理,严格控制母材中杂质的含量;其次还应向焊缝金属中添加适量的Mn、Nb、Mo、Mg、Ti等元素,以抵消S、Si等杂质的有害作用。再者,采用小线能量焊接是非常必要的,焊前不预热,层间温度应尽量低。焊条电弧焊选用低氢焊条。

2.气孔 焊接镍及镍合金时,气孔是个较难解决的问题,特别是焊接纯镍和镍-铜合金时更为严重。这是由于液态镍和镍合金焊缝金属黏度比较大,张力也较大,使气体上浮逸出比较困难,因此出现气孔的机会就比较多。镍合金焊缝金属的气孔有H_2O(水)气孔、氢气孔和一氧化碳气孔,而以H_2O气孔为主。由于液态镍能溶解大量的氧,凝固时氧的溶解度大幅度减小,使凝固过程中过剩的氧将镍氧化成氧化亚镍(NiO)。氧化亚镍和液态金属中的氢发生反应,镍被还原,而氢和氧结合成H_2O。H_2O来不及逸出,又因熔合线处及收弧、引弧处冷却快,在该处引起气孔。

解决气孔问题的方法如下:

首先,通过焊条或焊丝向焊缝金属过渡脱氧剂,如钛、铝、锰等,降低焊缝金属的含氧量,防止形成氧化亚镍(NiO)。焊条电弧焊采用碱性低氢焊条,以减少焊缝金属中氢、氧的含量。焊条要充分烘干,采用直流反接,用短弧焊。焊接镍-铜合金时,应使用引入板和引出板。

其次,焊件、焊丝在焊前应严格清理,清除焊件表面的氧化膜、油脂、油污、涂层及颜料等。

3.焊接热影响区有晶粒长大的倾向　镍和镍合金均为单相合金，有晶粒长大倾向，又由于这类合金导热性差，焊接热不易散出，容易过热，造成晶粒粗大，使晶间夹层增厚，减弱了晶间结合力，使焊缝和热影响区的塑性、抗腐蚀性能降低，并使焊缝金属的液、固相存在的时间加长，进而增强了热裂纹的形成。

防止晶粒长大的措施：采用小的线能量进行焊接，电流要小，焊接要快，焊条不做横向摆动，不预热，层间温度应尽量低，焊后可进行强制冷却。

(三)镍和镍合金的焊接工艺

镍和镍合金的焊接方法常用的有焊条电弧焊、埋弧自动焊、钨极氩弧焊和等离子焊等。采用焊条电弧焊采取的工艺措施有：

1.焊条的选用　焊条电弧焊焊接纯镍时，用 Ni112 焊条；焊接镍-铬合金时用 Ni307 焊条，在焊缝金属中含有 2%～6% 的钼，用来防止裂纹的产生；有些电炉丝为 Cr20Ni80 或 Cr15Ni60Fe 合金制成，可采用 Ni307 焊条，也可用 A407 和 A607 焊条焊接。焊条电弧焊焊接镍和镍合金焊条的特点及用途见表 3-25。

表 3-25　镍和镍合金焊条的主要特点及用途

牌　号	标准型号 GB/T 13814—1992 (AWS A5.11)DIN 1736	主要特点及用途
Ni102	ENi-0	钛钙型药皮纯镍焊条。熔合性、抗裂性、力学性能及耐热、耐蚀性能较好，交、直流两用，直流反接。用于镍基合金和双金属的焊接，也可作为异种金属焊接的过渡层焊条
Ni112	ENi-1	低氢型药皮含钛纯镍焊条。抗裂、抗气孔良好。直流反接。用于纯镍焊接，或作为铜镍合金堆焊的过渡层焊接
Ni202	ENiCu-7	钛钙型药皮镍铜合金焊条。焊接工艺性及抗裂性能良好。交、直流两用，直流反接。用于镍铜合金与异种钢焊接，也可作为过渡层堆焊焊条

牌　号	标准型号 GB/T 13814—1992 （AWS A5.11)DIN 1736	主要特点及用途
Ni207	ENiCu-7	低氢型药皮镍铜合金焊条。焊接工艺性及抗裂性能良好。交、直流两用，直流反接。用于镍铜合金与异种钢焊接，也可作为过渡层堆焊焊条
Ni307	ENiCrMo-0	低氢型药皮镍铬钼耐热合金焊条。抗裂性能良好。直流反接。用于有耐热、耐蚀要求的镍基合金焊接，也可用于一些难焊合金、异种钢的焊接及堆焊
Ni317	—	低氢型药皮镍铬钼耐热合金焊条。抗裂性能良好。直流反接。用于镍基合金、铬镍奥氏体钢及异种钢的焊接
Ni327	ENiCrMo-0	低氢型药皮镍铬钼耐热、耐蚀合金焊条。抗裂性能良好。直流反接。用于有耐热、耐蚀要求的镍基合金焊接，也可用于一些难焊合金、异种钢的焊接及堆焊
Ni337	—	低氢型药皮镍铬钼耐热、耐蚀合金焊条。抗裂性、耐磨、耐蚀性能及焊接工艺性能良好。直流反接。用于核容器密封面堆焊及塔内构件焊接，或复合钢、异种钢及同类型镍基合金的焊接
Ni347	ENiCrFe-0	低氢型药皮镍铬铁耐热、耐蚀合金焊条。抗裂性、耐磨、耐蚀性能良好。直流反接。可全位置焊接。用于核电站稳压器、蒸发器管板接头的焊接，或复合钢、异种钢以及相同类型镍基合金的焊接

牌 号	标准型号 GB/T 13814—1992 (AWS A5.11)DIN 1736	主要特点及用途
Ni357	ENiCrFe-2	低氢型药皮镍铬铁合金焊条。因含有适量的铁、锰、钼和铌,故抗裂性能良好。直流反接。用于耐热、耐蚀要求的镍铬铁合金的焊接,也可用于异种钢焊接或过渡层焊接及堆焊
Ni307B	ENiCrFe-3	低氢型药皮镍铬铁耐热合金焊条。抗裂性能良好。直流反接。用于耐热、耐蚀要求的镍基合金、异种钢焊接或耐蚀堆焊

2.焊接工艺措施　焊条电弧焊焊接镍和镍合金时,为获得优质的焊接接头,焊前必须对焊件及焊丝进行清理,去除表面油污和氧化膜。清除的办法可用机械加工和化学方法。一般采用机械加工方法即可,但在高温加热或长时间存放后,表面的氧化膜必须采用化学清洗的方法。清洗方法见表 3-26。

表 3-26　纯镍的化学清洗

酸　　洗			冲洗	中　　和			冲洗	干燥
溶液 (质量比)	温度 (℃)	时间 (min)		溶液 (%)	温度 (℃)	时间 (min)		
$H_2O:H_2SO_4$: $HNO_3=1$: 1.25:2.25	20~40	5~20	清水	$Ca(OH)_2$ 5~8	40~50	1~3	清水	风干

　　焊条电弧焊焊接镍和镍合金,焊接电源采用直流反接,即焊条接电源正极,选用小电流、短弧和尽可能大的焊接速度,焊接电流可参照表3-27确定。运条时焊条一般不做横向摆动或横向摆动范围不超过焊条

直径的 2 倍。多层焊时要严格控制层间温度,一般应控制在 100℃ 以下。每一段焊缝接头应回焊一小段,然后沿焊接方向前进。为防止弧坑裂纹,断弧时要进行弧坑处理(将弧坑铲除或采用钩形收弧)。最终断弧时,一定要将弧坑填满或把弧坑引出。必要时应加引弧板或收弧板。

表 3-27　镍和镍合金焊接电流

焊条直径(mm)	2.5	3.2	4.0	5
焊接电流(A)	50～70	80～120	105～140	140～170

第四章　焊条电弧焊的基本操作技术

第一节　引弧和收弧

一、引弧

引弧即产生电弧。焊条电弧焊采用低电压、大电流放电产生电弧，引弧是依靠电焊条瞬时接触工件即焊条端部与焊件表面接触形成短路实现的。引弧的方法有两种：碰击法和擦划法，如图4-1所示。

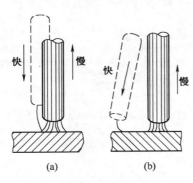

图 4-1　引弧方法

(a)碰击法　(b)擦划法

（一）碰击法

碰击法即将焊条与工件保持一定距离，然后垂直落下，使之轻轻敲击工件，发生短路，再迅速将焊条提起、产生电弧的引弧方法。

碰击法引弧时，要将焊条末端对准待焊处，轻轻敲击后将焊条提起，使弧长为 0.5～1 倍的焊条直径，然后开始正常焊接。碰击法的特点是：引弧点即焊缝的起点，从而避免母材表面被焊条划伤。碰击法主要用于薄板的定位及焊接、不锈钢板的焊接、铸铁的焊接和狭小工作表面的焊接。但碰击法对于初学者较难掌握，焊条提起动作太快并且过高，电弧易熄灭；动作太慢，会使焊条粘在工件上，当焊条一旦粘在工件上时，应迅速将焊条左右摆动，使之分离，若仍不能分离时，应立即松开焊钳并切断电源，以防短路时间过长而损坏电焊机。碰击法适用于全位置焊接。

(二)擦划法

擦划法也称线接触法或称摩擦法。擦划法是将焊条末端在坡口上滑动,成一条线,当焊条端部接触时发生短路,因接触面很小,温度急剧上升,在熔化前,将焊条提起,产生电弧的引弧方法。

擦划法引弧时,焊条末端应对准待焊处,然后用手腕扭转,使焊条在焊件上轻微划动,划动长度一般在 20～25mm,当电弧引燃后的瞬间,使弧长为 0.5~1 倍的焊条直径,并迅速将焊条端部移至待焊处,稍作横向摆动即可。擦划法的特点是:初学者容易掌握,但如果掌握不当,容易损坏焊件表面,造成焊件表面电弧划伤。擦划法不适于在狭小的工作面上引弧,主要用于碳钢焊接、厚板焊接,多层焊焊接的引弧。

(三)引弧技术要求

在引弧处,由于钢板温度较低,焊条药皮还没有充分发挥作用,会使引弧点处焊缝较高,熔深较小,易产生气孔,所以在焊缝起始点后面 10mm 处引弧,如图 4-2所示。引燃电弧后拉长电弧,并迅速将电弧移至焊缝起点进行预热。预热后将电弧压短,酸性焊条的弧

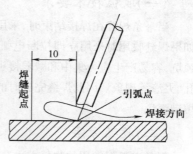

图 4-2 引弧点的选择

长等于焊条直径,碱性焊条弧长应为焊条直径的 0.5 倍左右,进行正常焊接。采用这种方法引弧,即使在引弧处产生气孔,也能在电弧第二次经过时,将这部分金属重新熔化,使气孔消除,并不会留下引弧伤痕。为了保证焊缝起点处能够焊透,焊条可作适当摆动,并在坡口根部两侧稍加停顿,以形成一定大小的熔池。

引弧对焊接质量有一定的影响,往往由于引弧不当而造成始焊处的缺陷。在引弧时应满足以下技术要求:

(1)工件坡口处无油污、锈斑,以免影响导电能力和防止熔池产生氧化物。

(2)引弧在焊条末端与焊件接触时,焊条提起时间要适当。太快,气体未电离,电弧可能熄灭;太慢,则使焊条和工件粘合在一起,无法引燃电弧。

(3)焊条端部要有裸露部分,以便引弧。若焊条端部裸露不均,则应在使用前用锉刀加工,防止在引弧时,碰击过猛使药皮成块脱落,引起电弧偏吹和引弧瞬间保护不良。

(4)引弧位置应选择适当,开始引弧或因焊接中断重新引弧,一般均应在离始焊点后面 10~20mm 处引弧,然后移至始焊点,待熔池熔透再继续移动焊条,以消除可能产生的引弧缺陷。

二、收弧

(一)收弧技术要求

当一条焊缝在焊接结束时,采用正确的中断电弧的方法称为收弧。如果焊缝收尾时采用立即拉断电弧的方法,则会形成低于焊件表面的弧坑,容易产生应力集中和减弱接头强度,导致产生弧坑裂纹、疏松、气孔、夹渣等现象。因此焊缝完成时的收尾动作不仅是熄灭电弧,而且要填满弧坑。

(二)收弧方法

焊条电弧焊常用的收弧方法有以下几种:

1.划圈收弧法　划圈收弧法,当焊条移至焊缝终点时,作圆圈运动,直到填满弧坑再拉断电弧。这种收弧方法主要适用于厚板焊件。

2.反复断弧收弧法　收弧时,焊条在弧坑处反复息弧、引弧数次,直到填满弧坑为止。此法一般适用于薄板和大电流焊接,但碱性焊条不宜采用,因为这种收弧方法易产生气孔。

3.回焊收尾法　当焊条移至焊缝收尾处立即停止,并改变焊条角度回焊一小段。此法适用于碱性焊条。

当换焊条或临时停弧时,应将电弧逐渐引向坡口的斜前方,同时慢慢抬高焊条,使熔池逐渐缩小。当液体金属凝固后,一般不会出现缺陷。

第二节 运 条

为获得良好的焊缝成形,焊条需要不断地运动。焊条的运动称为运条。运条是电焊工操作技术水平的具体表现。焊缝质量优劣、焊缝成形的良好与否,与运条有直接关系。

一、运条的基本动作

运条由三个基本运动合成,分别是焊条的送进运动、焊条的横向摆动运动和焊条沿焊缝移动运动,如图 4-3 所示。

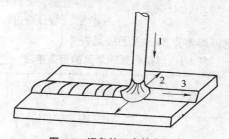

图 4-3　运条的三个基本运动
1.焊条的送进　2.焊条的摆动　3.沿焊缝移动

(一)焊条的送进运动

焊条的送进运动主要用来维持所要求的电弧长度。由于电弧的热量熔化了焊条端部,电弧会逐渐变长,有熄弧的倾向。要保持电弧继续燃烧,必须将焊条向熔池送进,直至整根焊条焊完为止。为保证一定的电弧长度,焊条的送进速度与焊条的熔化速度相等,否则会引起电弧长度的变化,影响焊缝的熔宽和熔深。

(二)焊条的摆动和沿焊缝移动

焊条的摆动和沿焊缝移动这两个动作是紧密相连的,而且变化较多、较难掌握。通过摆动和移动的复合动作获得一定宽度、高度和熔透度的焊缝,使得焊缝成形良好。

所谓焊接速度即单位时间内完成的焊缝长度。图 4-4 所示为焊接

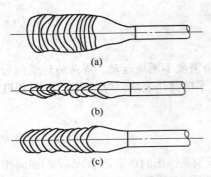

图 4-4　焊缝速度对焊缝成形的影响
(a)太慢　(b)太快　(c)适中

速度对焊缝成形的影响。若焊接太慢,会焊成宽而局部隆起的焊缝;太快,会焊成断续细长的焊缝;当焊接速度适中时,才能焊成表面平整,焊波细致而均匀的焊缝。

二、运条手法

采用哪一种运条手法应根据接头的形式和间隙、焊缝的空间位置、焊条直径与性能、焊接电流及焊工的技术水平等方面来确定。焊条电弧焊常见的运条手法见表4-1。

表 4-1　焊条电弧焊常见的运条手法

运条手法	示意图	特点	适用范围
直线形		焊条不作横向摆动,沿焊接方向直线移动,熔深较大,且焊缝宽度较窄,在正常焊接速度下,焊波饱满平整	适用于板厚 3～5mm 的不开坡口的对接平焊、多层焊的打底焊及多层多道焊
直线往复形		焊条末端沿焊缝纵向作来回直线形摆动,焊接快、焊缝窄、散热快	适用于接头间隙较大的多层焊的第一层焊缝和薄板的焊接
锯齿形		焊条末端作锯齿形连续摆动并向前移动,在两边稍停片刻,以防产生咬边缺陷。这种手法操作容易、应用较广	适用于中厚钢板的平焊、立焊、仰焊的对接接头和立焊的角接接头

运条手法	示意图	特点	适用范围
月牙形		焊条末端沿着焊接方向作月牙形左右摆动,并在两边的适当位置作片刻停留,使焊缝边缘有足够的熔深,防止产生咬边缺陷,此法使焊缝的宽度和余高增大。其优点是:金属熔化良好,且有较长的保温时间,熔池中的气体和熔渣容易上浮到焊缝表面	适用于仰、立、平焊位置以及需要比较饱满焊缝的地方
三角形	 斜三角形运条法 正三角形运条法	焊条末端作连接三角形运动,并不断向前移动。按适用范围不同,可分为斜三角形和正三角形两种运条方法。斜三角形手法能通过焊条的摆动控制熔化金属,促使焊缝成形良好;正三角形手法一次能焊出较厚的焊缝断面,有利于提高生产率,而且焊缝不易产生夹渣等缺陷	斜三角形运条法适用于焊接 T 形接头的仰焊缝和有坡口的横焊缝。正三角形运条法适用于开坡口的对接接头和 T 形接头的立焊

运条手法	示 意 图	特 点	适用范围
圆圈形	正圆圈形运条法 斜圆圈形运条法	焊条末端连续作圆圈运动,并不断前进,按适用范围不同,可分为正圆圈和斜圆圈两种。正圆圈运条法能使熔化金属有足够高的温度,有利于气体从熔池中逸出,可防止焊缝产生气孔。斜圆圈运条法可控制熔化金属不受重力影响,能防止金属液体下淌,有助于焊缝成形	正圆圈运条法只适用于焊接较厚工件的平焊缝,斜圆圈运条法适用于 T 形接头的横焊(平角焊)和仰焊以及对接接头的横焊缝

三、各种长度焊缝的焊接方法

由于受焊条长度的限制,焊条电弧焊是断续进行的,在焊接金属结构时,为了保证焊缝的连续性,减小焊接变形,焊缝长度不同,采用的焊接顺序也就有所不同。一般 500mm 以下的焊缝为短焊缝;500～1000mm 以内的焊缝为中等长度焊缝;1000mm 以上的焊缝为长焊缝。各种长度焊缝的焊接方法见表 4-2。

表 4-2 各种长度焊缝的焊接方法

焊接方法	示 意 图	操作特点	适用范围
直通焊接法		从焊缝起点起焊,一直焊到终点,焊接方向始终保持不变	适用于短焊缝的焊接

续表 4-2

焊接方法	示　意　图	操作特点	适用范围
对称焊接法		以焊缝中点为起点，交替向两端进行直通焊，其主要目的是为了减小焊接变形	适用于中等长度焊缝的焊接
分段退焊法		分段退焊法应注意第一段焊缝的起焊处要略低些，在下一段焊缝收弧时，就会形成平滑的接头。分段退焊法的关键在于预留距离要合适，最好等于一根焊条所焊的焊缝长度，以节约焊条	适用于中等长度焊缝的焊接
分中逐步退焊法		从焊缝中点向两端逐步退焊。此法应用较为广泛，可由两名焊工对称焊接	适用于长焊缝的焊接
跳焊法		朝着一个方向进行间断焊接，每段焊接长度以 200～250mm 为宜	适用于长焊缝的焊接
交替焊法		交替焊法的基本原理是选择焊件温度最低位置进行焊接，使焊件温度分布均匀，有利于减小焊接变形。此方法的缺点是焊工要不断地移动焊接位置	适用于长焊缝的焊接

第三节 各种位置的焊接技术

所谓焊接位置指焊接时焊件接缝所处的空间位置。根据焊缝空间位置的不同,有平焊、立焊、横焊和仰焊等焊接位置。焊接位置的变化,对操作技术提出不同的技术要求,由于熔化金属的重力作用使焊缝成形困难,因此,在焊接操作中应及时调整焊条角度和运条运作,控制焊缝成形和确保焊接质量。

一、平焊

平焊分为对接平焊、角接平焊和搭接平焊。

(一)对接平焊

对接平焊一般分为不开坡口和开坡口的对接平焊两种,当板厚小于 6mm 时,不开坡口;当焊件厚度等于或大于 6mm 时,应开坡口。

1. 不开坡口的对接平焊 如图 4-5 所示,焊接正面焊缝时宜用直径为 3~4mm 的焊条短弧焊接,使熔深达到焊件厚度的 2/3 左右,焊缝宽度为 5~8mm,加强高小于 1.5mm。反面焊缝用直径为 3mm 的焊条,可用稍大的电流焊接。对于重要的焊缝,在焊反面焊缝前,必须铲除焊根。不开坡口的对接平焊时焊条的角度如图 4-6 所示。

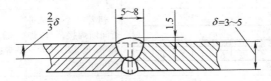

图 4-5　不开坡口的对接平焊

不开坡口的对接平焊时,采用直线运条法,采用双面焊时,背面焊缝也采用直线运条法,焊接电流应比焊接正面焊缝时稍大些,运条速度要快。当焊接与水平面倾斜的焊缝时,应采用上坡焊,防止熔渣向熔池前方流动,避免焊缝产生夹渣缺陷。

2. 开坡口的对接平焊 坡口有 V 形和 X 形,采用多层焊法和多层

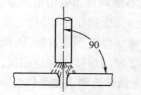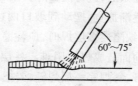

图 4-6 不开坡口对接平焊焊条角度

多道焊法,如图4-7和图4-8所示。

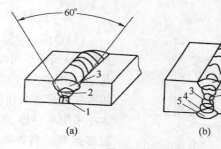

图 4-7 多层焊

(a)V形坡口 (b)X形坡口

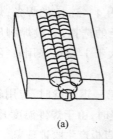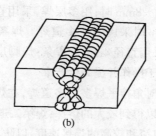

图 4-8 多层多道焊

(a)V形坡口 (b)X形坡口

多层焊时,第一层打底焊道应采用小直径焊条,运条方法应根据间隙的大小而定。间隙小时可用直线运条法,间隙大时应用直线往复式运条法,以防烧穿。第二层焊道,可用直径较大的焊条,采用直线形或小锯齿形运条法,进行短弧焊。以后各层均可用锯齿形运条法,而且摆动范围要逐渐加宽,摆动到坡口两边时,应稍作停留,防止出现熔合不良、夹渣等缺陷。多层焊时,应注意每层焊缝不能过厚,否则会使焊渣流向熔池前面造成焊接困难。各层之间的焊接方向应相反,其接头也应相互错开,每焊完一层焊缝,要把表面焊渣和飞溅等物清除干净后才能焊下一层,以保证焊缝质量和减小变形。

多层多道焊的焊接方法与多层焊相似,但应选好焊道数和焊道顺序,焊接时,采用直线运条法。

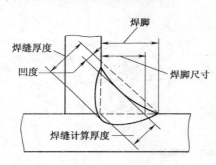

焊脚

焊缝厚度

凹度

焊脚尺寸

焊缝计算厚度

图 4-9　角焊缝

(二)角接平焊

(1)角接平焊形成角焊缝,如图 4-9 所示。角焊缝按焊脚尺寸(在角焊缝中画出的最大等腰三角形直角边的长度)的大小采用单层焊、多层焊和多层多道焊。当焊脚尺寸小于 6mm 时的角焊缝采用单层焊,采用直径为 4mm 的焊条;焊脚尺寸为 6~8mm 时,用多层焊,采用直径为 4~5mm 的焊条;焊脚尺寸大于 8mm 时采用多层多道焊。焊条直径的选择,一般焊脚尺寸小于 14mm,采用直径 4mm 的焊条;焊脚尺寸大于 14mm,采用直径 5mm 的焊条,便于操作并提高生产率。

(2)对角接平焊多层多道焊,在焊接第一道焊缝时,应用较大的焊接电流,以得到较大的熔深;焊第二道焊缝时,由于焊件温度升高,应用较小的电流和较高的焊接速度,以防止垂直板产生咬边现象。

(3)角接平焊焊条的角度随每一道焊缝的位置不同而有所不同,如图 4-10 所示。角接平焊的运条手法,第一层(打底焊)一般不做横向摆动,可以采用圆圈形、三角形、锯齿形和直线运条法。

(4)在进行角接平焊的实际生产中,如焊件能翻动,应尽可能把焊件放在船形位置进行焊接,如图 4-11 所示。船形位置焊接可避免产生咬边等缺陷,焊缝平整美观,有利于使用大直径焊条和用大的焊接电流,提高生产率。运条手法可用月牙形或锯齿形。

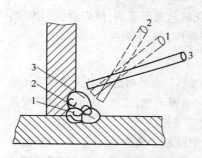

图 4-10　焊条角度随每道焊缝位置而改变

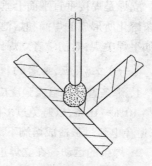

图 4-11　船形位置焊接

(三)搭接平焊

搭接平焊形成的焊缝为一种填角焊缝。焊接时焊条与下板表面间的角度应随下板的厚度增加而增大,如图 4-12 所示。焊条与焊接方向间的角度以 75°～85° 为宜。当焊脚尺寸为 6mm 时,用直径为 4～5mm 的焊条,按斜圆圈形运条法进行单层焊。当焊脚尺寸为 6～8mm 时,采用多层焊,焊第一层用直径为 4～5mm 的焊条,以直线形运条为宜;第二层用直径为 5mm 的焊条,运条方法为斜圆圈形。当焊脚尺寸大于 8mm 时,采用多层多道焊。搭接平焊除以上说明外,其他方面与一般角焊缝焊接相同。开始焊接时电流可大些,当焊件温度升高后,电流可小些,以防板边缘熔化过多而咬边,确保焊缝成形良好。

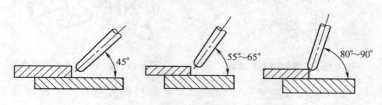

图 4-12　搭接平焊的焊条角度

二、立焊

立焊是焊接垂直平面上垂直方向的焊缝。由于在重力的作用下，焊条熔化所形成的焊滴和熔池中熔化的金属要下淌，使焊缝成形困难，不如平焊美观，对初学者立焊比平焊操作有一定难度。

（一）立焊应注意的问题

1.焊条直径和电流强度应比平焊小　立焊时选的电流强度可比平焊小 10％～15％，以避免过多的熔化金属下淌；其次，应采用短弧焊接法，避免电弧过长造成熔滴下淌及严重飞溅。

2.焊条的运动　在立焊过程中眼睛和手要协调配合，采用长短电弧交替起落焊接法。当电弧向上抬高时，电弧自然拉长些，但不应超过 6mm；电弧自然下降在接近冷却的熔池边缘时，瞬间恢复短弧。电弧纵向移动的速度应根据电流大小及熔池冷却情况而定，其上下移动的间距一般不超过 12mm（图 4-13）。焊条与焊缝中心线夹角应保持在 60°～80°，并保持焊条左右方向的夹角相等。焊条的运条手法要根据焊缝的熔宽来决定。

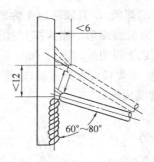

图 4-13　立焊时焊条的运动

图 4-14　立焊时焊工的操作姿势

3.焊工的操作姿势　立焊的操作姿势根据焊缝与焊工距离的不同，一般采用胳臂有依托和无依托两种姿势。如图 4-14 所示，有依托即胳臂大臂轻轻地贴在上体的肋部或大腿、膝盖部位，随着焊条的熔化和缩短,胳臂自然地前伸,起到调节作用。用有依托的焊接姿势,比较牢靠、省力。无依托即把胳臂半伸开或全伸开,悬空操作,需要通过胳臂的伸缩来调节焊条的位置。胳臂活动范围大,操作难度也较大。

4.握焊钳的方式 正握式如图4-15a、图4-15b所示,反握式如图4-15c所示。图4-15a是一般立焊时常用的握焊钳方式。当遇到较低的焊接部位和不好施焊的位置时,常用图4-15b的握焊钳方式,也可以采用图4-15c的握焊钳方式,由焊工的操作习惯而定。

(a)   (b)   (c)

图4-15 握焊钳的方式
(a)正握式 (b)正握式 (c)反握式

(二)立焊的种类

立焊分为对接立焊和角立焊两种。

1.对接立焊 对接立焊除了要控制熔化金属不下淌外,还要求焊缝保持平直。因此,常采用小直径焊条和较小的焊接电流,并采用短弧焊接法。

(1)不开坡口的对接立焊:

①对于不开坡口的对接立焊,当焊接薄板时,容易产生烧穿、咬肉和变形等缺陷。对接立焊采用自下而上和自上而下两种焊接方法,后一种方法也称立向下焊。采用自下而上的方法时,如选用碱性焊条,焊条直径为2.5或3.2mm,焊接电流均应较平焊小。采用短弧焊接,可使熔滴过渡的距离缩短,易于操作,有利于避免烧穿,缩小受热面积,减小变形。运条手法可用直线形、月牙形或锯齿形等。在操作中,当观察到有咬肉等缺陷时,焊条可在咬肉部位稍微停一会儿,然后再抬起电弧。如发现有熔化金属下淌、焊缝成形不良的部位应立即铲去,一般可用电

弧吹掉后再向上焊接。当发现有烧穿时应停止焊接,将烧穿部位焊补后,再进行焊接。

②对于不开坡口的对接立焊,当立向下焊时,应采用向下焊焊条。当采用酸性焊条时,也必须用小直径焊条,并注意焊条的角度,一般采用长电弧焊接法。在操作中应注意观察焊缝的中心线、焊接熔池和焊条的起落位置。由于酸性焊条为长渣,所以要求焊条摆动快而且准确。焊条的摆动方法,是以焊缝中心线为准的,应从左右两侧往中间作半圆形摆动。

(2)开坡口的对接立焊:对于开坡口的对接立焊,坡口形式有 V 形或 U 形等,一般采用多层焊,层数的多少根据焊件的厚度而定。在焊接时,一定要注意每层焊缝的成形,如图 4-16a 所示。如果焊缝不平,中间高两

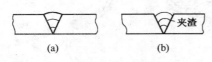

图 4-16 开坡口对接立焊的焊缝成形

侧低,甚至形成尖角,如图 4-16b,则不仅给清渣带来困难,而且因成形不良造成夹渣、未焊透等缺陷。

开坡口的对接立焊,可分为以下三个环节:

①封底焊。封底焊即正面的第一道焊缝。封底焊时应选用直径较小的焊条和较小的焊接电流。对厚板可采用小三角形运条法,对中厚度板或较薄板,可采用小月牙形或跳弧运条法。封底焊时一定要保证焊缝质量,特别要注意避免产生气孔。如果在第一层焊缝产生了气孔,就会形成自下而上的柱状贯穿气孔。在焊接厚板时,封底焊宜采用逐步退焊法,每段长度不宜过长,应按每根焊条可能焊接的长度来计算。

②中间层焊缝焊接。中间层焊缝的焊接主要是填满焊缝。为提高生产效率,可采用月牙形运条,焊接时应避免产生未熔合、夹渣等缺陷。接近表面的一层焊缝的焊接非常重要,一方面要将以前各层焊缝凸凹不平处加以平整,为焊接表层焊缝打下基础;另一方面,这层焊缝一般比板面低 1mm 左右,而且焊缝中间应有些凹,以保证表层焊缝成形美观。

③表层焊缝焊接,即多层焊的最外层焊缝,应满足焊缝外观尺寸的

要求。运条手法可按要求的焊缝的余高加以选择。如果余高要求较大时,焊条可作月牙形摆动;如果对余高要求稍平整时,焊条可作锯齿形或不等八字形摆动。在表层焊缝焊接时,注意运条的速度必须均匀一致。当焊条在焊缝两侧时,要将电弧进一步缩短,并稍微停留,这样有利于熔滴的过渡和减少电弧的辐射面积,可以防止产生咬肉等缺陷。

不等八字形运条法,如图 4-17 所示。当表层焊缝较宽时,若采用月牙形或锯齿形手法,一次摆动往往达不到焊缝边缘良好的熔合。采用八字形运条法能得到较宽的焊波,焊缝表面是鱼鳞状的花纹。不等八字形运条法焊接时,自左向右把熔滴放置在焊缝宽度的 1/3 处,稍微停顿一下,接着把焊条抬高并引到焊缝的 2/3 处,再向焊缝右边瞬间划弧,以后,将焊条降落到焊缝的 2/3 处,瞬间变成短弧,停顿一下,使熔化金属与前面的焊波熔合好,然后把焊条抬高向左引到

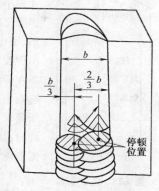

图 4-17　不等八字运条法

焊缝宽度的 1/3 处……这种有规律的运条方法要求焊条有节奏地均匀摆动,摆动时要求快而稳,熔滴下落的位置要准确。

2. 角立焊　角立焊时应注意以下问题:

(1)焊条的位置。为了使两块钢板均匀受热,保证熔深和提高工效,在角立焊时,应注意焊条的位置和倾斜角度。当被焊的两块钢板厚度相等时,焊条与两块钢板之间的夹角应左右相等,焊条与焊缝中心线的夹角,应根据板厚的不同来改变其大小,一般应保持 60°~80°。

(2)熔化金属的控制。角立焊操作的关键是如何控制熔化金属,要求焊接时精力集中,注意观察金属的冷却情况,焊条要根据熔化金属的冷却情况有节奏地摆动。在角立焊的过程中,当引弧后焊出第一个焊波时,电弧应较快地提高;当看到熔池瞬间冷却成一个暗红点时,电弧又下降到弧坑处,并使熔滴凝固在前面已形成的焊波 2/3 处,然后电弧再抬高。如果前一熔滴未冷却到一定的程度,就过急地下降焊条,就会

造成熔化金属下淌;而当焊条下降动作过慢时,又会造成熔滴之间熔合不良。如果焊条放置的位置不对,就会使焊波脱节,影响焊缝的美观和焊接质量。

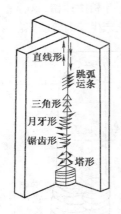

图 4-18　角立焊焊
条的摆动

(3)焊条的摆动。应根据板厚的不同和对焊脚尺寸的要求,选用适当的运条手法。对焊脚尺寸较小的焊缝,可采用直线往复形运条手法;对焊脚尺寸要求较大的焊缝,可采用月牙形、三角形、锯齿形等运条手法,如图 4-18 所示。为避免出现咬肉等缺陷,除选用合适的焊接电流外,焊条在焊缝两侧应稍停片刻,使熔化金属能填满焊缝两侧的边缘部分。焊条的摆动宽度应不大于所要求的焊脚尺寸,例如要求焊出 10mm 宽的焊缝时,焊条的摆动范围应在 8mm 以内,否则焊缝两侧就不整齐。

(4)局部间隙过大的焊接方法。对角立焊焊缝,当不要求焊透或遇到局部间隙超过焊条直径时,可预先采用立向下焊的方法,使熔化金属把过大的间隙填满后,再进行正常焊接。这样做不仅可以提高工效,而且还大大减少金属的飞溅和电弧偏吹。对间隙过大的薄板焊接,采用这种方法还有减小变形的效果。

三、横焊

横焊是焊接垂直或倾斜的平面上的水平方向的焊缝。横焊时,由于熔化的金属受到重力作用而易下淌,造成焊缝上侧产生咬边缺陷,下侧形成泪滴形焊瘤或未焊透(图 4-19)。因此,横焊时,采用短弧焊接,并且选用较细的焊条和比平焊小的焊接电流及适当的运条手法。对于开坡口的对接横焊,常选用多层多道焊。

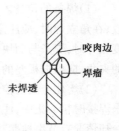

图 4-19　横焊易产
生的缺陷

· 176 ·

(一)不开坡口的对接横焊

不开坡口的对接横焊,当板厚为 3~5mm 时,应采用双面焊。正面焊时,焊条直径宜为 3.2~4mm,焊条与下板成 75°~80°,如图 4-20 所示。当焊件较薄时,用直线往复式运条法,这样可借焊条向前移动的机会使熔池得到冷却,熔池中熔化的金属就有机会凝固,从而防止烧穿。当焊件较厚时,可采用短弧直线形或小斜圆圈形运条手法,如图 4-21 所示,以得到合适的熔深。在焊接时,焊接速度应稍快并均匀,避免焊条的熔化金属过多地聚集在某一点上,形成焊瘤并在焊缝上部咬边,而影响焊缝成形。反面封底焊时,应选用细焊条,焊接电流可适当加大,一般可选平焊时的焊接电流强度,用直线运条法进行焊接。

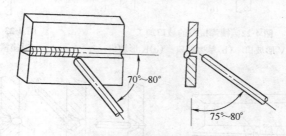

70°~80°

75°~80°

图 4-20　横焊焊条的角度

(二)开坡口的对接横焊

对接横焊坡口加工如图 4-22 所示。一般下板不开坡口,或下板所开坡口角度小于上板,这样有利于焊缝成形。开坡口对接横焊焊缝如图 4-23 所示。在焊第一道焊缝时,应选用细焊条,一般直径为 3.2mm。运条手法可根

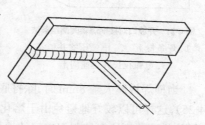

图 4-21　不开坡口对接横焊缝

据接头的间隙大小来决定,当间隙大时,宜采用直线往复形运条法。第二道用直径 3.2~4mm 的焊条,采用斜圆圈形运条手法(图 4-24)。在施焊过程中,应保持较短的电弧长度和均匀的焊接速度。为了有效地

防止焊缝表面咬边和下面产生熔化金属下淌现象,每个斜圆圈形与焊缝中心线的斜度不得大于 45°。当焊条末端运到斜圆圈上面时,电弧应更短,并稍停片刻,使较多的熔化金属过渡到焊缝上去。然后慢慢将电弧引到焊缝下边,即原先电弧停留的旁边,如图 4-24 所示,这样做能有效地避免各种缺陷,使焊缝成形良好。

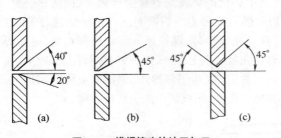

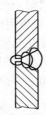

图 4-22　横焊接头的坡口加工

(a)V 形坡口　(b)单边坡口　(c)K 形坡口

图 4-23　开坡口
对接横焊焊缝

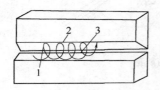

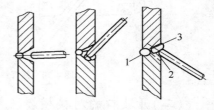

图 4-24　开坡口对接横焊斜圆圈运条法

1. 焊条慢下　2. 电弧压缩并稍停

3. 电弧拉长并迅速向上

图 4-25　厚板多层多道焊焊条的角度

当横焊板厚大于 8mm 时,除打底焊的焊缝,应采用多层多道焊(图4-25),这样可以较好地避免由于熔化金属下淌造成的焊瘤。在多层多道焊时,要特别注意控制焊道间的重叠距离。每道叠焊,应在前面一道焊缝的 1/3 处开始焊接,以防止焊缝产生凹凸不平。多层多道焊时运条手法用直线形,并应始终保持短弧和适当的焊接速度,同时焊条的角度也要根据焊缝的位置来调节(图 4-25)。焊条直径可用 3.2～4mm。在施焊过程中,焊缝的排列顺序如图 4-26 所示。

四、仰焊

(一)最困难的一种焊接

仰焊是四种焊接位置中焊接最困难的一种。仰焊时,熔化金属因重力作用下坠使熔滴过渡和焊缝成形困难,焊缝正面容易形成焊瘤,背面则会出现内凹缺陷,同时在施焊中还常发生熔渣超前现象。流淌的

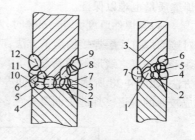

图 4-26　对接横焊缝排列顺序

熔化金属易飞溅扩散,如果防护不当,容易造成烫伤事故。因此,在运条方面要比平焊、立焊、横焊的难度大且焊接效率低。

(二)仰焊操作注意事项

(1)在仰焊时,必须注意尽可能地采用最短的弧长施焊,使熔滴金属在很短的时间内由焊条过渡到熔池中去,促使焊缝成形。焊条直径和焊接电流应比平焊时小,以减小焊接熔池的面积,使焊缝容易成形。

(2)当焊件的厚度为 4mm 左右时,仰焊可采用不开坡口的对接焊,焊条直径为 3.2mm,焊条与焊缝两侧成 90°夹角,与焊接方向保持80°~90°的夹角,如图 4-27 所示。在整个施焊过程中,焊条要保持在上述角度均匀地运条。

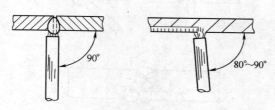

图 4-27　仰焊时焊条的角度

(3)仰焊的运条手法可采用直线形和直线往复形。直线形用于焊接间隙小的接头,直线往复形用于间隙稍大的接头。焊接电流不应过小,否则得不到足够的熔深,而且电弧也不稳定,使操作难以掌握,而且

焊缝质量也难以保证。

(4)当焊件厚度大于 5mm 时,对接仰焊均开坡口。对于开坡口的对接仰焊打底层焊接的运条方法,应根据坡口间隙的大小,决定选用直线形或往复直线形的运条方法。其后各层均宜用锯齿形或月牙形运条方法,如图 4-28 所示。在进行仰焊时,无论采用哪种运条手法,均应形成较薄的焊道。焊缝表面要平直,不允许出现凸形。

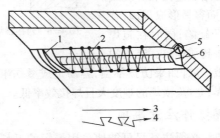

图 4-28 开坡口对接仰焊时的各种运条方法
1.月牙形 2.锯齿形 3.直线形 4.直线往复形 5.第一道焊缝 6.第二道焊缝

(5)图 4-29 为对接仰焊时多层多道焊焊缝的排列顺序。操作时,焊条的角度应根据每一道焊缝的位置作相应的调整,以利于熔滴金属的过渡,并能获得较好的焊缝成形。

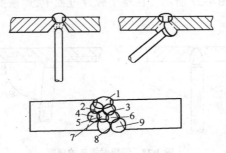

图 4-29 开坡口对接仰焊时的多层多道焊法

(6)T 形接口的填角仰焊比对接坡口仰焊较易掌握。当焊脚尺寸小于 6mm 时,采用单层焊,用直线形或往复直线形的运条方法;当焊脚尺寸大于 6mm 时,采用多层多道焊,第一层用直线形运条方法,其后各层可选用斜三角形或斜环形的运条方法。

T形接头填角仰焊的运条方法如图 4-30 所示。如果填角仰焊操作技术熟练,可使用较大直径的焊条和稍大的焊接电流,以提高工作效率。

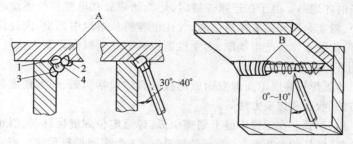

图 4-30　T 形接头填角仰焊运条方法及焊缝排列顺序
A. 用直线形运条法　B. 用斜三角形或斜圆圈形运条方法

第四节　单面焊双面成形技术

在单面焊双面成形的操作过程中,不需要采取任何辅助设备和措施,只是坡口根部在进行组装定位焊时,应按焊接时不同的操作手法留出不同的间隙。当在坡口的正面用普通焊条进行焊接时,就会在坡口的正、背面都能获得均匀整齐、成形良好、符合质量要求的焊缝。这种焊接操作被称为单面焊双面成形技术。在某些重要焊接结构的制造过程中,既要求焊透而又无法在背面进行清根和重焊的情况下,必须要采用这种焊接技术。单面焊双面成形技术是锅炉、压力容器焊工必须熟练掌握的焊接操作技术。

一、板对接单面焊双面成形技术

(一)打底层单面焊双面成形技术

单面焊双面成形技术的关键是第一层打底焊缝的成形操作,其他各填充层的操作要点与其他各种位置的普通焊接操作技术相同。打底层单面焊双面成形技术可分为连弧焊法和断弧焊法两大类。而断弧焊法又分为一点焊法、二点焊法和三点焊法。

1. 连弧焊法　连弧焊打底层单面焊双面成形技法的特点是：电弧引燃后，中间不允许人为地熄弧，一直采用短弧连续运条至应换另一根焊条时才熄弧。由于在连弧焊接时，熔池始终处在电弧连续燃烧的保护下，液态金属和熔渣容易分离，气孔也容易从熔池中逸出，因此保护性好，焊缝不容易产生缺陷，力学性能也较好。用碱性焊条焊接时，多采用连弧焊的操作方法。

连弧焊打底层单面焊双面成形技法具体包括引弧、焊条角度和运条方法、收弧和接头方法等。

(1)引弧。在定位焊缝上划擦引弧，焊至定位焊缝尾部时，以稍长的电弧(弧长约为 3.5mm)在该处摆动 2～3 个来回进行预热。当看到定位焊缝和坡口根部都有"出汗"现象时，说明预热温度已合适，此时立即压低电弧(弧长约为 2mm)，待 1s 后听到电弧穿透坡口而发出"噗噗"声，同时看到定位焊缝以及坡口根部两侧金属开始熔化并形成熔池，说明引弧工作完成，可以进行连弧焊接。

(2)连弧焊接。平焊时要始终使电弧对准坡口间隙中间，并随着熔池温度变化而不断地变化焊条的角度(图 4-31)，并且，电弧在坡口两侧交替地进行清根。立焊时，焊条与两侧板成 90°，自下而上地进行焊接；焊条与焊接方向始焊端成 65°～80°角，在中间位置成 45°～60°角，终端焊缝处的温度较高，为了防止背面余高过大，可使角度变小为 20°～30°，如图 4-32 所示。立焊时，若坡口间隙较小时，可采用上下运弧法或左右排弧法；若坡口间隙偏大时，可采用左右凸摆法，如图 4-33 所示。横焊时，为了防止背面焊缝产生咬边、未焊透缺陷，焊条与板下方角度成 80°～85°，在横焊过程中还应注意电弧应指向横板对接坡口下侧根部。每次运条时，电弧在此处应停留 1～1.5s，让熔化的液态金属铺向上侧坡口，形成良好的根部成形，如图 4-34 所示。板横焊的运条方法采用直线清根法或直线运条法。仰焊时焊条引弧后采用短弧，并让电弧始终在对接板的间隙中间燃烧，焊条与焊接方向成 70°～80°角。焊接时应尽量控制熔池温度低些，以减少背面焊缝下凹。仰焊时的运条

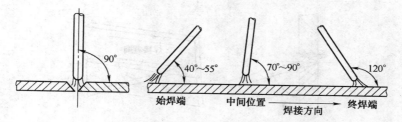

图 4-31   连弧焊打底层单面焊双面成形平焊

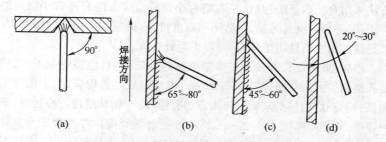

图 4-32   连弧焊打底层单面焊双面成形立焊

(a)自下而上焊接   (b)始焊端   (c)中间位置   (d)终焊端

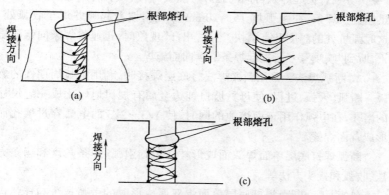

图 4-33   连弧焊打底层单面焊双面成形立焊的运条方法

(a)上下运弧法   (b)左右排弧法   (c)左右凸摆法

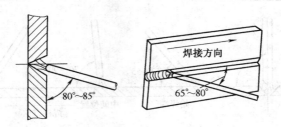

图 4-34 连弧焊打底层单面焊双面成形横焊

方法采用直线运条法,并且左右略有小摆动。焊条略有左右小摆动的作用:一是分散电弧热量,以防熔池温度过高,造成背面焊缝内凹过大;二是使坡口左右钝边熔化均匀,防止金属流淌。

(3)收弧和接头方法。在需要更换焊条熄弧前,应将焊条下压,使熔孔稍微扩大后往回焊接 15～20mm,形成斜坡形再熄弧,为下根焊条引弧打下良好的接头基础。接头方法有两种:冷接和热接。冷接时,更换焊条,要把距弧坑 15～20mm 长斜坡上的焊渣敲掉并清理干净。这时弧坑已经冷却,起弧点应该在距弧坑 15～20mm 的斜坡上。电弧引燃后,将其引至弧坑处预热,当有"出汗"现象时,将电弧下压直至听到"噗噗"声后,提起焊条再向前施焊。热接时,当弧坑还处在红热状态时迅速更换焊条,在距弧坑 15～20mm 焊缝斜坡上起弧并焊至收弧处。这时弧坑处的温度升高很快,当有"出汗"现象时,迅速将焊条向熔孔压下,听到"噗噗"声后,提起焊条继续向前施焊。

2. 断弧焊法 采用断弧焊法打底层焊接时,利用电弧周期性的燃弧-断弧(灭弧)过程,使母材坡口钝边金属有规律地熔化成一定尺寸的熔孔,在电弧作用正面熔池的同时,使 1/3～2/3 的电弧穿过熔孔而形成背面焊缝。

断弧焊打底层单面焊双面成形技法包括引弧、焊条角度和运条方法、收弧和接头方法等。

(1)引弧。断弧焊打底层单面焊双面成形时的引弧技法与连弧焊打底层单面焊双面成形的引弧技法基本一致。在定位焊缝上划擦引弧,然后沿直线运条至定位焊缝与坡口根部相接处,以稍长的电弧(弧长约 3.2mm)在该处摆动 2~3 个来回进行预热,待呈现"出汗"现象时,立即压低电弧(弧长约 2mm),听到"噗噗"声即电弧穿透坡口发出的声音,同时还看到坡口两侧、定位焊缝与坡口根部相接的金属开始熔化,形成熔池并有熔孔,说明引弧结束,可以进行断弧打底层的焊接。

(2)断弧焊接。断弧焊法可分为一点焊法、二点焊法和三点焊法。

①一点焊法也称为一点击穿法,如图 4-35 所示。电弧同时在坡口两侧燃烧,两侧钝边同时熔化,然后迅速熄弧,在熔池将要凝固时,又在灭弧处引燃电弧、击穿、停顿,周而复始重复进行。这种断弧焊法的优点是熔池为始终一个接着一个叠加的集合。熔池在液态存在时间较长,冶金反应较充分,不易出现夹渣气孔等缺陷。一点击穿法的缺点是熔池温度不易控制。温度低时容易出现未焊透,温度高时背面余高过大,甚至出现焊瘤。

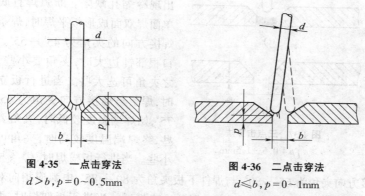

图 4-35　一点击穿法
$d > b$, $p = 0 \sim 0.5mm$

图 4-36　二点击穿法
$d \leqslant b$, $p = 0 \sim 1mm$

②图 4-36 所示为二点焊法,即二点击穿法。二点击穿法焊接时,电弧分别在坡口两侧交替引燃,左侧钝边给一滴熔化金属,右侧钝边也给一滴熔化金属,依次循环。这种断弧焊法的优点是操作技术比较容易掌握,熔池温度也比较容易控制,钝边熔合良好。二点击穿法的缺点是焊道由两个熔池叠加而成,熔池反应时间不太充分,使气泡和熔渣上浮受到一定限制,容易出现夹渣、气孔等缺陷。但若熔池的温度控制在前一个熔池尚未凝固、对称侧的熔池就已形成、两个熔池能充分叠加在一起共同结晶,就能避免产生气孔和夹渣。

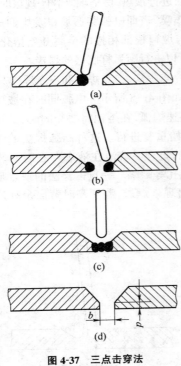

③图 4-37 所示为三点焊法,即三点击穿法。电弧引燃后,左侧钝边给一滴熔化金属(图 4-37a),右侧钝边给一滴熔化金属(图 4-37b),中间间隙给一滴熔化金属(图 4-37c),依次循环。三点击穿法的优点是比较适合根部间隙较大的情况。由于两焊点中间的熔化金属较少,第三滴熔化金属补在中央是非常必要的。否则,在熔池凝固前析出气泡时,由于没有较多的熔化金属弥合孔穴,在背面容易出现冷缩孔缺陷。断弧焊打底层单面焊双面成形板平焊时,焊条与焊接方向的夹角为 45°～55°。坡口根部钝边大时,夹角要小些,反之夹角可选大些。当进行板立焊时,焊条与焊接方向夹角为 65°～75°,始焊端温度较低时,夹角要大些,终焊端温度较高时,夹角可以小些。当进行板横焊时,焊条与焊

图 4-37 三点击穿法
$b > d$, $p = 0.5 \sim 1.5$mm

接方向夹角为 65°～80°,与焊件下板夹角为 80°～85°,电弧应指向对接缝下侧板根部并停留 1～1.5s,以防止未焊透。当进行板仰焊时,焊条应始终在板间隙中间,与焊接方向成 70°～80°角,控制熔池温度应低些,以减少背面焊缝下凹。

(3)收弧和接头方法。断弧焊打底层单面焊双面成形的收弧和接头方法,与连弧焊打底层单面焊双面成形相同。

(二)填充层的单面焊双面成形技术

(1)焊接单面焊双面成形填充层时,焊条除了向前移动外,还要有横向摆动。在摆动过程中,焊道中央移弧要快,即滑弧过程,电弧在两

侧时要稍作停留,使熔池左右侧温度均衡,两侧圆滑过渡。在焊接第一层填充层,即打底层焊以后的第一层时,应注意焊接电流的选择。过大的焊接电流会使第一层金属组织过烧,使焊缝根部的塑性、韧性降低。单面焊双面成形焊件在弯曲实验时,背弯不合格较多,除了焊缝熔合不良、有气孔、夹渣、裂纹、未焊透等缺陷外,大部分是由第一层填充层焊接电流过大,造成金属组织过烧、晶粒粗大、塑性韧性降低所致。因而填充层焊接也要限制焊接电流。

(2)板平焊填充层焊接时,引弧应在距焊缝起始端 10～15mm 处引弧,然后将电弧拉回到起始端施焊,一般采用月牙或横向锯齿形运条。焊条摆动到坡口两侧处要稍作停顿,使熔池和坡口两侧的温度均衡,以防止填充金属与母材交界处形成死角,清渣困难,易造成焊缝夹渣。最后一层填充层应比母材表面低 0.5～1.5mm,而且焊缝中心要凹,两侧与母材交界处要高,使盖面层焊接时,能看清坡口,保证盖面焊缝边缘平直。

板平焊填充层焊接每一层时,应对前一层仔细清渣,特别是死角处的焊渣更要清理干净,防止焊缝夹渣。板平焊填充层焊接焊条与焊接前进方向成 75°～85°夹角。

(3)板立焊填充层焊引弧、运条方法及对清渣的要求与板平焊时基本一致,不同处为:最后一层填充焊应比母材低 1～1.5mm,焊条与立板的下倾角为 65°～75°,如图 4-38 所示。

(4)板横焊填充层焊引弧和清渣要求与板平焊时相同。焊接时采用直线运条法,而且在焊接过程中不作任何摆动,直至每根焊条用完。要求焊道之间的搭接要适量,以不产生深沟为准。为避免在焊道之间出现深沟而产生夹渣缺陷,通常两焊道之间搭接 1/3～1/2 宽度,最后

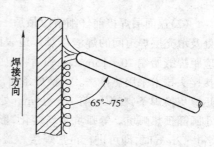

图 4-38　板立焊填充层焊焊条角度

一层填充高度距母材表面 1.5～2mm 为宜。为防止横焊填充层焊接因

操作不当而造成盖面层焊缝产生下坠,在焊接填充层时,焊条与上、下板的夹角有所不同。下侧焊道焊条与下板夹角为 85°～95°,上侧焊道焊条与下板夹角为 55°～70°,操作时焊条与焊接方向夹角为 80°～85°。

(5)板仰焊填充层焊接时引弧与板平焊填充层焊接相同。由于仰焊时,焊接电流偏小,电弧吹力很难将熔渣清除。所以除注意清除打底层焊缝与坡口两则之间夹角处的焊渣外,填充层之间的焊渣、各填充层与坡口两侧间夹角处的焊渣要仔细清除。板仰焊填充层焊接的运条采用短弧月牙形或锯齿形运条方法。焊条在运条摆动时,在坡口两侧要稍作停顿,在坡口中间处运条动作稍快,以滑弧手法运条。这样使焊接处温度较均匀,能够形成较薄的焊道,并使焊接飞溅及熔化金属流淌较少。板仰焊填充层焊接要快些,使熔池的形成始终呈椭圆形并保持大小一致,这样形成均匀的鱼鳞纹清渣容易,也使焊缝成形美观。板仰焊填充层焊接时,焊条与焊接方向的夹角为 85°～90°。

(三)盖面层单面焊双面成形技术

(1)盖面层焊缝是金属结构上最外表的一层焊缝,除了要求具有足够的强度和气密性外,还要求焊缝成形美观、鱼鳞纹整齐。在焊接过程中,焊条角度应尽可能与焊缝垂直,以便在焊接电弧的直吹作用下,使盖面层焊缝的熔深尽可能大一些,与最后一层填充层焊缝能够熔合良好。

(2)盖面层焊接前仔细清除最后一层填充层与坡口两侧母材夹角处及填充层焊道间的焊渣以及焊道表面的油、污、锈、垢。焊接引弧处应距焊缝始端 10～15mm,引弧后将电弧拉回到始焊端施焊。盖面层焊接接头技术采用热接法。更换焊条前,应对熔池稍填些液态金属,然后迅速更换焊条,在弧坑前 10～15mm 处引弧并将其引到弧坑处划一个小圆圈预热弧坑。等弧坑重新熔化,形成的熔池延伸进坡口两侧边缘各1～2mm 时,即可进行正常焊接。盖面焊焊缝接头时,引弧的位置很重要。如果引弧部位离弧坑较远且偏后,则盖面层焊缝接头处会偏高,如果引弧部位离弧坑较近且偏前时,则盖面层焊缝接头处会造成焊缝脱节。

（3）盖面层板平焊和板立焊时,均采用月牙形或横向锯齿形摆动的运条方法。焊条摆动到坡口边缘时,要稍做停留,并注意控制坡口边缘母材的熔化宽度在 1~2mm。在焊接时要认真控制弧长和摆动幅度,防止出现咬边缺陷。当进行盖面层板立焊时,焊条摆动的频率应比板平焊稍高,焊接速度要均匀,每个新熔池应覆盖前一个熔池 2/3~3/4。板平焊时焊条与焊接方向的夹角为 75°~80°;板立焊时焊条与板的上倾角为 65°~70°。

（4）盖面层板横焊时,采用直线运条法,不做任何摆动。应从下板坡口始焊,采用短弧,控制熔池金属的流动,防止产生泪滴现象,每道焊缝叠加直至熔进上板母材 1~2mm。焊接与下板相接的盖面层焊道时,焊条与下板夹角为 80°~90°;盖面焊焊缝中心线左右的焊缝,焊缝中心线下方的焊道,焊条与下板夹角为 95°~100°;焊缝中心线上方的焊道,焊条与下板的夹角为 75°~85°。焊接与上板相接的盖面层焊道时,焊条与下板夹角为 85°~95°。盖面层板横焊各道焊缝搭接和与母材搭接为 1/2 焊缝宽度,熔进母材 1~2mm。盖面层的各条焊道应平直、搭接平整,与母材相交应圆滑过渡,无咬边。

（5）盖面层板仰焊时,采用短弧月牙形或锯齿形运条,多道焊时也可以用直线运条法。合理选择焊接电流。焊条摆动到坡口边缘时,稳住电弧稍做停留,将坡口两侧熔化并深入每侧母材 1~2mm。焊接速度要均匀一致,控制弧长和摆动幅度,防止焊缝发生咬边及背面焊缝下凹过大等缺陷。长焊缝可以采用分段焊法或退步焊法。两道焊缝搭接 1/3,每道焊缝焊接前,应仔细清除焊道上的焊渣。仰焊时焊条与焊接方向的夹角为 90°。

二、小直径管对接单面焊双面成形技术

在锅炉、压力容器制造或安装过程中,有大量的 φ25~60mm 的水冷壁管、对流管、烟管等需要进行全位置焊接。这些小直径管在工作中都承受一定的温度和压力,管壁厚度大多在 2.5~9mm。焊接位置有管转动平焊、管轴中心线水平固定、垂直固定和 45°倾斜固定等。为使焊缝在工作中安全可靠,要求焊接时,能够达到单面焊双面成形。采用的

焊接方法,可用手工钨极氩弧焊打底,然后再用焊条电弧焊盖面焊,也可以打底焊和盖面焊均采用焊条电弧焊。

(一)小直径管对接垂直固定焊技术

中心线垂直固定管的焊接,是一条处于水平位置的环缝,与平板对接横焊类似。不同的是横焊缝具有弧度,因而焊条在焊接过程中是随弧度运条焊接的。

小直径管对接垂直固定焊条电弧焊打底焊按其操作方法可分为连弧焊和断弧焊两种方法。

1. 连弧焊 连弧焊引弧的位置应在坡口上侧,当上侧钝边熔化后,再把电弧引至钝边的间隙处,这时焊条可往下压,同时焊条与下管壁夹角可以适当加大,当听到电弧击穿坡口根部发生“噗噗”的声音并且钝边每侧熔化 0.5~1mm 形成第一个熔孔时,引弧完成。如图 4-39 所示,焊接方向应从左向中,采用斜椭圆运条,始终保持短弧施焊。在焊接过程中,为防止熔池金属产生泪滴下坠,电弧在坡口上侧停留的时间应略长些,同时应有 1/3 的电弧通过坡口间隙在管内燃烧。电弧在坡口下侧只是稍加停留,同时有 2/3 的电弧通过坡口间隙在管内燃烧。当焊到定位焊缝根部时,焊条要向根部间隙位置顶一下,听到“噗噗”声后,将焊条快速运条到定位焊缝的另一端根部预热,看到有“出汗”现象时,焊条下压听到“噗噗”声后稍作停顿预热处理,即可以仍用椭圆形运条法继续焊接。沿环缝焊接到焊条接近始焊起弧点时,仍按上述与定位焊缝接头的方法与始焊端接头并继续向前施焊 10~15mm 填满弧坑即可。打底焊时,焊条角度如图 4-39 所示。

2. 断弧焊 断弧焊引弧的操作技术与连弧焊引弧相同。小直径管对接垂直固定焊条电弧打底焊断弧焊单面焊双面成形的方法有三种,即一点焊法、二点焊法和三点焊法。当管壁厚为 2.5~3.5mm,根部间隙小于 2.5mm 时,多采用一点焊法;当根部间隙大于 2.5mm 时,采用二点焊法。当管壁厚度大于 3.5mm 时,根部间隙小于 2.5mm 采用一点焊法;根部间隙大于 2.5mm 时,采用二点焊法;若根部间隙大于 4mm 时,采用三点焊法。一点焊法、二点焊法和三点焊法的操作技术参见图 4-35、图 4-36 和图 4-37 及相关内容。断弧焊的焊接方向应从左向右焊,逐点将熔化金属送到坡口根部,然后迅速向右侧后方灭弧。灭弧动作要干净利落,不拉长弧,防止产生咬边缺陷。灭弧与重新引弧的时间间隔要短,灭弧频率以 70～80 次/min 为宜。灭弧后重新引弧的位置要准确,新焊点应与前一个焊点搭接 2/3 左右。焊接时应注意保持焊缝熔池形状与大小基本一致,熔池中液态金属与熔渣要分离,保持清晰明亮,焊接速度保持均匀。断弧焊收弧和与定位焊缝接头的操作要领和连弧焊相同,焊条角度如图 4-39 所示。

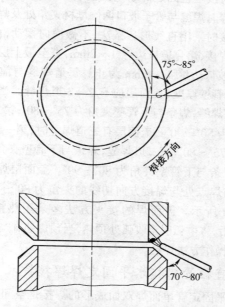

图 4-39 小直径管对接垂直固定焊条电弧焊焊条角度

连弧焊、断弧焊的更换焊条方法有热接法和冷接法两种。打底层焊缝更换焊条时多采用热接法,这样可以避免背面焊缝出现冷缩孔或未焊透、未熔合等缺陷。热接法的操作要领是:在焊缝收弧处熔池尚保持红热状态时,迅速更换焊条并在收弧斜坡前 10～15mm 处引弧,然后将电弧拉到斜坡上运条预热,在斜坡终端最低点处压低电弧,击穿坡口根部后,稍停一下,使钝边每侧熔化 0.5～1mm 并形成熔孔,即可恢复原来操作手法继续焊接。热焊法更换焊条的动作应越快越好。冷接法的操作要领是:焊缝熔池已经凝固冷却。焊接引弧前,在收弧处用角向砂轮或锉刀、锯条修磨出斜坡,然后在斜坡前 10~15mm 处引弧并运条预热斜坡。当斜坡终端最低处有"出汗"现象时,压低电弧击穿坡口根部,同时稍做停顿,使钝边每侧熔化 0.5~1mm 并形成熔孔,即可恢复原来操作手法继续焊接。

小直径管对接垂直固定焊条电弧盖面层焊接的操作要点是:焊前仔细清理打底焊时焊缝与管子坡口两侧母材夹角处及焊点与焊点叠加处的焊渣。焊接时采用直线形运条法,不做横向摆动,自左向右,应从下侧坡口开始焊接,熔化坡口边缘 1~2mm,直至最上层盖面层焊缝焊完并熔进上侧坡口边缘 1~2mm 为止。每道焊缝与前一道焊缝搭接 1/3 左右。根据管壁厚度,盖面层应有 2~3 道焊缝。当盖面层为两道焊缝时,第一道焊缝,焊条与下管壁夹角为 75°~80°;第二道焊缝,焊条与下管壁夹角为 80°~90°。盖面层有三道焊缝时,第一道焊缝,焊条与上管壁夹角为 75°~80°;第二道焊缝,焊条与下管壁夹角为 95°~100°;第三道焊缝,焊条与下管壁夹角为 80°~90°。盖面层焊接所有的盖面层焊道,焊条与焊点处与焊接方向切线的夹角为 80°~85°。以上焊条角度如图 4-40 所示。盖面焊的接头方法多采用热接法,在熔池前 10mm 处引弧后,将电弧引至收弧处预热,当预热处有"出汗"现象时,压低电弧按原来操作方法焊接。

(二)小直径管对接水平固定焊焊接技术

小直径水平固定管单面焊双面成形的焊接是空间全位置的焊接。为方便叙述施焊顺序,可把水平固定管的横断面当做钟表盘,划分为 3、6、9、12 点时钟位置。通常定位焊缝在 2 点、10 点的位置,定位焊缝长度应为 10~15mm,厚度为 2~3mm。焊接开始时,在时钟 6 点位置起弧,将环焊缝分为两个半圆,即时钟 6、3、12 点位置和时钟 6、9、12 点位置。焊接过程中,焊条与焊接方向管切线的夹角应不断地变化。

小直径管对接水平固定焊条电弧焊打底焊的操作方法可分为连弧焊和断弧焊两种方法。

1. 连弧焊 连弧焊的引弧位置在时钟 6 点位置的前方(时钟5~6

点位置)10mm处引弧后,把电弧拉至始焊处(时钟6点位置)进行电弧预热。当坡口根部有"出汗"现象时,将焊条向坡口间隙内压送,听到"噗噗"声后稍停一下,使钝边每侧熔化1~2mm,形成第一个熔孔,这时引弧完成。若采用碱性焊条焊接时,在引弧过程中由于熔渣少、电弧中保护气体少等原因造成熔池保护效果不好,焊缝极容易出现密集的气孔。为防止这类现象出现,碱性焊条引弧多采用划擦法。由于碱性焊条的焊接电流允许值比同直径的酸性焊条要小10%左右,所以在引弧过程中容易出现粘焊条的现象。为此,引弧的过程要求焊工手稳、技术高,引弧把电弧拉至始焊处的位置要快、准确。打底焊时焊条角度如图4-41所示。引弧时焊条与沿焊接方向管切线夹角为80°~85°;在时钟7~8点位置,为仰焊爬坡焊,焊条与沿焊接方向管切线的夹角为100°~105°;如图4-41所示,焊条在时钟9点位置时,上述夹角为90°,在时钟10~11点位置时,为85°~90°,在时钟12点位置时为平焊,焊条角度为70°,右半圈与左半圈相对应的焊接位置,焊条角度相

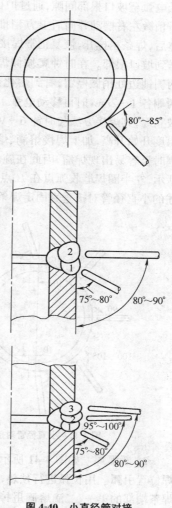

图4-40　小直径管对接垂直固定焊焊条角度

同。如图4-41所示,电弧在时钟6~5点位置A处引燃后,以稍长的电弧在该处加热2~3s,当引弧处坡口两侧金属有"出汗"现象时,迅速压

低电弧至坡口根部间隙,通过护目镜看到有熔滴过渡并出现熔孔时,焊条稍微左右摆动并向后上方稍推,观察到熔滴金属与钝边金属连成一体后,焊条稍拉开,恢复正常焊接。在焊接过程中必须采用短弧把熔滴送到坡口根部。在时钟爬坡仰焊的位置焊接时,采用月牙形运条并在两侧钝边处稍做停留,看到熔化金属已挂在坡口根部间隙并熔入坡口两侧各 1～2mm 时再移动电弧。时钟 9～12 点位置的焊接为水平管爬坡立焊,其焊接方法与时钟 6～9 点位置大体相同,不同的是这时管子温度开始升高,加上焊接熔滴、熔池的重力和电弧吹力的作用,在爬坡焊时极容易出现焊瘤,因此在施焊时要保持短弧快速运条。如图 4-41所示,左半圈焊缝收弧点在 B 点。收弧和与定位焊缝接头的方法和上述的小直径管对接垂直固定焊条电弧焊的操作方法相同。

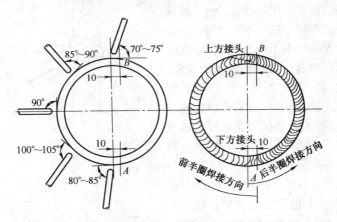

图 4-41 小直径管对接水平固定焊打底层焊焊条角度

2. 断弧焊 如图 4-41 所示,断弧焊引弧在时钟 6～5 点位置,即仰焊位置引弧。用长弧进行预热,当焊条端部出现熔化状态时,用腕力将焊条端部的第一、二滴熔滴甩掉,并同时观察预热处有"出汗"现象时,迅速准确地将焊条熔滴送入始焊端间隙,如图 4-41 的 A 点位置,稍做一下左右摆动的同时,焊条向后上方稍微推一下,然后向斜下方带弧、灭弧,至此第一个熔池形成,引弧工作结束。断弧焊焊条角度如图 4-41所示。断弧焊每次接弧时,焊条要对准熔池前部的 1/3 左右处,要求接触位置准确,使每个熔池覆盖前一个熔池 2/3 左右。断弧焊的灭弧动作要干净利落,不能拉长电弧,灭弧与接弧的时间间隔要适当,其中燃弧时间约 1s/次,断弧时间约 0.8s/次。灭弧频率大约为:仰焊和平焊区段为 35~40 次/min,立焊区段为 40~45 次/min。在焊接过程中采用短弧焊接,使电弧具有较强的穿透力,同时还应控制熔滴的过渡尽量细小均匀,每一焊点填充金属不宜过多,防止熔池金属外溢和下坠。在焊接过程中,熔池液态金属清晰明亮,熔孔始终深入每侧母材 1~2mm。在收尾处焊接时,由于接头处管壁温度已升高,灭弧时间应稍长,焊条熔滴送入应少一些、薄一些,严格控制熔池的温度,以防根部出现焊瘤或焊漏。与定位焊缝接头和收弧的操作方法与小直径管垂直固定焊条电弧焊相同。

小直径管对接水平固定焊条电弧焊打底层焊更换焊条时的接头手法分热接法和冷接法两种,操作方法与上述小直径管垂直固定焊焊条电弧焊打底层焊的方法相同。

小直径管对接水平固定焊条电弧焊盖面层焊接的操作要点是:仔细清理打底层焊缝与坡口两侧母材角处的焊渣和焊点与焊处的焊渣。如图4-42 所示,在时钟 5~6 点位置仰焊引弧后,长弧预热仰焊部位,将熔化的第一、二滴熔滴甩掉,以短弧向上送熔滴,采用月牙形运条或横

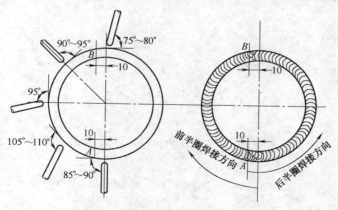

图 4-42　小直径管对接水平固定焊条电弧焊盖面层焊焊条角度

向锯齿形运条法施焊。在焊接过程中应始终保持短弧,焊条摆动到坡口两侧处稍做停顿,将坡口两侧边缘熔化 1～2mm,使焊缝金属与母材圆滑过渡,防止咬边缺陷。在焊接过程中,熔池始终保持椭圆形状而且大小一致,熔池明亮清晰,前半圈收弧时,要对弧坑稍填些熔化金属,使弧坑成斜坡状,为后半圈焊缝的收尾创造条件。用碱性焊条焊接盖面层时,始终用短弧预热、焊接,引弧方法采用划擦法。小直径管对接水平固定焊条电弧焊盖面层焊焊条角度如图 4-42 所示。盖面层的接头方法多采用热接法,接头时在熔池前 10mm 处引弧,将电弧引至熄弧处预热,当预热处开始熔化时,按上述的盖面层焊接操作手法进行焊接。

第五章　平焊的操作技术

第一节　E4303(J422)焊条平焊的封底焊接

一、平焊的初步掌握

(一)正确的焊接姿势

初步掌握好平焊,首先要有正确的焊接姿势,没有正确的焊接姿势就很难焊出好的焊道,而对于初学者来说,往往对焊接姿势不够重视。一般正确的姿势是:焊工蹲下之后两膝盖与两腋下靠近,两脚离焊道的距离应使两眼对焊道俯视时基本能够正对平焊的焊道。在平焊时采用正确的焊接姿势,既能使焊缝成形良好,又能使双臂在较长的时间内不致产生疲劳的感觉。

(二)扎实的焊接操作

1.初练平焊时　以 E4303(J422)直径为 $\phi 4.0mm$ 的焊条为例,在 160~180A 之间调出合适的焊接电流强度。焊接电流强度的调节应使电弧能够轻松地吹动熔池并使药皮熔渣能浮动灵活。初练时可适当增加焊缝宽度,采用月牙形运条方法,如图 5-1 所示。在练习时,一方面观察熔池的变化,一方面注意掌握识别药皮熔渣的能力。一般情况下,铁水是闪光致密的结晶体,而药皮熔渣则为浮在铁水表面的褐色的漂浮物。

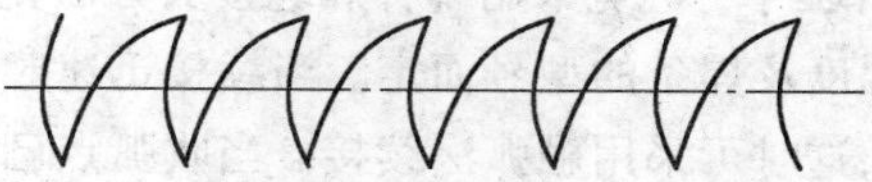

图 5-1　月牙形运条法

2.在练习的过程中 要试着掌握焊接焊缝的接头。平焊焊缝的接头焊接方法有两种:一种为触弧法,另一种为划弧法。触弧法是在一根焊条燃尽之后,迅速将换上的焊条直插入续弧点;划弧是在一根焊条燃尽后,从熔池末端10mm处将电弧引着,然后再拉到续弧点。以上两种接头方法都要求熔池具有较高的温度,使续弧的熔滴与续弧点的熔池充分熔合,并能形成接近焊缝表面高度的平滑接头。对于触弧法,较高的熔池温度显得更为重要,同时还要求触弧的动作必须准确,触弧时焊条的角度应为90°(图5-2)。触弧法的触弧点即上一根焊条熄弧后所留弧坑的前端,作为下一根焊条触弧之后形成的熔池。

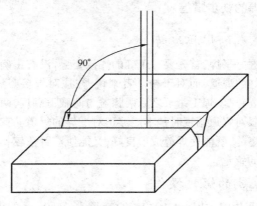

图 5-2　触弧法

采用触弧法焊条续接形成焊缝接头时,要掌握好熔池的形状、熔深和熔宽。如容器焊缝的封面焊,以 E4303(J422)直径为 $\phi5.0$mm 为例,在续弧点触弧之后,由于弧坑较大,这时在电弧引着后应立即将焊条迅速从续弧点的位置向前稍加提动(图5-3),然后根据熔池的形状逐渐加大焊条摆动的宽度,直到填满弧坑并接近正常的焊缝宽度和焊缝高度。

3.在焊接作业中 究竟采用哪种焊缝接头方法,应根据焊缝的宽度和收弧时的温度及焊条的型号而定。当续接迅速时,收弧点的温度较高,呈褐红色,这时可采用触弧法续接。当收弧点已变黑时续接,药皮焊渣变硬,若采用触弧法就难以起弧,再者因焊接面罩的遮挡也难以

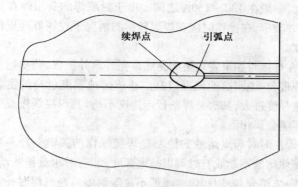

图 5-3　电弧向前提动的位置

找准触弧点,此时应改用划弧法续接。划弧的要领是:在弧坑外10mm 处引弧之后,向前提动电弧一步到位拉到弧坑的前端,然后逐渐加大焊条摆动的幅度并填满弧坑。

对于碱性低氢焊条,如 E5016(J506)、E5015(J507)、E4316(J426) 等在平焊时一般采用划弧法续接,而且起弧后不宜逐渐加大焊条摆动的幅度,只要将电弧提到续弧点的前端后根据弧坑的深度和宽度直接运用通常运条时焊条的摆动方法即可,如可以采用正月牙形运条法进行续接。

二、单面焊平焊封底层的头层焊接

当焊件的厚度大于 6mm 时,焊接前应开坡口。对于坡口的焊接有两种方法:一是,单面焊双面成形;二是,在一面焊接成形后,在另一面做清根处理。下面举例说明第二种焊接方法。

(一)焊接实例

板厚18mm,板的长度为2000mm,坡口钝边为 2mm,两板的对接间隙为 3mm、坡口角度为 60°,焊条型号为 E4303(J422)、直径分别为 $\phi4.0mm$ 和 $\phi5.0mm$。

(二)焊接操作

(1)封底焊的头层焊接使用直径为 $\phi4.0mm$ 的焊条,焊接电流强度不能过大,一般在 130～150A 之间。由于封底焊的头层焊在坡口的底部,较深并较窄,在操作时应在焊层较薄的情况下控制好药皮熔渣和熔池的温度。

(2)在焊接时如果发现熔池突然发亮并向外扩张、药皮熔渣呈亮红色下塌等现象,说明熔池温度过高。造成熔池温度过高的主要原因是焊接电流强度过大,其次是焊条行走速度不均匀、焊接缓慢或药皮熔渣与液态焊缝金属相混。

(3)焊接时对药皮熔渣的控制是焊接操作的关键一环。当发现药皮熔渣糊住熔池不动或有时可以被电弧吹动、有时很难被吹动时,就会出现夹渣、未熔合、咬边和焊缝成形不良等缺陷。在施焊时一定要保证药皮熔渣与液态焊缝金属很好地分离,即不论焊层薄厚与否,采用何种运条方式,都能观察到焊点处露出一节闪亮的铁水,这样药皮熔渣和铁水就能清晰可辨。

(4)封底焊头层焊接稍有间隙的焊段,药皮熔渣和铁水很容易分离。这是因为在熔滴过渡时,药皮熔渣会顺着熔池前面的间隙流走一些,这时只要电弧稍加吹动就能形成清晰的熔池。如果在熔池前端没有间隙,由于坡口较深,焊接电流强度又稍小,药皮熔渣就会糊住熔池不动。遇到这种情况,首先要加大焊接电流强度,改变焊条的角度,采用顶弧焊并加大运条的速度。顶弧的程度应保证电弧对药皮熔渣有效地吹动,使药皮熔渣始终漂浮在熔池上,并在焊点处露出闪亮清晰的铁水。

(5)当焊层较薄时,可随时根据熔池的状态进行回旋吹扫,对熔池的温度进行控制。当发现熔池温度过高、熔池有下塌现象时,可采用迅速熄弧和移弧的降温措施。下塌时应迅速熄弧,待温度下降后进行续接焊并将下塌处焊补。熔池温度过高时,可将电弧顺着焊缝移走,当温度下降后再回带电弧进行续焊。

(6)在封底焊头层时,电弧停留的时间不能太长。若焊接速度较低,熔池的温度就会骤增,形成塌陷。这时可沿熔池两侧贴着坡口表面(贴肉)向前带弧,电弧移动的长度可根据熔池的温度来适当掌握。当熔池的温度降低后再将电弧回带,回带时为防止因坡口的钝边较薄而出现下坠的焊瘤。可将电弧稍加提起,并迅速从熔池中心的两侧坡口表面压下电弧,对药皮熔渣进行顶弧吹动。这时焊条不应正对着熔池的中心,而应做微小的横向摆动,使焊缝金属坡口两侧相连。

(7)当熔池温度过高药皮迅速向熔池之外溢流时,铁水呈金黄色塌陷。这时熄弧后可不摘掉焊接面罩,在护目镜下观察熔池赤红的颜色逐渐消退后,再迅速从坡口的两侧引弧并将电弧回带。

三、平焊封底的二层焊接

(一)焊接实例

平焊封底的头层焊完成之后,进行平焊封底的二层焊接。二层焊仍以 E4303(J422)、直径为 $\phi4.0mm$ 焊条为例,焊接电流强度选择在 160~180A 之间。若焊接电流强度的选择得当,熔池状态和焊缝成形良好,能自如地对药皮熔渣实现控制。焊接电流强度的选择同时还与电焊工的操作习惯有关。

(二)焊条直径和焊层厚度的选择

二层焊时,焊条直径应根据坡口的深度和宽度选择。如坡口深度为 12mm 左右,坡口上边缘宽度为 16mm,封底二层焊采用直径为 $\phi4.0mm$ 的焊条,这时封底焊须经三遍才能完成。三层以后的焊接采用 $\phi5.0mm$ 的焊条。由于二层焊接时坡口内仍然较窄,焊层厚度掌握在 3~4mm 之间。

(三)二层焊接应注意的问题

(1)二层焊接应当注意的问题,仍然是熔池的温度和药皮熔渣对熔池的覆盖程度。合适的熔池温度应使熔池对头层焊道的熔合及其熔宽、熔深能够达到最佳程度。当熔池的温度过高时,将会出现熔池溢满、坡口被严重咬合、"翻浆"致使铁水和药皮严重相混。二层焊接要求严格防止夹渣等焊接缺陷。熔池温度的高低与焊接电流强度、焊层厚度、焊接速度和焊条横向摆动幅度有直接关系。若二层焊时,熔深在 3mm 左右,电弧能自由行走,熔池没有下塌且无过深的咬边现象,说明焊接电流强度的选择和运条是适当的。

(2)当坡口过深、焊接速度不均、焊条角度不当时也会出现药皮熔渣和铁水相混的现象。若出现药皮熔渣与铁水相混的现象时应首先变换焊条角度,拔高电弧吹跑药皮并加大焊接速度降低焊层的厚度。对电弧长度的控制应采用短弧焊接、长弧控制药皮熔渣的方法。

(3)对熔池温度的控制主要是通过调整焊接电流强度来实现的,其次是采用合适的运条方法。二层焊接可采用微形的反月牙横向摆动。如果药皮熔渣糊住熔池不动,一方面要加大运条时横向摆动的速度并加大焊条摆动的范围,降低焊层的厚度;另一方面应采用顶弧焊接的方法,拉大铁水和药皮熔渣的距离。但铁水和药皮熔渣的距离不能被拉得过大,否则丧失了药皮对焊接熔池的保护作用,同时还会使熔池两侧的铁水对坡口两侧咬合过深。当熔池的铁水和药皮熔渣的距离过大时,应放慢电弧的横向摆动,即电弧运行到坡口一侧时,稍作稳弧,将坡口两侧的熔池填满,然后迅速带弧到另一侧,用同样的方法进行稳弧,使焊缝的两侧稍高于中间或基本保持平滑。

(4)在焊接时,若铁水呈液体状态流动而焊缝两侧边的药皮熔渣却处于停留状态,流动的铁水没有对药皮熔渣产生推动作用,在这种情况下熔池会含有大量的夹渣。当熔池的铁水和药皮熔渣的距离过大,铁水在移动时呈枪尖状三角形,说明熔池两侧与母材熔合过深,焊缝会在熔池中间形成枝状表面并在两侧出现过深的沟状夹渣。

(5)平焊封底或二层焊接的运条多采用微形锯齿形或小圆圈形的运条方法,如图5-4所示。

四、平焊封底的三、四层焊接

三层、四层的焊接是整个平焊封底焊的关键。这两层焊接要相互配合,使这两层焊接完成之后焊道的打底层表面稍低于母材平面。这就要求避免气孔、夹渣和焊缝成形不良等缺陷,还应控制好每一层的焊层厚度,为封面焊打下良好的基础。

(一)平焊封底的三层焊接

三层焊接对药皮的控制也是根据药皮熔渣的浮动程度来改变运条方法和焊条角度。同时根据熔池中液态金属的流动状态来对焊层厚

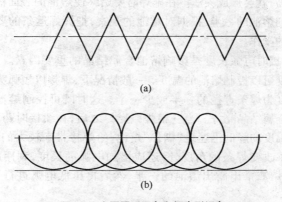

(a)

(b)

图 5-4　小圆圈形运条和锯齿形运条
(a)锯齿形运条　(b)小圆圈形运条

度、与坡口母材和下层焊层的熔合、焊缝成形进行控制。

(1)在三层焊接时,如果对焊接电流强度调整得较为适当,则熔池的形成较为容易,熔池在电弧的正确角度的吹动下,没有在移动时呈枪尖状的三角形,焊层厚度可以自如地增加或减少。

(2)三层焊接的焊层厚度应保证最后一层封底焊后,焊缝的表面既不能凸于母材平面,也不能过多地凹于母材平面。为此在焊接时要始终掌握熔池对坡口两侧的"淹没"程度。在焊接一段后,可敲开药皮熔渣了解焊层的厚度和这时的坡口的深度。如果焊层的厚度合适,那么就以该点熔池对坡口两侧"淹没"的程度为准来进行焊接。

(3)根据熔池的变化随时掌握好运条是焊条电弧焊的基本功。对于封底焊接,要求焊道表面以平为主。所以要使电弧走匀,使焊道既有光滑的表面,又使焊缝金属结晶完好。保证走弧均匀,一是随时对熔池进行观察,二是掌握好正确的运条方法。

(4)焊接时如果发现熔池一侧的药皮溶渣能很容易地被电弧吹动,而另一侧仍然翻着红褐色的沫子停留在原处,这时可以判定药皮溶渣容易被吹动的一侧的焊缝表面会高低不平,而在药皮熔渣不动的一侧含有大块夹渣。出现这种情况的原因:一是电弧在横向摆动时运条动作不均匀,二是焊接速度不均。若焊接速度过低,焊层必然加厚;若焊接速度过高,就会形成夹渣。在施焊时要始终使熔池的表面清晰,将药皮熔渣推到熔池的一半,根据对熔池的观察,把握好运条的要领,始终保持平稳的操作。

(5)焊接时电弧长度是影响熔池金属结晶的重要因素。通过控制电弧的长度可以控制熔池的温度。一般情况下,焊接以短弧为主,短弧的电弧长度为焊条直径的一半或少一半。这时既可控制熔池温度,又能使焊缝金属结晶完好。当一根焊条燃尽之后,在续接时药皮熔渣就会因熔池温度的降低迅速地"糊住"熔池,给焊接带来较大的困难。在续接时除了改变焊条的角度外,还应增加电弧的长度,利用电弧的吹力,将药皮熔渣推出露出熔池的一半,然后再压低电弧进行正常的焊接。

(6)一般平焊封底的三层焊接的运条方法以反月牙形或正月牙形为好。

(二)平焊封底的四层焊接

(1)在平焊封底的四层焊接中,焊接电流强度的选择应保证:电弧引燃后,浮动的药皮熔渣能被轻松地吹动;焊层的厚度可以随电弧的走动随意地加大或减小;在焊条横向摆动时,能准确地控制焊缝对坡口边线的"淹没"程度;没有焊缝成形困难、起堆或难以拉平等问题。以E4303(J422)焊条为例,焊接电流强度值在230~250A之间。

(2)在焊接电流强度适当的情况下,应随时根据药皮熔渣的浮动情况观察和控制好熔池和焊缝的成形。如果药皮熔渣迅速地流出熔池、铁水呈箭尖样的滑动时,焊层的中部呈高出的棱状而在两侧呈低洼不平的沟线,焊缝会与坡口的边线形成锯齿形的咬合缺陷,严重地破坏了坡口原始边线的直线度,所形成的焊缝表面会使后面的封面焊接很难完成。

(3)当药皮熔渣快速滑动迅速地流出熔池、铁水呈箭尖样的滑动时,应迅速改变焊条角度并降低焊接电流强度。在筒形容器的焊接中,还应改变焊接位置(图5-5)。转动焊多层焊接时,焊条在垂直中心线两侧15°~20°的范围内运条,并且焊条与垂直中心线成30°角。若焊缝出现夹渣,原因是铁水与药皮熔渣混在一起或下面焊层的夹渣点过深,在电弧吹扫时没有将其扫除干净。这时应适当地加大焊接电流强度并改变焊条的角度，将药皮熔渣推出熔池长度的一半左右，露出清晰的铁水来。以便观察焊层的薄厚及焊缝成形时，是否与坡口边线发生咬合。

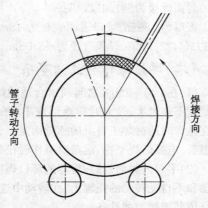

图 5-5　筒形容器焊接位置的改变

（4）在最后一层封底焊接时，若发现熔池高于母材表面，说明焊层过厚；反之，熔池低于母材表面，说明焊层过薄。若铁水"淹没"了坡口的原始边线，则会发生咬合缺陷。当坡口边线被"淹没"过多时，就要采取改变焊条横向摆动的幅度或变换运条方法等措施。

（5）当遇到特殊情况如坡口过深或过浅，在坡口过深时，为了使焊缝的厚度与母材一致，加大了焊条顶弧的角度，同时放慢了焊接速度，这样会使焊缝的宽度加大，甚至发生坡口边线的咬边现象。

当平焊封底四层焊层的厚度为 3mm，而此时坡口的深度大于 4mm，可先用 φ4.0mm 或 φ3.2mm 的小直径焊条根据所差的深度先补焊一层，完成之后清除焊渣，再进行正式焊接。当遇到坡口较浅的地方，若不采用四层焊封底焊，此时的坡口还具有一定的深度，封面焊则会由于坡口较深而难以形成饱满的焊缝。这种情况仍可采用 φ4.0mm 或 φ3.2mm 小直径焊条进行填充，在填充时尽量采用稍大一点的焊接电流强度，同时在条件允许的情况下，可加大焊条摆动的距离。

平焊封底四层焊接的运条方法也可以以正、反月牙的横向摆动为主。

五、平焊的封面焊接

（一）焊接实例

平焊的封面焊接是几层焊接中最重要的一层，下面以容器环口平焊的封面焊接为例,加以说明。

板厚为 18mm,坡口表面宽度为 18mm,环口直径为 2500mm,选用 E4303(J422)焊条,焊条直径为 φ5.0mm。

(二)焊接操作与注意事项

(1)在 240~250A 之间调出合适的焊接电流强度。应注意焊接电流强度不能过大,过大时很难形成丰满的焊缝。焊接电流强度的大小可在施焊时通过焊工自身的感觉而定。合适的焊接电流强度应在电弧引燃后,电弧燃烧平稳、运条时操作轻松省力,易于控制焊缝的成形。

(2)平焊的封面焊时,容器的环口焊接大都将筒形容器放置在带有自动和不自动转动的托辊上,在转动中进行环口的焊接,在焊接之前要做好顶部焊接前的准备。

(3)在封面焊时,要随时观察药皮熔渣的浮动情况和铁水的张力及对坡口原始边线的"淹没"程度。

(4)药皮熔渣的浮动情况是焊缝表面成形和内部结晶的关键,图 5-6 所示为药皮熔渣浮动的不同情况所产生的焊纹。

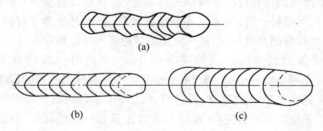

图 5-6　焊缝焊纹的形成
(a)药皮熔渣全部流出熔池　(b)药皮熔渣流出熔池的 2/3
(c)药皮熔渣流出熔池的 1/2 以下

(5)当药皮熔渣全部流出熔池时,铁水呈箭尖般三角形,并急速地滑动,焊缝中间出现明显的棱状,而且在焊缝的两侧也出现了高低不平的棱状边线。这种焊道中间高出的棱状部分超出了标准的焊道高度,而在两侧低的边部,由于电弧的巨大吹力和铁水急速的滑动,使得焊缝的两侧边部低于母材的平面,造成了比比皆是的"缺肉"现象。

(6)当药皮熔渣流出熔池的 2/3 时,上述的"缺肉"现象基本消失,但铁水仍然形成箭尖形的流动,形成的焊道基本上符合要求。这时存在的主要问题有:焊道的焊纹较大,在续焊时由于起焊的焊纹和焊道的焊纹差距较大,会有明显的接头痕迹。

(7)当药皮熔渣流出熔池的少一半时,铁水的滑动趋于平缓,焊纹呈椭圆形,可以使焊缝表面成形光滑。由于焊纹平缓,续焊接头处的焊纹与焊道的焊纹接近。

(8)在平焊的封面焊时,对药皮熔渣浮动可以通过调整焊接电流强度、焊条的角度、运条方法及母材的平面度加以控制。当焊接电流强度过大时,电弧的吹力增大,这时正对着电弧方向的药皮熔渣迅速地流出熔池,同时铁水也出现了箭尖般的滑动。如果焊接电流强度适当,但采用过大角度的顶弧焊接,也会使药皮熔渣迅速地流出熔池。不正确的运条方法也是对药皮熔渣的浮动失去控制的重要原因。当采用正月牙形运条时,月牙的弧度应当趋于平缓或稍有一定的弧度,而不能太大。若焊接时母材表面不平、从低点向高点焊接也是造成药皮熔渣和铁水滑动的原因。

(9)在容器的顶部进行封面焊接时,有时会因为焊接方向不对使药皮熔渣和铁水产生滑动。在顶部起焊时焊接方向如图 5-7 所示,电弧在容器中心线的一侧沿上坡进行焊接。

总之,焊工在施焊时不能仅仅是根据某一种运条方法进行机械的模仿,而应当仔细地观察和控制好熔池和药皮熔渣的具体变化,并在焊工的头脑中具有良好药皮熔渣浮动和熔池的状态。

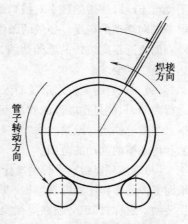

图 5-7　容器顶部的封面焊

(三)平焊封面焊的运条

(1)平焊封面焊的运条也是必须掌握的重要方面。运条时焊条摆动的幅度和移动的范围直接影响着焊缝的成形、铁水的张力和对坡口边线的"淹没"程度。一般来说,平焊时焊接电流强度较大,形成的熔池的铁水的张力也大,平焊的封面焊与前面的封底焊相比较,焊条横向摆动的幅度较大。

(2)如图 5-8 所示,以月牙形运条为例,在封底焊和封面焊的过程中,焊条摆动的幅度可根据熔池铁水对坡口表面和原始边线的熔合程度而定。封面焊时,熔池铁水的张力线及其外扩边线应越过坡口的原始边线1mm 左右。由于铁水的张力,在施焊时不能将焊条直接搭在坡口的原始边线上。如果搭在了坡口的原始边线上,形成的焊缝宽度就会超过焊缝的设计宽度。因此,在引弧后运条时,焊

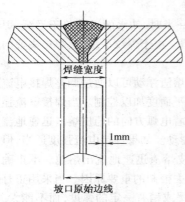

坡口原始边线

图 5-8 封面焊坡口原始边线和
焊条的横向摆动幅度

工要牢牢地盯住熔池铁水对坡口原始边线的"淹没"情况,以此来确定焊条横向摆动的幅度。一般的做法是,焊条横向摆动时,当焊条药皮的外表面接近距离坡口的原始边线 1mm 时,改变焊条的摆动方向,便可达到上述的要求。

(3)在观察熔池铁水形成的张力线时,不能根据药皮熔渣的浮动来进行判断,只能是在电弧的吹动下根据熔池铁水的流动状态来进行观察。当熔池铁水对原始边线"淹没"时,操作者应随时掌握好运条的手法和焊条横向摆动的范围。

(4)罐体环口封面平焊的操作与地面上平焊的操作是有所区别的。地面平焊的操作比较容易掌握,而在罐体的顶部进行焊接时罐体还发生转动。这样,焊工必须在焊接操作的同时还要对罐体的转动进行指挥。这时焊工要对罐体顶部引弧点的位置、焊条纵向移动的范围做到心中有数。如罐体的直径较小,则运条时焊条纵向移动的范围就相对要小;如罐体的直径较大,则运条时焊条纵向移动的范围就相对

要大。

(5)在对罐体进行焊接时,一定要掌握好焊接点的最佳位置,在焊接电流强度合适的前提下保证熔池铁水受到控制,而且药皮熔渣始终能够漂浮在电弧移动处的边缘。

(6)在罐体顶部焊接时,如果发现药皮熔渣快速地离开熔池,说明罐体的转动过快,致使正常的焊接速度跟不上罐体的转动。这时焊接点一定会在下坡位置。当发现这种情况时,应立即停止罐体的转动,或使罐体倒转,从而使焊接点恢复到最佳位置。如果发现药皮熔渣"糊住"熔池,使运条操作困难,同时焊缝的厚度也在逐渐减薄,这种情况说明罐体的转动过慢,而焊接过快。当发现这种情况时,应当加快罐体的转动。

(7)平焊封面焊焊缝的高度,也是平焊焊接的关键一环。其高度既不能凹于母材,也不能过多地凸于母材。当焊接件的板厚小于 12mm 或在 10mm 以下时,封面焊缝成形的高度应在 1mm 左右;当板厚大于 12mm 时,封面焊缝成形的高度应在 1~3mm 之间。自动埋弧焊时,焊缝的高度应在 1~4mm 之间。

(8)平焊焊接的续接接头会对焊缝的成形造成直接影响。没有较高质量的续接接头,焊缝的成形就无从谈起。罐体焊接环口顶部的续接接头可在最佳焊接点的上侧,如图 5-9 所示。这一位置可以顺利地引弧,还可以保证续接点不致起棱和鼓包。当使用 $\phi 5.0mm$ 的焊条进行环缝的封面焊时,由于熔池的体积较大和温度较高,在续接引弧时应采用触弧法。在触弧时熔池的温度越高,续接的质量就越好。因此,在续接时动作要迅速,触弧要准确,触弧时焊条角度以 90°为最佳。

(9)在续焊时还要特别注意防止发生弧坑裂纹,当一根焊条燃尽之后,续接下一根焊条时,应根据上一根焊条留下的弧坑的大小,在续接点的前端逐渐加大焊条的摆动幅度,将弧坑填满并形成圆滑的焊缝之后再进行正常的焊接。

(10)常用的平焊封面焊的运条方法有:正月牙形、正月牙形递进、反月牙形、反月牙递进和八字形等运条方法(图 5-10)。一般来说,采用反月牙形运条时焊纹较细腻、焊缝表面光滑,又与续接接头的焊纹相近,如果续接

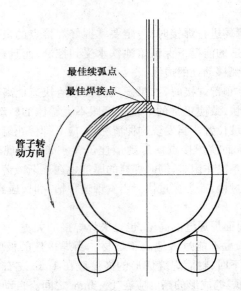

图 5-9 最佳续弧点和最佳焊接点

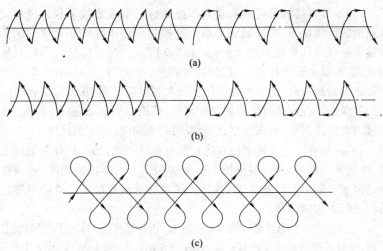

图 5-10 平焊封面焊常见的运条方法

(a)正月牙形、正月牙形递进　(b)反月牙形、反月牙形递进　(c)八字形

接头焊掌握得较好,会使整个焊缝浑然一体。但在罐体慢转时,会发生药皮熔渣"糊住"熔池的情况,这时就应采用正月牙形的运条方法,以增加电弧对药皮熔渣的吹力。当罐体的转动速度有所增加时,再采用反月牙形运条方法恢复正常焊接。正月牙递进的运条方法与正月牙形运条基本相近,只是当电弧运行到坡口外侧时,沿着焊缝向前递进 2mm,递进之后再采用正月牙形运条的方法将电弧带回坡口的另一侧。

第二节　碱性低氢焊条的平焊

一、碱性低氢焊条的头层平焊

(一)焊接实例

通常使用的碱性低氢焊条的平焊焊接,如使用 E4316(J426)、E5016(J506)、E5015(J507)等焊条,与使用酸性焊条 E4303(J422)有很大区别。下面以板厚 14mm、坡口钝边为 2mm、两板对接间隙为 3mm(或没有间隙)、坡口角度为 60°的容器内环口焊接为例说明。

(二)焊接工艺与操作注意事项

(1)头层焊接的焊接电流保证引弧之后走弧时能够形成良好的熔池即可。当焊条直径为 $\phi 4.0mm$ 时,焊接电流强度值在 140~170A 之间。

(2)碱性低氢焊条的焊接一般使用直流焊机并采用直流反接。即焊条接正极,焊件接负极。在碱性低氢焊条的焊接中应重点控制好电弧长度、焊条角度,以保证在焊接中电弧的稳定。电弧长度采用超短弧,其长度不要超过焊条直径的 1/2。采用短弧的目的是使熔池始终在电弧的保护之下,阻止空气和其他有害因素对熔池的侵蚀,也有利于焊缝金属的成形。焊条角度是否正确,也直接关系到短弧焊接的焊缝成形。如果焊条角度不正确,即使采用短弧焊接也无法对熔池起到良好的保护作用,空气依然会侵入熔池形成气孔,而失去短弧的意义。

(3)低氢焊条的平焊焊接的焊条角度应使焊条与焊缝成 90°、85°、80°等。在施焊时可根据熔池的温度来改变焊条角度,使熔池保持在最佳状态。并且要求焊工在操作时,在焊接电流较小的情况下,不发生焊条与母材相粘和时高时低的颤弧现象,以保持稳定的电弧。

(4)由于在平焊头层焊接时有一定的对接间隙,在操作中要求通过对熔池的观察能够正确掌握焊接速度。如果焊接速度不当或在运条时不控制好电弧的长度,频繁地回带电弧和乱吹熔池,就无法形成成形良好的焊缝。

(5)碱性低氢焊条的焊接在头层形成焊缝时,坡口间隙和焊接的温度不宜过高,需要以较小的焊接电流。坡口两侧残留的金属氧化物,毛刺、焊接现场周围环境空气对流、潮湿、环境温度等有害因素使焊缝金属与母材熔合时会形成大量的气孔。为了避免和减少这些有害因素对熔池的影响,在头层焊接时,先形成厚度为1mm的较薄的焊缝,然后再拉回电弧从头焊起。在第二次焊接时一定要与先形成的焊缝金属充分熔合。

(6)与E4303(J422)焊条相比,焊接时对碱性低氢焊条的药皮熔渣的控制难度较大。即使在较小的焊接电流的情况下,只要能够形成熔池,碱性低氢焊条的药皮熔渣因操作不当仍会迅速地离开熔池。这时操作者能够清晰地看到熔池表面的液态金属,熔池不能得到药皮熔渣的覆盖。一般来说,当坡口有一定的间隙或钝边较小时,对药皮熔渣的控制比较容易。在坡口没有间隙或钝边较大时,应尽量使电弧吹向坡口的两侧。

(7)碱性低氢焊条平焊的头层焊接,在坡口没有间隙或钝边较大的情况下,如果对熔池的深度掌握不准,常会使药皮熔渣发生倒流并与铁水相混。当发生这种情况时,除了适当地加大焊接电流外,同时还应加大焊接速度,使熔池的深度逐渐减小,形成较薄的头层焊缝。另外,在碱性低氢焊条的焊接中,由于受到空气流动的影响会产生气孔,所以头层焊缝的质量并不理想。因此,头层焊缝的厚度只要对下一层焊缝的焊接具备一定的温度承受能力即可。它只作为下一层焊缝的托垫起到挡风、除锈的屏障作用,使二层的焊接能够顺利地进行。

(8)头层不理想的焊缝在二层焊接时经过与二层焊接熔池的熔合形成新的焊缝,而剩下的部分在双面焊时经过碳弧气刨清根后也被清除,从而使焊接质量得到保证。但如果头层焊缝的焊层过厚,在二层焊接电弧吹扫时,由于深度有限,不但增加了反面清根的深度,而且也造成了焊条的浪费。

(9)气孔是碱性低氢焊条焊接时观察的重点,当发现药皮熔渣迅速地向熔池之外流动,铁水中有圆形或椭圆形像"小水泡"样的就是气孔。如果在熔池中存在大量气孔时,不能够像看到熔池中存在夹渣那样用加大焊接电流强度并进行回旋吹扫的方法来解决。这时操作者应立即停止焊接,找出出现气泡的确实原因。产生气泡的原因有:电弧过长、对焊条的烘干处理不当、坡口不干净、焊条角度不正确、电弧不稳、周围空气流速过高等。找出确实的原因之后再继续进行焊接。

(10)头层焊接的运条方法同碱性低氢焊条单面焊双面成形的运条方法基本相同。可将电弧先沿坡口的一侧向前带弧焊接,其移动的距离可根据坡口的间隙来适当掌握,然后返回到坡口的另一侧以同样的方法进行焊接。若稍有坡口间隙时,可将电弧沿坡口一侧稍带之后,再将电弧带到坡口的另一侧。

二、碱性低氢焊条的二层平焊

(一)焊前准备

1. 清渣 头层焊接完成之后应彻底清除焊渣。如有焊渣较深的地方,用手提式电动砂轮将含渣点清理干净后,进行二层焊接。

2. 调整焊接电流,确定焊接方式 在二层焊接之前,先根据头层焊缝的厚度和二层焊接时坡口的深度等调整好焊接电流强度。若在头层焊接之后坡口的深度还有 8mm,坡口的宽度为 12mm,头层焊接焊缝的厚度为 4mm 左右,则二层的焊接可作为封底焊使焊缝一次成形。同时可采用平焊焊接的反焊操作方法。如图 5-11 所示,在对罐体进行平焊时,罐体的转动方向为顺时针,焊接方向为逆时针方向称为正焊,罐体的转动方向为逆时针,焊接方向为顺时针称为反焊。

(二)焊接工艺与操作注意事项

(1)在低氢碱性焊条的封底焊接中,头层焊接最好采用正焊焊接,

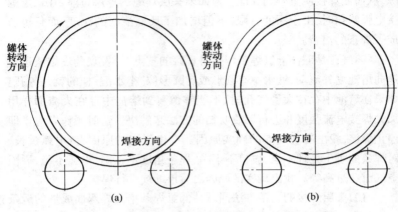

图 5-11　正焊和反焊时罐体的转动方向

(a)正焊　(b)反焊

这种焊接的方法操作比较灵活,有利于头层焊缝的成形。但二层焊接应采用爬坡反焊的方法,反而有利于熔池的形成和焊层的加厚。由于头层焊接形成的焊缝对二层焊接起到了隔绝空气的保护作用,所以在条件允许的情况下,可以选择较大的焊接电流强度值。如果在头层焊缝中存在较深的夹渣和在坡口两侧发生咬合等缺陷,增加二层焊接的焊接电流强度可增加电弧吹力和熔池的温度,从而使头层和二层焊缝之间的熔合达到最佳的程度。

(2)二层焊接的起焊点可根据焊接电流的大小和运条的方法来确定,如果焊接电流强度稍小,应在爬坡段稍高一些的位置起焊;如果焊接电流强度稍大,而且运条的方法又掌握得适当,可在爬坡段稍低的位置起焊。

(3)二层焊接在熔池宽度和深度都较大的情况下,可一次成形完成焊接。这时由于熔池的温度较高,而头层焊缝对高温的承受能力十分有限,并且还应使二层焊接的熔池保持一定的深度,会给操作者带来一定的困难。二层焊接与头层焊缝欲实现良好的熔合,必须使用稍大的焊接电流强度,但当焊接电流强度较大时,熔池的温度就会提高。为解决好这一关键问题,必须采用灵活的运条方法。如图 5-12 所示,二层焊接先以 A 点起弧向 B 点带弧,使之连成熔池,然后迅速将电弧引至 C 点停留瞬时,再将电弧带至 A 点,这样在焊接中依次循环。在运条的每一次循环中,将电弧从 A 点带到 B 点时,一定要使坡口两边的母材与焊缝金属充分熔合。焊缝金属与母材的熔合程度可通过电弧的停留时间和走弧加以控制。做到既要保证良好的熔合,又要防止咬边的缺陷发生,从而保证焊缝的宽度符合设计要求。

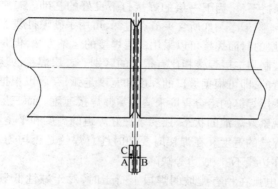

图 5-12 二层焊接的运条方法

(4)对于熔池的熔深可以通过对熔池的温度和液态金属的溢流程度来判断和控制,当电弧在 A 点时,若 A、B 两点之间熔池温度较高并且液态金属处于溢流状态,应迅速将电弧带到 B 点。若这时 A、B 两点间的温度仍然较高并且液态金属仍然处于溢流状态,应迅速将电弧引至 C 点,并在 C 点处形成熔池。

(5)由于头层焊缝的厚度较薄(图 5-12),当电弧引向 C 点处的同时,应尽量向 C 点两侧的坡口进行吹扫。吹扫时要快,电弧压得要低。如发现熔池的温度增高,头层焊缝有被烧穿的趋势时,应将电弧迅速引向 B 点,由于这时 A、B 两点间的熔池的高温已得到缓解,然后再将电弧从 B 点带到 A 点。在上述的运条的过程中,应随时根据熔池的表面形状调整好焊接速度,使二层焊缝的成形良好。

(6)在整个运条的过程中,操作者一方面要观察并判断熔池的温度的变化,一方面要掌握好焊条的角度和焊接时采用短弧的电弧长度。

使整个熔池的成形完好。每当一根焊条用完之前,应尽量将收弧点放在坡口的一侧,并在收弧时将弧坑填满,以防止在收弧点处形成气孔和弧坑裂纹。由于续接时焊接熔池的温度较低,若续接时操作不当就会直接影响到焊接质量。续接后电弧不应立即引至C点,因为这时C点的焊接温度不高,焊缝金属不能得到充分熔合,容易形成夹渣。

(7)二层的焊接应尽量一次成形、连续焊接,焊缝表面应稍洼于母材表面并保持平整,为下一层的焊接打下良好的基础。二层焊接完成后,将焊渣清除干净。如所含夹渣点过深,可用手砂轮打磨予以清除。

(8)三层的封面焊接可以采用二层焊接的运条方法,但是对于熔池的观察和控制与二层焊接相比有很大的区别。二层焊接的运条是在坡口以内进行的,即可根据坡口的深度和宽度走弧,又可以根据焊道的平整度和与头层焊缝的熔合程度来适当掌握焊接速度。而三层的封面焊接不但要观察好熔池的状态,还要掌握好焊道的高度和平整度,特别是要掌握好焊缝的宽度。在焊接时要随时注意焊纹是否均匀,焊缝的两侧是否存在边线不齐、咬边等缺陷。

(9)当电弧在稍有爬坡的焊段上行走时,对于碱性低氢焊条的焊接,若操作不当,就会频繁地出现咬边现象,直接影响焊接质量。有时为了弥补咬边的缺陷,不得不采用砂轮打磨并焊补的方法,不仅造成人力和材料的浪费,而且影响了焊缝的成形。

(10)为了避免在焊缝成形时产生咬边的缺陷,首先要掌握好碱性低氢焊条焊接在熔池成形时液态焊缝金属的外扩张力和覆盖的程度,也应观察在焊接的过程中焊缝金属与母材金属的熔合程度。图5-13为碱性低氢焊条焊接时液态金属的覆盖线。在三层焊接时的焊接电流强度要稍低于二层焊接时的焊接电流强度。碱性低氢焊条的平焊,可采用正、反月牙形的运条方法,并在操作中掌握好液态金属的流动,使成形后的焊缝平整光滑。

三、碱性低氢焊条单面焊双面成形的平焊

(一)焊接实例

碱性低氢焊条单面焊双面成形的平焊焊接,因碱性低氢焊条在焊

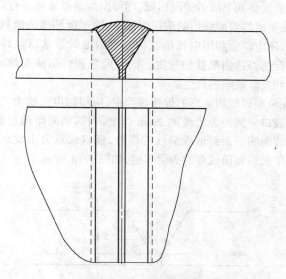

图 5-13　液态金属的覆盖线

接成形的各种约束条件,如必须采用连弧焊接,必须使用短弧焊接等,故会比其他焊接方法的难度更大一些。在上述条件的约束下完成碱性低氢焊条单面焊双面成形的平焊焊接是下面要叙述的主要问题。

举例说明:板长 350mm、板厚 12mm、坡口钝边 1mm、对接间隙为 3mm,两板对接后坡口角度为 60°,两板固定定位焊点放到焊道的两侧。

(二)焊接工艺与操作注意事项

(1)头层的封底焊选用 E5016(J506)焊条。焊条直径为 $\phi 3.2mm$,焊条在焊前应经过烘干处理。焊接电流强度在 90~115A 之间,以能够形成熔池、可自由带弧并对药皮熔渣有一定的吹力为合适。

(2)单面焊双面成形的头层焊接应以控制熔池的形状和温度为重点。在单面焊双面成形的平焊焊接中,一旦由于运条方法不当造成熔池的温度过高,就会出现大面积的下塌而形成焊瘤。一般在焊瘤内含有大量的气孔,同时也直接影响了焊缝背面的成形。对于熔池温度的观察和判断,要始终以熔池的颜色为依据。如果熔池稍见赤红色,而且并没有突然发亮和下塌的情况出现,即可向熔池带弧和进行焊接操作。

(3)在单面焊双面成形的头层焊接中,除了能够准确地判断出熔池的温度外,还应学会利用电弧的吹扫观察熔池的形状以及焊缝金属与坡口的熔合是否达到最佳的程度。同时要掌握好熔滴向熔池的过渡,以防气孔和夹渣缺陷的产生。

(4)在单面焊双面成形的焊接过程中,应根据电弧吹力的大小使电弧行走在坡口一侧钝边边缘的 2mm 以上,当熔滴向熔池过渡时,正好超过母材背面的平面而形成最佳的焊缝,就以此点为出发点并沿水平方向形成单面焊双面成形的头层焊缝,如图 5-14 所示。

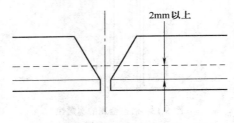

图 5-14　单面焊双面成形

(5)碱性低氢焊条的单面焊双面成形的焊接,采用短弧和小焊接电流运条就显得非常重要。单面焊双面成形的运条方法同其他焊接的运条方法都有所区别,不能只做单一的横向、月牙或圆形的摆动,应根据熔池的状况从坡口的两侧分别走弧,然后再回带电弧。这种方法在向前运条时可穿透焊缝,在母材的背面形成熔池。在提弧回带时,也可穿透焊缝,使母材背面的焊缝成形。在向前带弧时,由于坡口有一定的间隙,应将电弧沿坡口一侧的根部稍上一点向前以"长肉"的形式带弧,这样做可以避免直接从焊缝中间部位向前带弧时造成烧穿和形成焊瘤的缺陷。向前走弧的幅度要比正常的横向走弧的幅度稍大一点,一般情况下在 3～4mm。这样的坡口的底部形成一块"焊肉",然后再根据熔池的温度将电弧回推。回推时,电弧的走弧位置应根据坡口的间隙和在回推时是否会产生烧穿和焊瘤来适当掌握,一般情况下大致在坡口钝边上移 2mm 处。回推时要快,当电弧回推时,如果熔池的温度过高,可将电弧绕过高温的熔池向里带弧到坡口的另一侧,沿坡口向前走弧

2mm左右,再按回弧的走线推弧。此时焊缝的背面成形虽然没有通过电弧的直吹而形成,但由于熔池的温度较高,仍然可以使熔滴穿透焊缝。

(6)如果熔池的温度较低,不能形成最佳的双面成形,还可能出现药皮熔渣和铁水的混渣现象。这时可将电弧回带到熔池中心,然后根据熔池的流动程度进行穿透性走弧。但走弧要快,要随时观察在穿透性走弧时熔池的温度和形状的变化,避免出现烧穿和焊瘤的缺陷。整个单面焊双面成形的焊接应在尽短的时间内完成。

(7)单面焊双面成形的头层焊接完成以后,清除掉焊渣。如有过深的含渣点,要用砂轮打磨。单面焊双面成形的二层和封面焊接可参照头层的焊接方法。

四、特殊情况下容器预留坡口的焊接

(一)焊接实例

特殊情况下容器预留坡口的焊接也属于平焊的范畴,在容器的焊接中,会出现各种各样的焊接作业,包括直径几米至几十米的大型容器,也包括直径在1m以下的容器。下面举例说明800mm直径容器预留坡口的焊接技巧。

(二)焊接工艺与操作注意

(1)容器焊接时的坡口尺寸应根据容器板材的厚度和容器直径的大小来确定。如直径800mm、板厚20mm的小直径容器焊接,全部开内坡口,坡口深度在18mm左右,打底焊接需要几次才能完成。由于罐体的直径较小,进行多层的焊接和清渣都会具有一定的困难。如全部开外坡口,则单面焊双面成形的效果不好,在罐内使用碳弧气刨和砂轮打磨清根处理也很难进行。为了避免上述诸多不利因素的影响,可在坡口的预制时开双面坡口,内坡口深度6mm左右,外坡口深度12mm左右,没有钝边,对接后两坡口间的夹角为60°,对接坡口间隙为3mm左右。头层焊接先在内坡口进行,封底采用一次成形,采用上节所叙的单面焊双面成形的焊接方法。选用E5016(J506)、直径为$\phi4.0$mm的焊

条。

(2)头层焊焊接电流强度大致在 140～165A 之间,起弧之后能顺利形成熔池即可。焊接极性采用直流反接,以电弧吹力较柔软、形成稳定的电弧和熔池为好。焊接方向可采用倒焊法,如图 5-15 所示。这种焊接方法使操作的范围较大,有利于熔池的加深和形成。

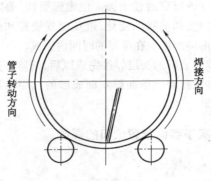

管子转动方向

焊接方向

图 5-15　倒焊法

里层焊缝的焊接如图 5-16 所示。当电弧在 A 或 B 两点引着并形成熔池后,可迅速将电弧从熔池的一侧,如 A 侧,沿坡口压低电弧向熔池的前方移动。移动的距离,可根据熔池的温度适当掌握,一般在 7～8mm。在向前带弧时,一方面,电弧离开熔池,使熔池的温度得以缓解;另一方面,电弧又对未焊的坡口进行吹扫,为电弧的回带形成熔池做好屏障保护,然后在电弧回带时使焊接熔滴逐渐向坡口的两侧过渡,并到达在熔池根部的 A 点,在 A 点稍作稳弧后将电弧迅速带向熔池高温区的后方 C 点,再沿弧形线运弧至 B 点。带弧的快慢程度应根据熔池的深度适当掌握,在观察熔池深度的同时还应掌握好焊缝的平整度。平整度的掌握可通过对熔池的观察使电弧做微小幅度的摆动来实现。里层焊缝两侧的高度应与坡口边沿母材表面持平,焊缝中间的高度应略微低于母材表面。

当里层封底的一次成形焊接完成后,可使用碳弧气刨在外层进行清根。外层的焊接方法可参照本章第二节碱性低氢焊条的二层平焊所叙述的方法,填充焊缝金属。

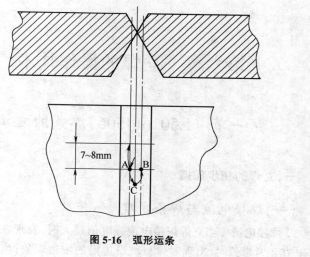

图 5-16 弧形运条

第六章　立焊的操作技术

第一节　E5016(J506)焊条的立焊

一、立焊的初步掌握

(一)焊接电流与焊条角度

1.焊接电流　当立焊焊接电流强度值过大时,发现在起弧后熔池塌陷,在正常带弧时,出现对母材坡口边沿的咬边现象;当焊接电流强度值过小时,不仅起弧非常吃力,而且难以形成熔池;当焊接电流强度值合适时,在操作中能自如地对溶池进行控制,轻松地随着焊条的摆动焊缝自然成形,说明这时的焊接电流强度为最佳。焊接电流强度的选择,根据环境条件和操作习惯的不同具有一定的差异。

2.焊条角度　正确的焊条角度是保证熔池焊缝金属完好结晶的重要条件。焊条角度不正确时就会产生未熔合、气孔、咬边等缺陷。立焊时正确的焊条角度,在垂直方向上焊条与焊条下方的焊缝成 $65° \sim 80°$ 的夹角,在左右方向上焊条与经过熔池并在母材平面上的水平线成 $90°$ 夹角。

(二)续接方法与焊接最佳位置

1.续接方法　立焊时起弧的方法以擦划法为主。如果焊条为碱性低氢焊条,电弧在引弧点引着之后,如图 6-1 所示压低电弧引到续弧点即可。如果焊条为 E4303(J422)碳钢焊条,电弧在引弧点引着之后,应先拔高电弧,然后在续焊点进行预热。预热的程度为能使电弧吹跑药皮熔渣,续焊点稍见"汗水"之后,迅速压低电弧进行正常焊接。

2.焊接最佳位置的选择　焊接的最佳位置,必须能使一根焊条在

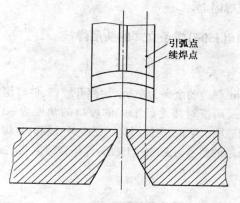

引弧点
续焊点

图 6-1　续焊点

其整个燃烧过程中,都处于焊工最得手的位置。焊接的最佳位置,可根据焊工手握焊钳的姿势和操作习惯来进行适当的掌握。

二、立焊焊接的焊前准备

(一)确定焊接部位结构和焊接参数

立焊前,应首先确定焊接类型和坡口和尺寸,根据坡口的深度确定焊接的层数。同时还应确定焊接极性和焊接电流的大小,确定焊条的烘干温度和对母材的处理等。

(二)焊前准备

以硅整流电焊机为例,在电弧偏吹不大的情况下应尽量采用直流反接,即焊钳接电源的正极,焊件接电源的负极。一般采用直流反接时,电弧燃烧稳定,可形成稳定的熔池,而且飞溅也小。焊条的烘干温度一般为 250～350℃,烘干 1～2h。在对焊条做烘干处理时,不应将焊条往高温炉内突然放入或从高温炉中突然拿出,避免焊条药皮的温度变化过于猛烈而造成药皮开裂,应慢慢加热和保温。焊条烘干后应及时放在保温筒内,以防受潮和受到外界环境温度的不利影响。在施焊前还应对坡口进行预热、清理和干燥等处理,彻底清除坡口两侧及周围母材留有的锈蚀、油污、杂质等有害物质。以上准备工件做好后将焊件就位并进行点焊固定。

三、E5016(J506)焊条立焊的头层焊接

(一)焊件实例

直径为 6m、焊缝的余高为 2mm、两侧开坡口、坡口深度为 16mm、坡口钝边为 2mm、两板对接之后形成的坡口的角度为 60°、焊缝间隙为 3~4mm、采用三块定位板、定位焊焊点在坡口外侧的立焊焊接,如图 6-2 所示。选择焊条的型号为 E5016(J506),焊条直径为 $\phi 3.2mm$。

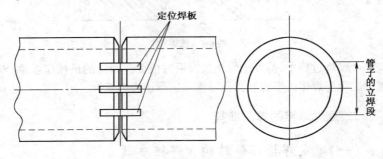

图 6-2 定位板示意图

(二)立焊头层焊可能存在的主要缺陷

立焊的头层焊焊缝可能存在的主要缺陷有咬边、夹渣、气孔和焊缝的宽度不一致、焊缝薄厚不均及焊纹没有规则等。立焊焊接存在的夹渣可分为两种情况:第一种是在熔池中形成的夹渣,第二种属于溶合性夹渣。第一种夹渣是由于药皮熔渣与铁水混合所致,原因是操作者没有正确利用电弧的吹力使药皮熔渣浮在熔池之上或推出熔池,在操作中突然熄弧是产生这种夹渣的另一个原因。第二种夹渣产生的原因主要是由于头层焊接完成之后,在焊缝中间的高度过大,而在焊缝的两侧形成较深的夹渣点(图 6-3),在二层焊接前没有很好地进行处理,二层焊接电弧吹力又较小,熔池与下面的头层焊缝没有充分地熔合,致使头层焊缝两侧形成的较深的夹渣点没有来得及上浮便又迅速下降形成线条状的夹渣。

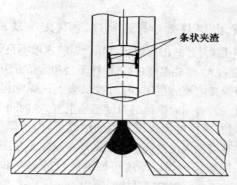

条状夹渣

图 6-3 头层焊缝两侧形成较深的夹渣点

（三）避免夹渣发生的措施

避免夹渣的发生是立焊首先要解决的问题。施焊中发现药皮熔渣与铁水相混并且药皮熔渣向熔池之外溢流较为吃力时，应加大焊接电流强度，利用电弧的吹力和较高的熔池温度使混在铁水中的药皮熔渣始终处于漂浮和溢流的状态。在操作中要提高识别铁水和药皮熔渣的能力。一般来说，冒着红褐色沫子的是药皮熔渣，闪着金光、密度极细的是铁水。当药皮熔渣和铁水相混时，应会利用电弧的吹力使整个熔池充满铁水，尤其是在没有坡口间隙、板厚又较大的情况下，在保证熔池深度的同时要使焊缝的中部始终高于两侧，熔化的药皮熔渣才能很好地与铁水分离。

（四）避免气孔的措施

气孔是碱性低氢焊条立焊焊接常常发生的缺陷，了解气孔产生的原因，避免发生气孔是立焊焊接中需要解决的又一个重要的问题。出现气孔的主要原因有：焊接电流值选择不当、电弧长度时长时短、焊条角度不正确等。若焊接电流强度过大就难以对电弧进行控制；当焊接电流强度过小和电弧过短时就会出现频繁的粘弧现象，必然导致大量气孔的发生。若焊条角度不正确，熔池温度过高时，为了控制铁水的外流，未采用灵活的运条手法来降低熔池的温度，而是不断地缩小焊条角度，使焊条角度小于 60°后，就丧失了电弧对熔池的保护能力，因而形成了气孔。

(五)避免出现焊瘤、塌陷和焊缝不良等缺陷的措施

在立焊的头层焊接时,出现焊瘤、塌陷、焊缝成形不良等缺陷的原因有焊接电流强度过大、熔池温度过高、操作不当和运条方法不正确等。

(1)在调节焊接电流强度时,有时在试板上试焊觉得较好,但在实际焊接中,经过一段时间后熔池的温度迅速上升,这时可适当降低焊接电流强度。有时在焊接电流强度适当的情况下,由于操作和运条的方法不当,也会出现熔池温度过高或焊层的厚度发生不规则的变化。

(2)立焊头层焊接的焊层厚度可根据坡口的深度和间隙来确定。例如坡口深度在 16mm、两坡口对接间隙为 4mm 时,头层焊层的厚度可在 8mm 左右。头层焊层厚度应既符合坡口的封底要求,同时应不使熔池的温度过高。

(3)立焊时对焊接熔池的控制首先是控制焊层的厚度。如果一旦出现熔池温度过高和焊层厚度增加时,就单一地减小焊接电流强度,有时会使本来就不大的焊接电流进一步降低,出现走弧困难和频繁的粘弧现象,在勉强形成的熔池中发生药皮熔渣与铁水混合的情况,造成夹渣的缺陷。

(4)如图 6-4 所示,立焊的头层焊接可分为三个走弧点。在焊接开始当两侧坡口之间的间隙较大时,可在坡口的底边处点固焊上一块垫板,垫板的厚度大致与头层的焊层厚度相同。头层焊接完成之后再用电弧将垫板拆出并吹净点固焊点。起焊时先在坡口的一侧 b 点起弧,使垫板与坡口之间形成熔池,再将电弧慢带到坡口的另一侧 a 点形成熔池,然后再将电弧推到坡口内的 c 点,并在 c 点将两侧坡口的熔池相连。在上述的一个循环的走弧中,要随时对熔池进行观察,正确判断熔池的温度。使熔池的结晶处于良好的状态。

①当发现如图 6-4,c 点及坡口两侧在稳弧时出现与母材熔合过深、溶滴溢流的现象时,可适当地降低焊接电流的强度。

②有时电弧在坡口两侧稳弧时没有出现咬边的现象,但整个熔池的温度仍然难以控制,同时液态焊缝金属出现溢流并形成焊瘤,这种情况产生的主要原因是由于运条方法不当所致。这时可改变运条的方

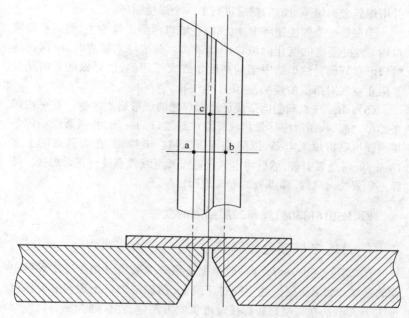

图 6-4 立焊头层焊接的方法

法,即延长电弧在a、b两点停弧的时间。

③如电弧到达 b 点时稍做停留,在停弧时为了防止铁水下淌和咬边等,可将电弧沿着坡口以短弧直吹并稍做上移。上移的高度可根据焊接电流的强度和熔池的状态而定。若熔池温度较高时,上移的高度应大一些,反之可小一些,一般来说大致在 8mm 左右。上移时采用短弧,对熔池的结晶并没有影响。

④上移后熔池的温度得到缓解,但在上移时 b 点的熔池并没有丰满,这时电弧上移后应迅速落回到 b 点,电弧继续在 b 点处微微摆动使熔池逐渐丰满,并使 b 点处的焊缝金属与母材熔合且不含夹渣。

⑤在 a、b 两点间的熔池温度得到缓解后,迅速带弧沿 b、a 两点之间的连线由 b 点走弧到 a 点时,依然上移电弧,然后落下形成丰满的熔池后再迅速带弧到 c 点。

⑥电弧到坡口内的 c 点后,迅速进行吹扫,将坡口内的夹渣吹出,

并用焊缝金属填平、加高，然后进行下一个焊接循环。

⑦在每一个焊接循环中，电弧以在坡口两侧走弧为主，然后根据坡口内 c 点处温度的变化向坡口中部带弧。在坡口内施焊时，应保证焊缝成形良好而且使焊缝中部的高度始终大于两侧，这样做的目的是为了阻止空气对熔池的侵蚀，避免产生气孔。

(5)a、b、c 三点间的运条线可根据焊缝的成形适当掌握。在一根焊条燃尽之前，收弧时应尽量将收弧点放到坡口的一侧，并微微摆动焊条填满弧坑后再熄灭电弧，以防止留下弧坑。续接时，在熄弧点的上方10mm 处将电弧引着，然后将电弧压低带弧至续弧点进行正常焊接。续弧一定要快，保证续弧点处的焊缝成形良好。

四、E5016(J506)焊条二层封底的立焊

(一)选定焊接电流强度

在二层封底的立焊之前，要根据头层焊缝的情况初步选定焊接电流的强度。如果头层焊缝中间过于突起，两侧与坡口出现沟痕的深度可达 2～3mm，在二层封底焊接时电弧吹力不够，在该处大部分区域会含有条状的夹渣。由于立焊焊接的熔池较小，熔池的温度也相对较低，二层封底焊电弧对里层焊缝吹扫时，如果头层的夹渣过深，在迅速熔化又迅速结晶的熔池中，夹渣很难浮出熔池的表面。所以在对头层做表面清渣时，除了清除掉表面的药皮熔渣之外，对较深的夹渣点还要用砂轮打磨。

(2)二层封底立焊虽然不存在油污、锈蚀等不利因素对熔池的侵蚀，但如果运条方法不适当，也很容易形成气孔和夹渣。在二层封底焊接时，有时为了更有效地控制熔池，采用较小的焊接电流进行焊接。当焊接速度较高时，熔池没有和里层焊缝充分熔合，焊缝金属与药皮熔渣混合便形成了夹渣。

(3)二层封底立焊在对里层焊缝进行吹扫时，电弧应尽可能地采用短弧，同时要增加焊条微微摆动的时间，使熔池的温度达到可以与里层焊缝充分熔合的程度。在看到致密闪光的铁水与里层焊缝熔合的同时稍有外溢后，再迅速带弧进行正常焊接。由于二层焊层厚度较大，在二

层立焊时焊条的角度以 75°~85°为宜,并采用短弧焊接。

(4)二层焊缝的表面成形,以两侧没有条形夹渣中间平整并稍低于母材表面为好。这样有利于封面焊接的焊缝成形。二层封底焊的运条方法与头层焊的运条方法基本相同。

五、E5016(J506)焊条立焊的单面焊双面成形

E5016(J506)焊条立焊的单面焊双面成形焊接同 E4303(J422)焊条立焊的单面焊双面成形焊接有很大的区别。E4303(J422)焊条立焊的单面焊双面成形焊接可采用熄弧即断续焊接的方法,通过电弧熄灭时间的长短来控制熔池的温度。根据碱性低氢焊条单面焊双面成形的特点,E5016(J506)焊条立焊的单面焊双面成形要求在连续走弧的情况下进行焊接。此时,容易使液态金属溢流。在 E5016(J506)焊条立焊的单面焊双面成形的焊接时对熔池温度的控制和运条方法的掌握有以下特点:

(一)焊接实例与主要参数

以板长 400mm、板厚为 1.2mm、坡口钝边为 1mm、两板对接间隙为 3~4mm、坡口角度为 60°、焊条直径为 ϕ3.2mm 为例。板厚为 12mm 的单面焊双面成形立焊的封底焊可采用两层焊层。当焊条直径为 ϕ3.2mm 时,焊接电流强度大致在 95~115A 之间。焊接电流强度的选择以连续走弧熔池可得到控制并且比较省力为宜。

(二)焊接工艺与操作

(1)立焊的单面焊双面成形,观察熔池的状态和判断其温度时应更为仔细。如图 6-5 所示,在头层焊时电弧应始终对着坡口中心 c 点做微小的摆动,并保证与坡口两侧的母材实现最佳的熔合。当坡口的底部形成熔池并与两侧的母材熔合后开始走弧,施焊时始终对坡口中心 c 点形成的熔池的颜色进行观察,同时还应观察液态金属向坡口外溢流的程度。

(2)如果熔池的温度过高,铁水呈现黄亮的颜色时,电弧要迅速从高温区撤走,使高温区 c 点处的液态金属稍稍凝固。在 c 点处回旋走弧时,如果 c 点处的对接间隙略大,电弧稍微压低就会使熔池的温度增加

而形成焊瘤。这时电弧可吹向坡口的一侧,如左侧,稍做稳弧,然后迅速将电弧从稳弧点带走,划弧绕过熔池的中心到 c 点处坡口的另一侧即右点。电弧到右点之后,先在坡口的边部稳弧,稳弧的目的是使熔池逐渐扩大,使坡口两侧的母材被熔合,同时使焊缝背面被焊透。

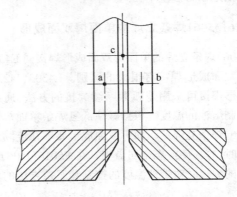

图 6-5　单面焊双面成形的走弧

(3)在电弧从 c 点的左侧向熔池外带弧时也要随时观察 c 点处熔池的颜色。如 c 点左侧在电弧带走的瞬间仍呈闪亮的红色。若这时电弧划到右侧稍停留,c 点处甚至整个熔池都会出现大面积的下塌。遇到这种情况时,电弧可以先不要回到 c 点的右侧,而是把电弧带到坡口外侧的 a 点或 b 点。

(4)如图 6-5 所示,a 点或 b 点两点处以不出现焊缝金属与坡口两侧的母材熔合不良、条状夹渣、高低不平等缺陷为宜。为了避免出现以上的缺陷,电弧在对 a、b 两点吹扫时,应根据熔池的温度来确定电弧摆动的幅度。如电弧被带到 b 点后,b 点处的液态金属迅速溢满并呈橘黄色,但整个熔池不饱满而且呈下塌状,这时电弧可沿坡口的外部迅速抬起,抬起高度在 7~8mm,然后再迅速落弧。继续向上提到 b 点微微摆动电弧。摆动电弧的幅度可根据熔池对坡口边部的熔合程度来进行确定。摆动的幅度逐渐扩大,使坡口边部形成较平的焊层。然后迅速将电弧带到坡口的另一侧 a 点,以同样的方法进行焊接。

(5)a、b 两点间的熔池可以通过电弧在坡口两侧停留的时间的长短来加以控制。如果停留时间较长,会使熔池的温度过高,焊缝表面出现下陷、增厚、起棱等。这时带弧就应较快些;反之如果停留时间较短,会使熔池温度较低,焊缝表面较平,这时带弧就应较慢些。

(6)如图 6-5 所示,a、b、c 三点连线范围以内的熔池应始终保持亮红色,要始终使药皮熔渣漂浮在熔池的表面并呈流动的状态。在 ac 与 bc 之间的两侧走弧时,电弧每运行到一侧,都要使焊缝金属与坡口母材充分熔合并看准该处的熔池是否清晰。在续焊时,续焊接头的方法与以上所叙的立焊续焊方法相同。当头层焊接完成之后,将药皮熔渣清除干净。如遇到过深的夹渣点,应用砂轮打磨后再进行二层或封面的焊接。对于二层或封面的焊接可参照 E5016(J506)焊条单面焊双面成形的立焊焊接。

第二节 E4303(J422)焊条的立焊

一、E4303(J422)焊条单面焊双面成形立焊的头层焊接

(一)焊接实例

在进行 E4303(J422)焊条单面焊双面成形立焊的头层焊接时,由于对熔滴的过渡没有严格的要求,所以对坡口的间隙可适当掌握。以板厚为 16mm 为例,坡口间隙可在 3mm 左右,坡口的角度为 60°,坡口的钝边为 2mm。封底焊的焊层可采用两层。头层焊的焊条直径为 ϕ3.2mm,焊接电流强度一般在 100~115A 之间,能够轻松地形成熔池即可。

(二)焊接工艺与操作要点

(1)E4303(J422)焊条的立焊焊接,电弧的活动范围较大,既可以在焊接电流强度较大的情况下进行较频繁的断续熄弧焊接,也可以进行连续的焊接,所以给操作者提供了有利的焊接条件。但是 E4303(J422)焊条熔池的结晶过程并不会因为焊条活动的范围较大而良好,焊缝金属也常常会出现气孔、夹渣、未熔合、裂纹等缺陷。如果焊条的药皮过

潮,焊件油污、锈蚀过于严重,在使用交流电焊机时,焊缝大多含有气孔。

(2)夹渣也是 E4303(J422)焊条焊接时常见的缺陷,也分为焊缝内部的夹渣和焊缝与母材熔合处的熔合性夹渣。在焊接时要随时观察焊缝金属的堆敷形状和范围及与母材的熔合程度。如果对接的间隙较小、药皮熔渣在从坡口外溢时,由于 E4303(J422)焊条药皮熔渣浮动的能力较差,而走弧时溶滴的过渡又没有形成头层立焊焊缝的整体的堆敷形状,只是在坡口的一侧或母材外表面的一侧形成焊肉,焊肉里侧的药皮熔渣没有受到高温熔池的挤压而含在坡口内的熔池之中。电弧继续上移,电弧没有对含在熔池内的熔渣进行彻底的清除,并使液态金属直接暴露在外面。在这种情况下出现的夹渣是比较常见的焊接质量问题。

(3)应随时观察并控制好立焊焊接熔池。当焊缝金属只堆敷在焊道的局部,利用电弧吹扫熔池中的药皮熔渣感到极其吃力时,其主要原因是由于焊接电流强度过小,再者是对焊缝金属的堆敷不均匀,如电弧在坡口一侧或一点停留时间过长,使焊缝金属在该处堆敷得过厚。在坡口的边缘部位形成过厚的熔敷金属会阻止药皮熔渣的外溢。当出现这种情况后,除了适当加大焊接电流强度之外,还要加强电弧对坡口里侧的吹扫。

(4)在一根焊条燃尽之后,当换接焊条较慢时,熔池的温度会迅速下降。续接时没有对熔池进行长弧吹扫,使其保持较高就进行焊接,药皮熔渣瞬间猛增而又不能形成液态浮出,就会形成夹渣。为了防止上述现象的出现,在续焊换接焊条时,电弧要对续弧点进行长弧预热,预热温度应使药皮熔渣呈液态并稍稍流动为宜,并尽量先将电弧向坡口的一侧微微移动以增加熔池的温度。

(5)E4303(J422)焊条的立焊焊接,头层焊接的走弧运条的掌握是至关重要的。当电弧在坡口的底部引燃并形成熔池之后(图 6-6),首先对坡口一侧的 a 点稍做停留并微微摆动,在 a 点形成丰满的熔池后,迅速将电弧沿 a 点一侧坡口吹扫,然后进入坡口底部的 c 点,使 a 点处的熔池向 c 点延伸并逐步趋于完整,逐渐使 c 点熔池的熔深加大。此时

a、c两点间的熔池的温度应使药皮熔渣呈流动状态并向c、b两点之间流动,这时迅速将电弧拉回到a点并微微摆动,然后横向带弧到坡口的另一侧b点,形成a、b之间较薄的熔池。再从a点向b点带弧时要准确地掌握焊缝液态金属下坠的程度。如果这时a、b两点间的熔池温度较高,可迅速将电弧再带到b点。

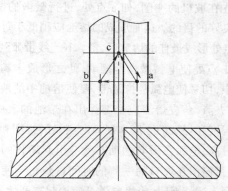

图6-6 E4303(J422)焊条的头层焊接

(6)电弧到达b点之后,做微微摆动并沿b、c一侧进行吹扫和加厚熔池,并使b、c一侧的焊缝金属熔合良好。这时b、c之间存在的药皮熔渣将迅速浮到a、c一侧并流出熔池。

(7)在上述的a、b、c三点间的焊接循环中,如果a、b之间的熔池温度过高,致使焊缝液态金属有坠流的趋势,可在一个焊接循环完成之后,迅速熄弧。熔池的温度稍有下降后,再引着电弧进行下一个焊接循环,使a、b之间的焊缝高度保持均匀。

二、单面焊双面成形 E4303(J422)焊条的二层封底立焊

(1)头层焊接完成之后,如有过深的夹渣点要用砂轮打磨。因为仅凭电弧吹扫难以清理较深的夹渣。一般说来,在头层焊接时,若焊缝表面较平整,就不会含有过深的夹渣点。在头层焊接完成后,如果药皮熔渣一捅就掉,这种表面夹渣可不必用砂轮打磨。微量的表面夹渣在二层焊接时一般能浮出熔池受到电弧的吹扫得到清除。但是如果电弧柔

软,就不能使焊缝金属与里层焊缝实现较好的熔合。

(2)在二层焊接电弧上移时,若对熔池的控制掌握不好,就会出现大面积的下塌,同时出现气孔,而且在坡口的两侧还会出现过深的夹渣点,有时还会出现焊缝的中部过厚而无法进行封面焊接。

为了避免上述情况的发生,当二层焊接在底层形成熔池之后,参照图 6-6,电弧可先在坡口的一侧,如 a 点处,进行微微的摆动,以达到与里层焊层熔合良好的目的。这时形成的熔池应稍低于母材表面并以平为好。当在 a 点处形成最佳的熔池后,沿 a、b 连线带弧到坡口的另一侧 b 点,然后再在 b 点处使电弧微微地摆动,使之形成丰满的熔池。在上述的焊接操作中,切忌使电弧乱拉乱带,要使熔池中的液态金属出现光亮,没有黑色的夹渣,药皮熔渣应全部浮出在熔池的表面。在带弧时,应根据熔池的温度和焊层的厚度掌握横向摆弧的幅度和频率。如果熔池中间的温度过高,电弧在横向摆动时就会引起熔化的焊缝金属大面积的坠流,而电弧停留在坡口的一侧的时间过长也会使该侧的熔池温度升高。当遇到上述情况时,应将电弧迅速抬起离开熔池,抬起的高度可根据落弧点熔池的温度而适当掌握。这时也可以迅速熄弧,当熔池温度稍有回落时,再迅速将电弧引着并进入续弧点。二层封底的焊缝表面应以平为好。

第三节 奥氏体不锈钢的立焊

一、奥氏体不锈钢焊条的焊接特点

(1)对于奥氏体不锈钢焊条的立焊焊接,要熟悉各类不锈钢焊条的焊接的特点,特别是应掌握在特定的焊接条件下与碳钢焊条(包括酸性焊条和碱性低氢焊条)的相似处和不同处。只有掌握了这类焊条与其他焊条的不同特点,才能获得奥氏体、铁素体等不锈钢焊条熔池完好的结晶和良好的焊缝成形。

(2)奥氏体不锈钢焊条,如 E347-15(A132)等在焊接时,熔池的体积不能过大。较大的熔池会使熔池的温度上升,造成不锈钢焊缝金属和其热影响区的晶间腐蚀,严重时会产生裂纹。上述的要求又与焊接的操作发生矛盾,因为在施焊时,如果焊接电流强度较小,就会对走弧造成困难,就很难进行焊接并形成熔池。另一方面由于不锈钢的电导率较小,在焊接时电阻较大,如果焊接电流强度稍大,采用连续焊接时,焊条的燃烧一半之后会迅速变红,使熔滴迅速地向母材过渡,失去控制,造成不规则的焊缝形状。

(3)为了避免上述问题的产生,使熔池能够顺利地形成,在正常焊接时,如当坡口宽度为 8mm、坡口深度为 7mm 左右,可采用适中的焊接电流、间断熄弧的方法进行焊接。

(4)气孔是不锈钢焊接的常见的缺陷,极大地影响焊接质量。引起气孔的原因很多,如对焊条的烘干处理不当、焊件本身有油和锈等、熔池中进入空气或水蒸气、焊条角度不正确、使用长弧对熔池进行吹扫等。

(5)对焊条的烘干处理要根据焊条的型号和焊条的产品说明书进行处理。如 E347-15(A132)焊条的烘干温度在 200℃ 并保温 1～2h,在使用过程中要放在保温筒内进行保温。在施焊之前应对坡口两侧的油污进行清理,对锈蚀和毛边用手砂轮进行打磨。

二、奥氏体不锈钢焊条单面焊双面成形的封底焊接

(一)焊件实例

下面举例说明 E347-15(A132)焊条的封底焊接。在板厚 8mm、坡口预留钝边 1mm、坡口夹角为 60°、对接间隙为 3mm、焊条直径为 ϕ3.2mm 时,可在 95～110A 之间调出合适的焊接电流强度。一般焊接电流强度的大小为熔池能够得到控制和熔池顺利形成即可。

(二)焊接工艺

(1)当电弧引着之后,先在坡口的底部用断续熄弧并引弧的方法形成熔池。然后采取合理的运条方法控制熔池的表面积,并形成较平的

熔池表面。

(2)在不锈钢的立焊焊接操作中,可分为两种运条方法。一种是连弧,即进行连续的走弧焊接。这种运条方法也适于其他各种位置的焊接。如果操作者使用连弧的方法对熔池的控制难以掌握,形成的焊缝中凹外凸,而且焊缝的两侧含有较深的夹渣,在施焊时焊缝金属出现大面积的下塌和焊瘤,可采用第二种运条方法,即挑弧的方法。

(3)挑弧方法可分为长弧和短弧两种。E4303(J422)焊条的焊接可使用长弧或短弧挑弧焊接,如在立焊焊接中出现熔池失去控制的情况,可使用长弧挑弧焊接。但碱性低氢焊条必须采用短弧焊接。在不锈钢焊条的焊接中,可根据熔池下坠的程度和不锈钢熔池形成的特点,应以间断熄弧的形式进行焊接。即在坡口底部形成熔池之后迅速熄弧,然后根据熔池温度的变化,再在坡口的一侧起弧。

(4)当焊缝金属的颜色由赤红变成暗红并逐渐加深时,焊条应直触坡口内部刚刚凝固的焊缝金属起弧,然后要压低电弧以短弧迅速进入熔池。如果电弧过长,由于电弧的停留时间较长,不仅在触弧时会使熔池的温度骤然增加,而且还会使熔池的体积扩大形成坠瘤。使用长弧还会卷入空气使焊缝形成气孔。

(5)如图 6-7 所示,当电弧在 c 点引着之后,迅速带弧沿 c、a 线到坡

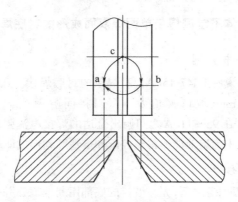

图 6-7　不锈钢的立焊示意图

口一侧的 a 点,并迅速将电弧向坡口边部做微小的摆动,在 a 点外边沿形成较平的焊缝,这时再迅速沿 ab 连线带弧到 ab 之间的中间后迅速熄弧。在以上连续的焊接中,要求整个动作过程的时间要短,并在 ca 之间形成焊肉。在上述的焊接中,熔池是在较短的时间内完成的,也就是说,焊缝金属与母材是在熔池的温度速增和速降的情况下得到熔合的。

(6)如图 6-7 所示,在 ca 之间形成焊肉并熄弧后,当 c 点的颜色逐渐加深时,迅速引弧并在 c 点处做微微摆动,然后沿 cb 一侧带弧至 b 点,形成熔池后再将电弧带向 b、a 两点之间,再按上述相同的方法进行焊接。

(7)对不锈钢焊条的焊接熔池的观察和对其温度的判断要有别于 E4303(J422)和 E5016(J506)碱性低氢焊条。若仍然像观察碳钢焊条的熔池并判断其温度,当熔池的颜色相同时,不锈钢焊条熔池的温度要高得多,控制不好就会使液态的焊缝金属迅速下坠。在不锈钢焊条的焊接过程中,如果一旦发现熔池的颜色有显著的变化,就应立即采取熄弧的措施使熔池的温度降低。头层焊完成之后,清除药皮熔渣。如有较深的夹渣点,应在砂轮打磨后再进行封面焊接。

第四节 立焊的封面焊接

一、立焊封面焊接的要求与问题

立焊的封面焊接是较难掌握的一项技术。良好的立焊封面具有标准的鱼鳞纹,而且纹线均匀,焊缝笔直、丰满。若要使封面焊缝成形良好,根据熔池的温度随时掌握好运条技巧起着决定性作用。如果运条不稳、速度不匀、电弧或长或短、焊接电流强度过大或过小,就会出现封面焊层厚度不均,并造成焊缝表面的焊纹脱节的现象。在立焊封面焊中要求对熔池的温度和形状能进行准确的观察和判断,同时还必须掌握各种焊接操作技能。下面介绍几种立焊封面焊的操作方法。

二、立焊封面焊的弧形运条法

立焊封面焊的弧形运条法适用于 E4316(J426)、E5016(J506)、E5015 (J507)等焊条、封底焊缝表面低于母材表面 1～2mm 情况下的封面焊焊接。这种方法使用的焊接电流强度以引弧后熔池能够顺利地形成为宜。以焊条直径为 $\phi 3.2mm$ 为例,焊接电流强度为 105～115A 之间。如图 6-7 所示,引弧后将电弧从坡口的一侧 a 点沿图中的弧线带至坡口的另一侧 b 点,此时将电弧稍稍上提,然后再作下按的动作,下按动作的目的是填满上提处的弧坑形成丰满的熔池。完成以上焊接后再将电弧带向坡口的另一侧 a 点,再从 a 点将电弧回带到 b 点,依次循环,向上焊接。在带弧时,弧度的大小可根据焊道的宽窄而定,若焊道宽则弧度应大一些,反之焊道窄则弧度应小一些甚至采取直线运条。

在应用弧形运条法时,要随时控制熔池的溢满程度,使同一焊道焊层的厚度保持一致,保证在施焊时电弧的上提高度准确到位,使焊缝表面的焊纹呈标准的鱼鳞纹状。

三、电弧上移法

电弧上移法同弧形运条法一样也属于横向摆动的运条方法。只是在电弧走到坡口一侧时,做一个抬起的动作,抬起时的电弧长度可根据焊条的型号而定。对于碱性低氢焊条,如 E5016(J506)、E5015(J507)、E4316(J426)等,电弧长度不变,依然为短弧上移,上移的高度不超过焊条的直径。抬起的目的有二个方面,一方面防止熔池的温度上升过快,另一方面使焊缝的成形良好。

应用电弧上移法焊接时,当电弧走到坡口的每一侧时,抬起电弧和下压电弧的高度应当一致。在运条时,如果熔池中心的铁水没有下坠现象,这时电弧抬起的高度可以比一般情况时再小些;反之,如果熔池的温度过高,就要相对延长电弧在坡口两侧停留的时间,这时电弧抬起的高度就要大些。

以封底焊缝表面的宽度为 16mm、封面焊缝表面的宽度为 18mm 为例,在封面焊时坡口的每一侧要向外扩展 1mm。在封面焊时,焊条运条至坡口的一侧要准确地观察到液态金属的张力和对封底焊缝边线的"淹没"程度。为了便于掌握,每当焊条走到坡口一侧边缘做稳弧时,应使焊条的药皮表面稍偏于坡口边线内侧 1～2mm,如图 6-8 所示。

采用上移法施焊时,如果焊接电流强度过大,熔池的范围就要增大。当电弧运条至坡口一侧的稳弧点时,液态金属外扩会超过 1mm 的宽度。这时可将焊条的中心向坡口内稍作移动。

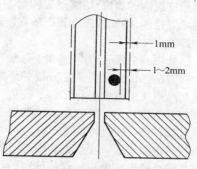

在焊条向两侧运条时,应随时根据熔池状态的变化掌握好电弧在两侧的停留时间和横向走弧的运条线路。如两侧出现咬边、焊缝金属过薄时,可将上抬的电

图 6-8　电弧在坡口一侧的稳弧点

弧下压的时间延长些,使在坡口一侧的稳弧点处形成丰满的熔池。

在横向走弧时,以坡口两侧的稳弧点处的焊层厚度作为焊层厚度的标准。如果要求封面焊层的厚度较大,在上述的稳弧点可将电弧压得低一些,并将焊缝金属铺平;如果要求封面焊层的厚度较小,在上述的稳弧点可将电弧抬得高一些,并注意将焊缝金属铺平。在施焊时焊层的厚度也要根据熔池的温度而定,如熔池的温度较高,在焊缝中间出现下坠现象时,除了延长电弧在坡口两侧的停留时间外,还应加大电弧在熔池中心的走弧速度。同时当电弧在熔池的中部时,也要注意电弧对低层焊道的吹扫,使之熔合良好。采用电弧上移法进行封面焊的立焊时,焊条角度在 80°左右。

四、挑弧熄弧续焊法

在 E437-16(A132)、E309-16(A302)、E310-16(A402)、E309MOL-16(A042)、E316L-16(A022)等不锈钢、异种钢焊条的封面焊接中,由于这些焊条形成的熔池液态金属的下坠程度远远超过碳钢焊条和低合金钢焊条,如采用连续运条的横向摆动焊接法或电弧上移法,以 E437-16(A132)为例,连弧焊接就较难掌握。在一根焊条的焊接中,起弧时由于焊条的温度较低还可以采用连弧焊接,但当焊条燃烧到全长的 2/3 时,焊缝有时会出现蜂窝状。这是由于不锈钢焊条的电阻值较大,随着电阻热的不断增加所形成的结果。在后续的焊接中,焊条开始发红,并伴随药皮脱落的加快,熔滴迅速向母材过渡,使熔池的温度骤然增加,熔池难以控制,熔池液态金属下坠程度逐渐增加,使焊缝表面出现尖棱状的焊纹。

如图 6-9 所示,为了避免上述情况的出现,可采用挑弧熄弧续焊的焊接方法。以直径为 ϕ3.2mm 的焊条为例,焊接电流强度的选择以引弧后所形成的熔池在起弧点不咬边、并且熔池的液态金属的下坠能得到控制为宜。运条的方法可根据焊道的宽窄而定,如焊道较宽,可在 a 点起弧按图 6-9 上的弧线运条,当将电弧带至大致为焊缝宽度的 2/3 时迅速将电弧熄灭。在熄弧的同时还要注意观察熔池颜色的变化。当金黄色的熔池迅速出现暗红的颜色时,迅速用触弧法将电弧在坡口的另一侧的 b 点引燃,引燃之后再按图 6-9 上的弧线将电弧带至焊缝宽度的 2/3 处。在施焊时,要掌握好焊条上提的高度和运条的速度,使焊层的厚度相等,表面焊纹的波形一致。在起弧后不要急于带弧,而应在起弧后稍加停留,先做稳弧动作,待起弧处的弧坑填满后再拉走电弧。如焊道较窄,可沿直线将电弧带至焊缝宽度的 2/3 处,然后再到坡口的另一侧起弧。在确定起弧点的位置时,可根据液态金属的张力和对底层焊缝边线的“淹没”程度来找准触弧点的位置。挑弧熄弧续焊法还适合于 E4303(J422)焊条和不锈钢焊条管道爬坡段的焊接和仰焊部位的不锈钢的封面焊接。

五、立焊单向运条法

在立焊的封面焊接中,对于 J506(5016)、J426(4316)等焊条也可以采用立焊单向运条法。仍以 ϕ3.2mm 的焊条为例,焊接电流强度在 110～115A 之间,以走弧时能轻松地形成熔池并能容易地控制熔池的温度为宜。采用立焊单向运条法时,打底焊层的表面应稍低于母材表面。

如图 6-10 所示,当在坡口底部起弧之后,可先在坡口底部 a 点形成饱满的熔池,这时液态金属的张力以超过坡口边线 1mm 为限,焊层的厚度为 2～3mm。在 a 点起弧之后做一个下按使用短弧微微摆动。当在 a 点形成熔池之后迅速带弧到图的 b 点,然后再按以上 a 点处的施焊

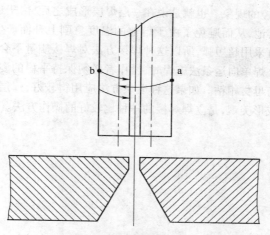

图 6-9　挑弧熄弧续焊法

方法在 b 点形成饱满的熔池,再以同样的电弧长度沿图 6-10 的弧线迅速地将电弧带回坡口的另一侧 a 点,再按上述的方法形成熔池。

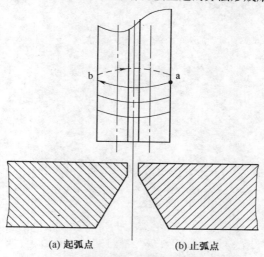

(a) 起弧点　　　　　　　(b) 止弧点

图 6-10　立焊单向运条法

这种单向的运条方法,可避免一来一回地带弧而使熔池的温度过高、熔池失控的现象。也就是说在一层焊层形成之后,由于迅速地将电弧带离了熔池,从而避免了由于熔池的温度急剧上升而产生坠瘤。由于电弧一直采用超短弧,所以这种焊接方法对焊接质量不会构成影响。但在采用立焊单向运条法施焊时,操作者必须保持平稳的姿态,否则容易使焊条与母材相粘。如果这种运条方法应用得较好,焊层可厚可薄,而且焊缝成形美观,是立焊焊接的一种比较好的操作方法。

第七章 横焊和仰焊

第一节 横焊焊接的头层焊接

与平焊和立焊相比较,横焊焊件需要有新的焊接方法。下面以板厚为 14mm、V 形坡口、稍有钝边的大型立罐为例。焊条直径为 $\phi 3.2mm$,焊条型号为 E5016(J506)、焊接电流强度为 105~125A 之间,横焊的头层焊接。

一、横焊头层焊接的主要缺陷

横焊的头层焊接在一般的工程施工中都将遇到三种焊接间隙,即没有间隙、间隙适当、间隙较大。在焊接时应避免出现夹渣、气孔、未熔合等缺陷。

(一)夹渣

夹渣是在工地日常的施工中常遇到的缺陷。夹渣在横焊的焊缝中也分为两种情况:一是焊缝金属中出现的夹渣,二是焊层与焊层或焊缝金属与母材之间形成的熔合性夹渣。一般在对接时应留出 3.2mm 的一个焊条直径的间隙,但在没有间隙区段中,由于使用直流或硅整流电焊机,就会在头层焊接中出现电弧偏吹现象。这时,初学者由于缺乏操作经验,不敢增大焊接电流强度,焊条角度也没有随着电弧弧柱的变化而发生变化,使整个熔池被药皮熔渣糊住。在这种情况下熔池的焊缝金属中会含有大量的夹渣,并且还会存在未熔合等缺陷。熔合性夹渣往往发生在头层焊接完成之后,由于夹渣点太深,在焊接前没有被彻底清除掉,在第二层焊接时,因没有与头层焊缝完全熔合使夹渣不能浮出而形成。焊接电流强度较小,熔池温度较低,使熔池中的药皮熔渣不能完全浮出也是形成夹渣的一个重要原因。

(二)气孔

(1)避免气孔缺陷的产生是在横焊的焊接中首先要克服的难题。在焊条经过烘干处理、焊条角度适当的情况下,当头层焊接没有间隙时,即使在直流电焊机产生磁偏吹经过极性调换后,熔池的清晰程度基本能使操作者实现观察和控制,但当焊接完成并清除药皮之后,仍然会发现焊缝金属中有蜂窝状的大小不等的气孔。在间隙适当和间隙较大的区段焊接中,操作者根据对熔池的观察和熔池温度的判断,采用从上到下和从下到上的小圆圈形运条方法,焊层的表面成形基本达到了光滑的程度,在坡口的上下侧与焊缝的熔合处并没有大的夹渣点。但焊接完成后,在焊缝的背面清根时,发现头层焊缝与母材金属基本熔合,有些区段可能仍然布满了大小不等的气孔。

(2)产生气孔的主要原因有:在焊接时坡口内外的空气产生对流;对横焊的运条方法和操作要领掌握不当。避免气孔的产生,除了对焊条进行严格的烘干处理以外,在焊接时还要注意:对焊接电流强度和焊接极性的正确选择、正确的焊条角度、对母材坡口及板面的处理、采用短弧焊接、掌握比较适宜的运条方法。

二、横焊头层焊接常用的屏障保护法

一般能起到屏障保护作用的焊接方法有以下几种:

(一)回旋吹扫法

(1)在横焊的坡口上下一致时可采用回旋吹扫法。采用这种焊接方法施焊时的焊条角度应与其他横焊焊接的焊条角度一致,与横焊缝下部的垂直面保持在70°角左右,并与焊接方向的焊缝中心线成80°角左右,如图7-1所示。

(2)焊条角度也是电弧吹扫的角度。在施焊时,一旦出现电弧偏吹就应立即对焊条角度进行调整。这时如果没有及时地对焊条角度进行适当的调整,就会出现气孔、夹渣、未熔合等缺陷,同时也会使焊缝成形不良。

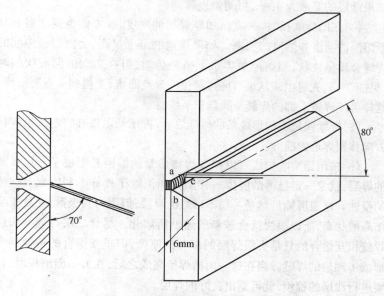

图 7-1 回旋吹扫法

(3)采用回旋吹扫法施焊。在条件允许的情况下应尽可能采用较大的焊接电流强度,较大的焊接电流有利于电弧对焊道的回旋吹扫。当焊条直径为 φ3.2mm 时,焊接电流强度可在 110～125A 之间选择。在焊接时应尽量避免电弧偏吹。如果出现电弧偏吹比较严重的情况,可改变焊接极性,并尽量采用短弧焊接。

(4)所谓回旋吹扫法,是指当电弧引着后,先将电弧穿越过坡口间隙,这时在引弧后虽然没有形成熔池,但实际上电弧对坡口中的锈蚀、潮气和有害气体起到了去除的作用。如图 7-1 所示,当电弧到达坡口底边部位的 b 点开始过渡焊缝金属并沿半圆弧到达坡口上边部位的 a 点。若这时在 b 点没有焊上,可以从 a 过渡焊缝金属并回旋带弧到 b 点。在上述焊接过程中,形成的焊层厚度越薄越好,熔池的温度从颜色上判断应呈红色。如果这时熔池的长度为 6mm 左右,再从坡口底边部位的 c 点带弧回推,回推的高度可根据底层焊接的焊层厚度来确定。

如果此层的厚度为 4mm,可稍做顶弧。

(4)在回旋吹扫时,一方面加厚焊层的厚度,一方面也要观察和判断熔池的温度和熔池的状态。如果熔池的温度过高,会使焊缝中间的焊缝金属呈棱状,当熔池整体呈下坠趋势时,可在二次的回旋吹扫时(见图 7-1),先将电弧从坡口底边部位的 b 点回推,上提到 a 点再拉回,这样可使焊道上部的焊缝金属趋于平缓。

(5)继续回旋吹扫形成新的熔池之后,再压低电弧并将电弧沿焊接方向移到焊道的前方。

(6)采用回旋吹扫法可以保证焊接质量的原因是形成了一层极薄的焊层,就象一道极薄的屏障一样阻挡和消除了外部不利因素对熔池的侵蚀。这道屏障虽然是一层不理想的焊层,但因为其极薄,又处于半结晶的状态,所以很快就会被新的熔池所熔化。尽管二层焊缝与头层焊缝相互熔合的只是头层焊层的部分的厚度,但重新熔合的熔池确实形成了理想的焊缝。当在这一面的焊接完成之后,在另一面清根时,只要进行浅层的镗刨,就可露出良好的焊层。

(二)坡口间隙较小或较大时的屏障保护法

在坡口间隙较大或较小的情况下,可采用另一种方式进行屏障保护焊接。这种焊接方法是形成极薄的头层焊缝,在第二层焊时对空气、水蒸气、油污、锈蚀象一面墙一样起到封堵的作用,从而使第二层焊接能够顺利地完成并形成良好的焊缝。

(1)在坡口间隙较大或没有间隙的情况下,由于锈蚀、油污、空气及水蒸气等不利因素的影响致使头层焊接产生气孔缺陷,在二层焊接时熔池与头层焊缝熔合也会使二层焊缝内出现大量的气孔。因此,当头层焊缝的厚度很小时,头层焊缝的缺陷对二层焊缝的影响就相对低得多。降低头层焊层厚度的焊法应尽量使熔池的温度低一些,同时使熔池熔合头层焊道的深度应小一些,这样就可以减少头层焊缝中的气孔进入二层焊缝,保证二层焊缝金属结晶良好。

(2)在坡口间隙较大或较小的头层的施焊过程中,焊接电流强度、熔池的温度、焊条的角度、熔池的清晰程度是控制的重点。头层焊接采用回旋吹扫法时,焊接电流强度不能过小。如果焊接电流强度过小,则会使熔池的温度较低,这样在二次回旋吹扫时熔池内的焊缝金属就会出现熔合不良的现象。在二次回旋吹扫时,应保证焊条在上下摆动时能够形成良好的熔池,必须通过提高焊接电流强度来提高二次回旋吹扫时熔池的温度。

在二次回旋吹扫的熔池温度提高以后,要始终保证熔池的清晰。在回旋吹扫时,注意清除焊层中的夹渣点,如果发现熔池对坡口上下边咬合过深、焊层出现棱状时,要随之改变焊条的角度,由原来焊条沿焊接方向与焊缝中心线 80°的夹角改为 90°。

(3)横焊的头层焊接完成之后,应除净药皮熔渣。此时如果坡口深度还有 10mm 左右,封底焊可采取二遍或三遍完成。在采用较大直径焊条进行头层的封底焊时也可采用屏障保护法。如板厚为 20mm、坡口间隙为 2~3mm、坡口钝边为 2mm、开 V 形坡口、上下坡口与水平面的夹角为 30°角,焊接电流强度的选择应避免熔池下塌和坠瘤的趋势,一般在 140~175A 的范围内。

在横焊焊接的头层焊时,由于空气流动等会对熔池造成的不利影响。如在采用碱性低氢 E5515-B2(R307)焊条的焊接中,当电弧的稳定性较差时,就会使头层焊缝含有大量的气孔。为了避免这种现象的发生,可采用药皮挡弧的焊接方法,使用较大直径的焊条焊接,在坡口间隙较小的情况下实现屏障保护。

(4)所谓药皮挡弧法,即在焊接时,电弧不是过多地吹向坡口的间隙,而是吹向熔池,形成一定的熔深。此时,应注意使电弧趋于稳定并为短弧。在电弧吹向熔池的同时,药皮熔渣不断浮出并积聚在高温熔池的前端,形成了对熔池挡风和除污的完好屏障。

采用药皮挡弧法施焊时,要尽量避免频繁的回旋带弧。因为频繁带弧会对熔池进行不规则的吹扫,这样就使得药皮熔渣对熔池不能形成良好的保护。

(5)当坡口间隙较大时,药皮熔渣流过坡口间隙,不能形成对熔池的屏障保护。这时可在电弧稳定的条件下,利用液态金属的张力使液态金属越过坡口间隙。在施焊时能否形成屏障保护是防止产生气孔的关键问题,焊条角度不当也是产生气孔的直接原因。如图 7-2 所示,在坡口间隙一定的情况下,当焊条角度为 90°且熔深较大时就比较容易产生气孔。

(6)为了避免在横焊时焊缝金属出现气孔,使熔池具有较好的屏障保护,应掌握好适当的运条方法。如图 7-3 所示,在施焊时电弧要始终处于 a、b、c、d 四点的中心部位,在电弧行走时,焊条尽量不做横向摆动,如果在坡口的上下边缘有咬边现象和焊层边部不平整的情况,可将电弧稍加抬起。

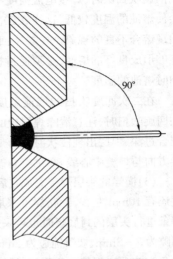

图 7-2 焊条角度为 90°且熔深较大时容易产生气孔

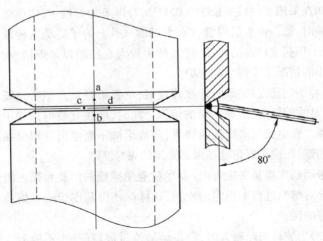

图 7-3 电弧在熔池中心位置

第二节 横焊焊缝的二、三层填充焊接

一、横焊焊缝的二层焊接

横焊的二层焊接可采用直流反接,即把电焊条接在电焊机的正极,焊件接电焊机的负极。二层焊的焊条直径一般为 $\phi 4mm$。在头层焊接完成之后,在二层施焊时电弧偏吹的现象得到缓解,再者由于二层熔池熔深较大,而采用直流反接时电弧比较柔软,熔池的尺寸和温度变化都比较稳定,所以焊缝金属的结晶良好。如果采用直流正接,电弧的挺度较大,电弧对熔池的吹力较大,所以熔池的尺寸和温度的变化较大,特别是在熔深较大的情况下,容易出现气孔。

二层焊接的焊接电流强度可在 165~190A 之间选择,使得在引弧后较为轻松地形成熔池。二层、三层的两层填充焊接,以一次成形为例(图 7-3)。由于二层的焊层较厚,如果没有足够的焊接电流强度,熔池的形成就非常困难,不会与头层焊层实现良好的熔合。同时在施焊时保证药皮熔渣充分地浮出熔池也需要较高的熔池温度。因此,在二层焊接中必须掌握好熔池的温度。合适的溶池温度时熔池的焊缝金属呈紫红色颜色,药皮熔渣能顺利地漂浮在熔池的上部,并且在坡口边缘没有过深的咬合和过深的沟痕现象,在焊层中部没有出棱的情况。如果在施焊的过程中出现了液态金属有箭尖般的滑动或熔池的上部下塌、与头层焊层熔合过深时,说明一是熔池的温度过高,这时应当适当降低焊接电流的强度;二是由于运条的方法掌握不当。

如图 7-4 所示,在进行二层的焊接时,应使熔池的顶部始终形成斜面,如图 7-4 中的 c 点在前面,先行一步。这样一方面可以控制熔池的温度,另一方面在 c 点处,由于熔深较小且温度适当,使电弧容易对里层焊层进行吹扫和熔合,使里层的夹渣能够顺利地漂浮在熔池之上。

施焊时将电弧移到 c 点进行吹扫形成熔池后,在焊条角度不变的情况下回带电弧到坡口上缘的 a 点,与 a 点处的母材实现熔合,并注意母材与焊缝金属之间不能有过深的沟痕。然后再将电弧从 a 点带到 b

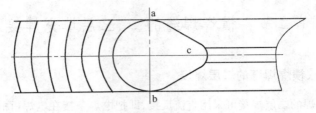

図 7-4 二层焊接熔池的形成

点,同时在施焊时也应避免焊缝金属与母材之间出现过深的沟痕。按上述方法运条即可避免夹渣缺陷,也有利于焊层之间的熔合。

二、横焊焊缝的三层焊接

在二层焊接完成之后,第三层焊接的主要目的是填充二层焊缝上部的塌陷部位。三层焊接时焊条与下板面成70°角,与焊缝中心线成90°角。

第三节　横焊的封面焊接

横焊的封面焊接有两种运条方法。

一、斜圆形或三角形运条方法

在横焊的封面焊接过程中,当焊缝宽度较窄时,如焊缝宽度小于8mm的情况下均采用这种一次成形的焊接方法,可以收到良好的焊接效果。如图 7-5 所示,在进行斜圆形或三角形运条方法焊接时,一定要注意熔池的熔深和熔池的上边缘与母材的熔合程度。要随时控制熔池中液态金属的流动状态和保持焊层厚度的均匀,防止焊缝金属的中部过高和焊缝表面不平。在电弧上提时,要利用焊条角度的变化使焊缝的边部不出现溢满和咬边。

二、多遍续焊的方法

这种焊接方法可根据焊缝的宽度确定焊道的数量,使整个焊缝堆敷成形。焊道的数量应在焊接操作之前进行确定并在焊接时做到心中有数。在多遍排序的续焊中,相邻焊道之间应相互重叠,重叠量一般为里层焊道宽度的 3/4,在坡口两侧应越过里层焊缝 1mm 以上。

头遍焊层的厚度较大一些和宽一些,能使上层的焊道顺利成形。如果第二遍的焊层较厚,就容易起棱、咬边和溢满。一般来说横焊的焊缝要求也是中间高于两侧,并形成圆滑的焊道。在二遍起弧之后,为了弥补焊缝两侧过低的缺陷并形成丰满的焊缝,头遍底层焊缝的宽度最少应为上层焊缝宽度的 3/4 以上或更多一些。

在横焊的二、三遍焊接的过程中,焊条角度与头遍焊时要有所区别。在头遍焊时,由于熔深比较大,可以采用顶弧焊接,这时焊条与焊缝中心线之间的角度在 80°左右,并且焊条与下板平面间的夹角大致在 70°左右;在二遍焊时,焊条与焊缝中心线之间的夹角应在 90°左右。采用这种角度时能保证焊缝的表面趋于圆滑。

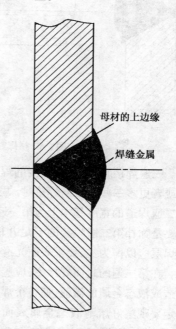

母材的上边缘

焊缝金属

三、横焊封面焊熔池的形成

横焊封面焊熔池的形成可采用先里后外、先上后下的小圆弧的运条方法。也就是如图 7-6 所示,从 a 点起弧,到 b 点,然后到 c 点、d 点,再将电弧经 a 点运行到 c 点。操作时要采取短弧运条,运条的范围也不能过大。在施焊时要时刻观察熔

图 7-5　注意焊缝的上边缘与母材的熔合程度

池温度的变化,如在头遍焊接完成之后在二遍焊接时,要掌握好熔池的熔深,从而保证封面焊接焊缝的表面高度。

在横焊的封面焊中,如果二遍焊接不能完成,就应采取三遍焊接。

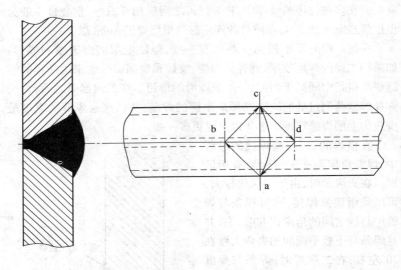

图 7-6　横焊封面焊的三遍焊接

　　三遍焊接时,第一遍焊接的焊道宽度基本上为里层焊缝宽度的一半或者更多一些。二遍焊接时,焊道的中心线应为第一遍焊道的边线,第二遍焊道的宽度基本上为第一遍焊焊缝的宽度。第三遍焊接的目的主要是弥补第二遍焊接的不足并使焊缝与母材圆滑过渡,第三遍焊接的焊层应以薄为主,要求表面光滑。

　　在第三遍的封面焊接中,应避免出现熔池温度过高的情况,否则容易造成液态金属的溢流,使整个焊缝出现尖棱的表面。在封面焊接中,一定要观察好熔池液态金属表面的波纹和滑动的情况。如果波纹过大,在运条时应加强上下摆动和椭圆形摆动的频率,并及时改变焊条的角度。在第一遍和第二遍的封面焊接中出现熔池温度较高的情况,其主要原因是运条方法不当所致。

　　第三遍封面焊是最后一层的封面焊接,在施焊时一定要观察好焊缝金属与母材边缘的熔合程度,如果出现溢满现象,一方面要适当降低焊接电流强度,同时要改变焊条角度。可将顶弧焊接改为 90°或 80°的顺弧焊接。封面焊的焊条直径一般为 ϕ4mm,焊接电流强度可在 155～165A 之间选择。

第四节　仰焊的操作

仰焊的操作难度较大,它不像其他焊接引燃电弧就可以试着进行焊接。下面以板厚 12mm、开单面 V 形坡口的仰焊为例来说明一般的仰焊焊接的操作要领。若焊条选用 E347-16(A132),坡口间隙在 3～4mm,则焊条直径为 ϕ3.2mm。焊接电流强度的选择以使液态金属能顺利地向熔池过渡,又不出现迅速的坠瘤现象为宜。焊条角度为焊条沿焊接方向与焊缝中心线成 85°左右。

一、仰焊操作要领与注意事项

(一)操作要领

如图 7-7 所示,在仰焊时,当电弧引燃后先在坡口一侧的底部压低

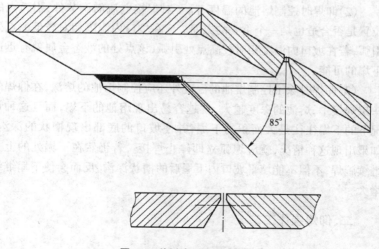

图 7-7　单侧坡口仰焊的操作

电弧点上一点,然后迅速熄弧,等这一点的焊缝金属成暗红色时再迅速起弧接着在坡口底部的另一侧再点上一点,并使两点相连形成熔池,然后再迅速熄弧。依照上述焊接方法在坡口两侧断续地引弧焊接。在焊接时如果坡口间隙逐渐减小并消失,就可将上述的两点法的焊接方法变成一点法的焊接方法。在施焊时,断续引弧的时间间隔应根据熔池的温度的变化而选定。

(二)操作注意事项

(1)在仰焊时要求施焊者对熔池的观察和对熔池温度的判断更及时、更准确。不锈钢焊接采用 E347-16(A132)焊条进行头遍焊时,由于药皮熔渣和液态金属的密度不同,若焊接电流强度过大、熔池温度过高,药皮熔渣会迅速向上浮动,同时液态金属迅速坠落或下塌。熔池的尺寸越大、温度越高时,焊缝金属结晶的时间也越长,焊缝金属也就越容易下塌甚至坠落。为了避免上述情况的产生,首先要根据焊条的种类来选择好焊接电流的强度,由于不锈钢焊条焊缝金属下塌和坠落的趋势大于碳钢焊条,因此不锈钢焊条仰焊时,焊接电流强度就应较小一些。

(2)仰焊时控制熔池的温度,除了对焊接电流的调节外,引弧点的位置是否合适也是一个重要的方面。应在坡口内温度相对较低的点处引弧,若在坡口内温度相对较高点处引弧,该点处的液态金属就有迅速下塌的可能。

(3)仰焊时除了控制熔池的温度外还应控制熔池的熔深,在仰焊的头层焊接中,熔池的深度越大,就越容易出现熔池的下塌,而且这种情况下的下塌往往是大面积的下塌,并使坡口的底部出现槽状的深沟。如果出现这种情况,就应熄弧立即停止焊接。若仍然在下塌处的上方继续施焊,不但不能填平坡口内下塌后的槽状深沟,反而会使下塌继续增大。

二、仰焊操作工艺

(一)仰焊头层焊接

仰焊头层焊接,只要能够形成熔池,而且熔池的熔深不过大即可。

仰焊熔池的温度还可以通过改变焊条的角度和在引弧点停顿的时间来加以控制。

仰焊头层焊接时,对弧长的控制也是应当掌握的焊接操作基础之一。如果在引弧后电弧过长,熔滴过渡时由于电弧疲软,推力不够,必然形成大面积的下塌。在仰焊时为了避免液态金属的下坠和塌陷,在焊接时一定要做到稳、准结合,电弧的长度一步到位,正对坡口两侧的根部,利用电弧的推力,将熔滴吹至焊缝。只有这样,才能在熄弧后熔池液态金属下坠的瞬间结晶。

在仰焊的头层焊接的过程中,要随时观察并控制好熔滴向母材的过渡和与母材的熔合。如果发现在坡口两侧的焊层形成了高低不平的夹渣点、而在焊层的中部又过于突出时,应及时调整焊条的角度和电弧的吹动方向。如图 7-8 所示,电弧在坡口的一侧引弧后,停留的时间根据形成熔池的宽度确定,然后从引弧点向坡口内侧带弧,并采用三角形

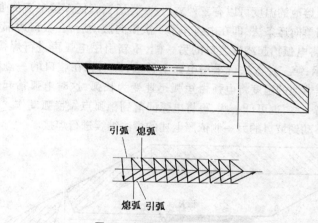

引弧　熄弧

熄弧　引弧

图 7-8　仰焊的操作示意图

的运条方法带至坡口的另一侧后迅速熄弧。接着按同样的方法在坡口的另一侧引弧后进行焊接。这样可以避免因在焊缝中间处频繁引弧辐使熔池中间的焊缝金属长时间处于流动状态,造成液态焊缝金属下坠。

(二)仰焊二层焊接

头层焊接完成后,将焊渣清除干净,若坡口两侧含有过深的夹渣点,应用手砂轮打磨去除,再进行第二层的焊接。仰焊的二层焊接的电流强度要大于头层的焊接电流强度,并能够轻松地形成熔池,对其自如地进行控制。

二层焊接时,可根据熔池的大小和温度确定焊条横向摆动的幅度。在电弧横向摆动时,电弧每到坡口的一侧,都要根据中间熔池的温度来确定电弧在坡口两侧停留的时间。如果熔池中间的温度不高,也无下坠的趋势,电弧每运行到坡口的一侧,稍作稳弧形成比较饱和的熔池,即可将电弧带到坡口的另一侧。如果熔池中间的温度较高并呈有滴落的状态时,若这时频繁地作摆弧动作,熔池中的液态金属便会迅速向下坠落。在这种情况下,如果仍然使电弧每运行到坡口的一侧稍作稳弧,便将电弧带到坡口的另一侧,熔池中间较高的温度就得不到缓解。要想降低熔池的温度可以有三种方法:一是适当降低焊接电流的强度;二是采用单向运条法,即在电弧作了一次横向摆动后,在坡口边部稍作稳弧后,将电弧抬起绕到坡口的另一侧,重新引燃电弧再进行焊接,如图7-9所示;第三种方法可采用电弧上移法,即电弧在坡口的一侧稳弧后可根据熔池的温度将电弧由短弧迅速变为长弧,这时电弧抬起的高度可稍高一些,也可低一些,再将电弧回落到稳弧点做稳弧动作。然后将电弧移动到坡口的另一侧依照上述的焊法继续进行焊接。

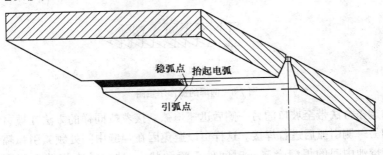

图 7-9 单向运条法

三、仰焊焊接的运条和封面焊

仰焊焊接的运条一般采用横向摆动的方法。二遍焊接完成之后，焊缝的表面应稍低于母材表面，在清除干净焊渣之后进行封面焊的焊接。封面焊时，使用碳钢焊条如 E4303((J442)，可采用前面叙述的电弧上移法；若使用不锈钢焊条如 E347-16(A132)，可采用前面叙述的单向运条法即所谓挑弧续弧续焊法。这种方法如果应用得好，封面焊的焊缝表面可形成光滑的鱼鳞状。

封面焊的焊接电流强度可根据仰焊熔池的熔深和对熔池的控制程度确定。在一般情况下应稍小于二层填充时的焊接电流强度。

仰焊的头层封底焊接如采用碱性低氢焊条，宜采用连弧焊接。其焊接的方法同碱性低氢焊条平焊头层单面焊双面成形的封底焊接基本相同。仰焊的封面焊也可采用立焊封面焊时的电弧上移法。

第八章 焊接操作实例

第一节 管道焊接的钨极氩弧封底焊

一、焊接实例

以小直径管道、直径为 150mm、壁厚为 7mm、V 形坡口、坡口角度为 60°的管道对接焊为例(图 8-1)。在坡口对接之前首先应用砂轮打磨坡口内外及两侧的锈蚀、油污。

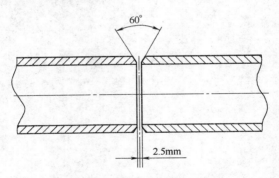

图 8-1 小直径管道的对接坡口

二、焊接参数的选择

(一)氩气流量的选择

由于管道的直径较小,坡口间隙一般不应大于 3mm。氩气流量一般控制在 8～12L/min 之间,可以将喷嘴对着手部试吹,如果有感觉则说明氩气的流量比较合适。也可以将喷嘴直接对着地面试吹,若能将地面的浮土稍微吹起说明这时氩气的流量适中。

在氩弧焊时,如果氩气的流量过小,在焊接时失去对熔池的保护作用,就会产生大量的气孔。这主要是由于氩气不能对熔池进行全部的覆盖而使空气进入熔池所致。但如果氩气流量过大,也会将空气卷吸到熔池中形成"乱池"。若遇到这种情况,电弧一旦引燃起弧后便发出"噗、噗"的响声,这时熔池出现散花状即所谓"乱池"。当发生"乱池"时,会出现大量的气孔。

在焊缝金属中出现气孔还有另外的一些原因,如在室外作业遇到刮大风等外界环境的干扰、坡口在焊前处理不净、钨极伸出喷嘴的尺寸太长、喷嘴的直径过小、氩气的纯度不符合焊接要求、焊丝表面不干净、电弧长度过大等,都是造成气孔的直接原因。

(二)钨极伸出喷嘴长度和极性的选择

钨极伸出喷嘴的长度应根据喷嘴的直径来适当掌握。如喷嘴的直径为 8mm,钨极伸出喷嘴的长度要小于 8mm。钨极端部的形状是钨极氩弧焊焊缝成形良好的重要保证。如果钨极端部的尖端部位过钝或钨极前部的圆锥部分过短,都会影响熔池的形状和焊缝的成形。钨极的形状如图 8-2 所示。

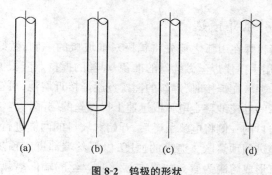

图 8-2　钨极的形状
(a)尖锥形　(b)圆弧形　(c)平头形　(d)平顶锥形

采用尖锥形钨极时,焊接极性的选择一般采用直流正接,即焊炬接电焊机的负极,工件接电焊机的正极,与碱性低氢焊条和碳弧气刨时焊接极性的选择相反。如果在钨极氩弧焊时采用直流反接,钨极与母材之间会发出"噗、噗"的响声,同时钨极前部的尖端部分会迅速熔化,使焊接无法进行。钨极氩弧焊时焊接电流强度的大小可根据坡口间隙的大小进行适当的调节。当间隙较大时,焊接电流强度可小一些,一般在70～200A之间的范围内选择。如母材较厚而间隙较小时,要适当加大焊接电流的强度。如果在施焊时电弧能在焊缝的前端顺利地穿透熔池,这时的焊接电流强度较为合适。

(三)焊丝直径的选择

在选择焊丝直径时,一般不能过大。如焊丝直径过大,使较大的熔滴向熔池过渡会使焊缝的成形受到影响。一般情况下焊丝的直径应在3mm以下。初学者在施焊时,往往会使焊丝粘在母材上,而使熔池的温度迅速升高又没有及时地送进熔滴,造成液态焊缝金属大面积的下塌。为了避免这种情况的发生,一旦在施焊时发现焊丝与母材相粘,要迅速地带弧对粘接点进行吹扫,然后拉回电弧再进行正常焊接。如果发现熔池温度过高,焊丝续接不上时,可迅速带走电弧,待熔池的温度下降后,再回带电弧进行正常焊接。

三、焊接工艺与操作

(一)引弧并预热

钨极氩弧焊在引弧之前先将钨极对准坡口的一侧,做好引弧前的准备,然后用手捏住焊丝做续丝的准备,焊丝的握持点应根据操作者的经验自行掌握。在焊接时,焊丝的握持点逐渐接近熔池,可在焊丝接触到熔池的瞬间迅速地移走电弧或迅速上提焊丝的端部。

当在坡口的一侧将电弧引燃后,开始对坡口的两侧进行预热,这时可将焊丝递送到预热区。递进的速度,以焊丝端部进入预热区后稍见红色又没有形成熔滴为宜。如果在续丝时焊丝的端部离弧柱太近,而焊丝的端部并没有递进到焊缝的续接点,就会在坡口的上方形成熔池。当这种情况出现后,特别是坡口的间隙又较小时,就难以形成最佳的双面成形。手工钨极氩弧焊时,焊炬、焊丝的位置如图8-3所示。当续丝的递进速度不稳时,就会使过多的半熔化的熔滴进入熔池,使电弧无法穿透熔池形成"小孔",就无法产生单面焊双面成形的效果。

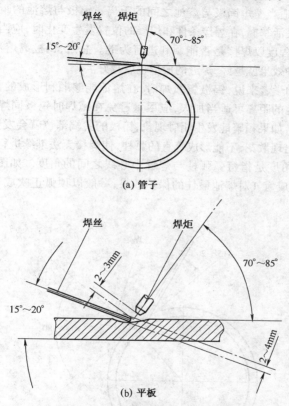

(a) 管子

(b) 平板

图 8-3　手工钨极氩弧焊时焊丝、焊炬的位置

(二)焊接工艺与操作

　　施焊时熔滴向熔池的过渡是形成熔池并保证焊接质量的关键环节,如果焊缝处于仰焊部位,熔滴没有进入坡口的里边时,形成的焊缝必然为塌腰状。

　　在进行钨极氩弧焊时,钨极离熔池和焊件的高度可根据室内和室外及氩气流量的大小、焊接的位置、工作环境条件掌握。如在室内,焊接位置作业环境条件比较好,钨极离熔池的距离可高些;反之在室外进行氩弧焊接时,如果作业环境条件不好,在焊接时除了加大氩气的流量之外,还要适当缩短钨极与熔池之间的距离。钨极与熔池的距离在施焊时应当灵活掌握,在焊接条件和焊接的位置发生变化时,应当随之变化,变化的程度以焊接是否能顺利进行为准。总之,钨极离熔池越近,氩气的保护效果就越好,焊缝的成形也就越好。

对于初学者来说,钨极氩弧焊时,在熔池能够顺利形成的情况下,钨极离熔池的距离可适当加大,应尽量避免在施焊时钨极同焊件或焊丝的相碰。如果频繁地发生相碰现象,钨极的尖端部位就会发生破损,电弧就会出现散花,不能形成笔直的弧柱,使焊接无法继续进行。氩弧焊的焊接角度是指氩弧弧柱与焊缝中心线之间的角度。如图 8-4 所示,为了形成氩气对熔池最佳的保护效果,一般以顶弧正吹成 80°的夹角为宜。

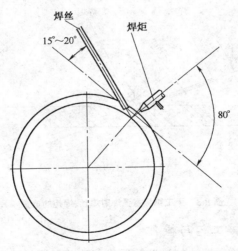

图 8-4　钨极氩弧焊的角度

钨极氩弧焊电弧弧柱直吹熔池的前端,使之形成一个小孔,并使电弧始终穿过这个小孔,以形成单面焊双面成形的焊缝。初学者握持焊枪时往往容易发生颤抖,这时可将小手指弯曲一节,放在焊缝的一侧并以此为支点来进行焊接。

施焊时,氩弧应对坡口的两侧进行预热。预热时氩弧可根据电弧的吹力、焊缝间隙和熔池的大小做横向的摆动。在施焊时如果焊缝间隙过大、焊接电流也很大,而送丝的速度却很小,就会造成熔池下坠、焊瘤和大面积的下塌。遇到这种情况,除了要适当地降低焊接电流外,还要加大送丝的速度。同时根据焊缝间隙的变化调整焊炬和焊丝的角度,以降低熔池的温度和加大焊接速度。

在送丝焊接时,当遇到坡口间隙较大的情况时,可将焊丝贴近管道内径的根部,并用氩弧进行均匀的吹扫,使焊缝金属与母材进行充分的熔合。当坡口间隙较小时,如小于2mm,这种情况下,电弧即使穿过焊缝,也很容易在管道内径处形成焊缝金属与母材熔合不齐、塌腰等现象。因此,必须要求在管道组对时,根据管道直径的大小来掌握好对接坡口的间隙。

钨极氩弧焊时,氩弧应对坡口的两侧进行均匀的加热和吹扫,使管道内径处的焊缝平整光滑。在施焊时,应尽量避免在送丝的过程中焊丝与钨极相碰。初学者在钨极氩弧的操作中,往往对送丝速度把握不准,出现焊丝向熔池送进过多的情况,使焊丝直接与熔池接触或碰到钨极,使钨极的端部变粗,造成电弧散花而使焊接无法进行。

初学者在钨极氩弧焊时,若只注意对送丝速度的掌握,而忽略了钨极在燃烧时电弧长度的变化,未能使钨极与坡口两侧和熔池在焊接的过程中始终保持着同样的高度和固定不变的位置,就会使焊接不能正常地进行。

钨极氩弧焊的引弧,如无自动引弧装置,可采用划擦法引弧。但在划擦时不应过慢和使钨极触及得过重,以免使钨极端部粘在母材上而损坏钨极。钨极氩弧焊的收弧与其他焊接方法一样,也不能突然将电弧熄灭。而应在收弧前,对熔池稍作吹扫后仍以正常的焊接速度向前焊接约10mm左右,然后缓慢地将电弧移至坡口的一侧,逐渐抬起熄灭电弧。

为了保证在氩弧焊时送丝的连续性,可采用两种送丝的方法。一种为阶段性上提式,另一种为捻丝式。

阶段性上提式就是手拿焊丝并将其不断地送进熔池,随手距焊丝的前端不断缩小,在焊丝送进熔池的一瞬间,将电弧离开焊丝在熔池的粘接点,而使焊丝迅速地粘在母材上,然后再将手迅速上移,在重新握好焊丝之后,再带回电弧进行正常焊接。

另一种方法为捻丝式,即将焊丝放在食指和中指之上、无名指和小手指之下,用无名指和小手指压住焊丝,然后利用大拇指在食指和中指之上对焊丝进行捻动,使焊丝不断被送进熔池。在应用这种方法时,操作者带线手套会更便于操作。

第二节　E4316(J426)焊条的管道封面焊

一、焊接实例

以直径为 $\phi 150$mm、壁厚为 6mm 的管道焊接为例。在钨极氩弧封底焊完成之后,如果坡口深度在 4mm、宽度在 6mm 时,可采取一次焊接成形的方法。若坡口深度较大,难以一次焊接成形,可在封面焊焊缝的顶部再加上一层氩弧焊层,如图 8-5 所示。

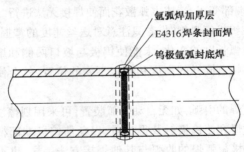

氩弧焊加厚层
E4316焊条封面焊
钨极氩弧封底焊

图 8-5　氩弧焊加厚层

二、焊接参数的选择

上述封面焊的焊条直径选择 $\phi 3.2$mm,焊接电流强度在 $90 \sim 100$A 之间,采用直流反接,即焊条接正极,焊件接负极。采用直流反接时,具有电弧坚挺、飞溅较直流正接时小、焊接过程平稳的优点,但容易出现电弧偏吹。若采用直流正接,焊接不稳定且容易产生气孔缺陷。

三、焊接工艺与操作

由于在封面焊时焊接电流强度较小,为了克服引弧困难,在引弧时焊接电流的强度可取得大一些,以便于引弧。但焊接电流强度也不能过大,过大会使焊接不够稳定,在坡口边部容易产生咬边缺陷。

在 E4316(J426)的焊条管道封面焊中,初学者面临的主要难题是粘弧现象和引弧困难。

E4316(J426)的焊条在燃烧时药皮脱落的过程并不像 E4303(J422)焊条那样,药皮呈筒状护住没有熔化的焊条芯部的金属,而是在金属芯熔化的同时就脱落。尤其是在电弧偏吹时,在熔池的表面始终存在着脱去药皮的金属芯,这在短弧焊接中,粘弧现象就会时常发生。粘弧现象的发生极大地影响了焊缝成形和焊接速度。在施焊时要始终使焊条脱去药皮的金属芯浮动在熔池的表面。

在 ϕ150mm 直径管道的焊接中,由于管道直径较小,而氩弧焊封底层又较薄,只能采用较小的焊接电流强度进行一次成形的封面焊接。由于焊接电流强度较小,有时在采用划擦法引弧时,焊条刚刚接触焊件,焊芯便粘在焊件上。特别是在管道的上半圈焊完后,在另一面起弧的难度就更大。若几次引弧都不能引着,或频繁地发生粘弧,就会对焊接质量造成重大的影响。

在 E4316(J426)焊条引弧时,要根据焊芯露出药皮的长度找准焊条的角度。在距引弧点 7～8mm 处,使药皮先贴在焊道上,然后再转动焊条并使焊芯与母材相碰,引燃电弧,如图 8-6 所示。

E4316(J426)焊条引弧后,焊缝金属应在充分熔化的情况下向熔池过渡,如果熔滴在没有完全熔化时就直接过渡到熔池,会形成锥状气孔。为了避免续焊引弧时气孔缺陷的发生,在坡口底部引弧时,应在图8-6 所示的引弧点引弧,电弧引燃后再拉到续焊点。这样即使引弧的质量较差,但随着电弧对续焊点的吹扫,续焊点再次形成熔池。如果在引弧时多次发生粘弧现象,要用砂轮在引弧处进行打磨。

在进行封面焊一次成形时,由于坡口较深,在坡口的底部引弧后形

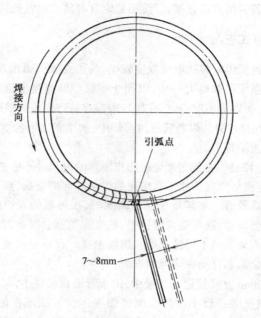

焊接方向

引弧点

7~8mm

图 8-6　E4316(J426)焊条的引弧

成由薄到厚的焊层,即逐渐加大熔池的熔深,形成饱和光滑的焊缝表面。当焊接电流强度较大时,电弧不应直吹和长时间停留在坡口的底部,以防头层的氩弧焊层被电弧击穿。如果电弧长时间停留在坡口的两侧就会使母材被过多地熔化,发生咬边或使焊缝的宽度过大。当焊接电流强度较小时,又会造成引弧困难,同时焊接温度过低,易发生未熔合等缺陷,并会发生粘弧而使焊接受阻。在用 E4316(J426)焊条焊接时,焊接电流强度应根据熔池的温度和运条方法进行调整。

在施焊时,如果运条方法掌握不当,即使焊接电流强度较低,也会使熔池发生坠瘤、咬边、氩弧焊层被击穿和焊缝宽度不均的现象。如图8-7 所示,当在坡口的底部引弧之后,应根据熔池的熔宽来控制 A、B 两点间的距离和停留的时间。在坡口较深、焊缝厚度较大、熔池温度较高时,为了控制熔池的温度不致过高,电弧在运行到坡口的一侧之后可沿坡口以短弧上提,在上提之后再回落继续施焊,逐渐形成高出母材表面的熔池。如图 8-7 所示,在 A 点引弧之后按上述运作形成饱满的熔池之后将电弧平行拉至 B 点,再在 B 点形成饱满的熔池后迅速将电弧上提沿图示弧线到 C 点再绕到 A 点继续进行焊接。也可根据坡口的深度,在 A 点微微摆动之后,沿坡口将电弧引入焊道里侧,送进的程度以电弧将熔滴吹到氩弧焊层为宜,然后按原路将电弧拉回继续在 A 点摆动,当形成饱满的熔池之后,再将电弧拉到坡口的另一侧 B 点。在管道的上部焊接时,根据如图 8-7 中 C 点的温度,也可以使用上述的焊接方法,逐渐加大焊层的厚度,形成饱满的一次成形的焊缝。

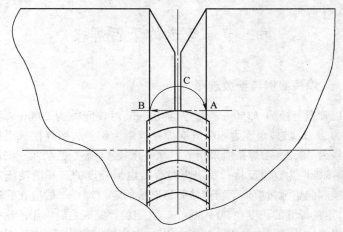

图 8-7　E4316(J426)焊条封面焊的运条方法

　　在 E4316(J426)焊条封面焊的焊接中,要始终掌握好熔池的温度和形状,电弧向坡口里侧吹扫时,将焊缝金属与母材充分熔合,不能含有夹渣,同时与氩弧焊层熔合良好。

　　如图 8-8 所示,在坡口内侧施焊时,应根据不同的引弧点采用不同的运条方法。当电弧在管道底部引弧之后,先稍做停留以形成饱满的熔池,其饱满的程度应既无咬边缺陷又使形成的焊缝稍高于坡口两侧母材的表面。在管道中部爬坡段的焊接中,由于铁水不存在自坠的问题,在焊条的横向摆动时可以采用稍有弧线的运条方法,使管的上部的焊缝中间高于两侧并且表面光滑。

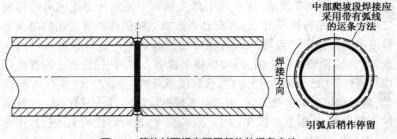

中部爬坡段焊接应采用带有弧线的运条方法

焊接方向

引弧后稍作停留

图 8-8　管的封面焊在不同部位的运条方法

第三节　管道的下行焊接

一、焊接实例与参数选择

以管道直径为 $\phi350mm$、壁厚为 10mm、对接间隙为 2.5mm、坡口钝边为 2mm、坡口角度为 60°、五遍焊接成形为例。头层焊接采用的焊条直径为 $\phi3.2mm$,焊条应采用下行焊条,焊接电流强度为 70～85A 之间,焊接极性为直流反接。头层焊时焊接电流强度的选择应使施焊时熔滴顺利向熔池过渡。下行焊接管道对接的定位焊点一般应在管道的两侧,定位焊缝的长度在 70～80mm。在定位焊完成之后应用砂轮打磨定位焊缝的两端使之具有一定的坡度。定位焊完成之后,应分别从管道的顶部的两端开始引弧向管道的底部进行正式焊接。在熔滴向熔池过渡时,首先要保证熔滴过渡的速度均匀并与坡口两侧的母材熔合良好,实现单面焊双面成形,不能形成咬边、夹渣等缺陷,在管道内侧焊缝的高度与母材表面持平或高于母材表面1mm左右。

二、焊接工艺与操作

(一)头层焊工艺与操作

下行焊的头层焊电弧长度和二层以上焊接时的电弧长度要有所区别。头层焊的电弧如果过长,会使熔池的温度增高,同时也不利于熔滴向熔池顺利地过渡。下行焊的管道焊接与普通管道单面焊双面成形的走弧也有很大区别。普通管道焊接时,如 E4303(J422)焊条在头层的单面焊双面成形时,是采用引弧和熄弧断续焊的方式进行焊接的。即熔滴过渡到熔池后迅速熄弧,然后根据熔池的温度,再将电弧引燃并带弧续焊。而在下行焊时应采用连弧焊接。如果频繁地引弧、熄弧或挑弧就会造成气孔。

下行焊头层焊的运条是否得当是影响焊缝双面成形的重要条件。当在管道的上顶点引弧之后压低电弧,呈小圆圈形转动,在转动中利用电弧弧柱的边部对坡口的边沿进行吹扫,熔滴分别向坡口两侧过渡并形成熔池。采取小圆圈形的运条方法时,还应利用电弧对坡口边缘吹扫和快速地将电弧稍加抬起,以防止熔池的温度过高。

在焊缝间隙较大的情况下,也可不采用小圆圈形的运条方法,而采用低氢碱性焊条的单面焊双面成形运条。如电弧在坡口的一侧以"长肉"的形式向前焊接一段后,可再按原路返回将电弧推向坡口的另一侧,以同样的方式进行走弧。总之,头层焊焊层应尽量减薄,并应加大焊接的速度。

由于头层焊时焊层厚度较小、坡口深度较大,续焊时在一根焊条燃尽续接焊条引弧之后应拔高弧长,对续焊点进行吹扫预热后再压低电弧进行焊接。头层焊接完成经过打磨之后,根据头层焊层距坡口上缘的深度和下行焊每层焊层较薄的要求,可进行三遍或四遍的封底填充焊接和一遍的封面焊接。头层封底焊后应采用直径为 $\phi4.0mm$ 的焊条,焊接电流强度在 115～120A 之间,应保证引弧后弧柱挺直且熔池在电弧的吹动下不出现散花和气孔。

下行焊头层焊后的电弧长度的长短是焊缝金属与母材熔合是否良好的关键,一般在 4mm 左右。如果电弧过短,会造成熔池的温度过高和夹渣。在下行焊时,利用长弧可以对坡口充分预热并增加熔深和控制焊缝的成形和熔池的结晶。

(二)二层焊工艺与操作

在管道下行焊的二层以上的焊接中,如图 8-9 所示可分为上、中、下三个不同的焊接段,分别采用不同的电弧长度。在上部由于接近平焊,其电弧可稍短于中部和下部。当电弧引燃之后,根据坡口的深度和底层焊层的温度确定焊接速度和运条方法。一般采用带有弧线的运条方法,即在坡口的一侧引弧之后,呈弧形快速运条到坡口的另一侧。由于下行焊平焊段熔池形成后会迅速地增厚,所以在坡口的两侧运条时,可根据焊层的厚度适当掌握向前走弧和回带的距离。如果焊层较厚可将走弧的距离拉大,反之缩小。运条时焊条摆动的宽度应在尽量减小的前提下,保证焊缝与坡口两侧的边缘充分熔合。

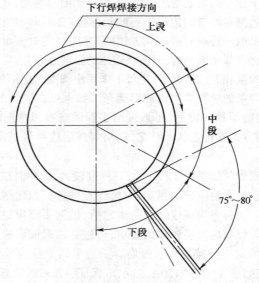

图 8-9 上、中、下焊段

(三)下行焊的运条

下行焊的运条首先要突出一个活字,尤其是中下段的运条应以长弧为主并加强焊条的摆动频率。当熔池温度较高时,应迅速拔高电弧以控制熔池液态金属的稀化程度,防止出现液态金属坠瘤。在横向运条时应稍带有弧度,但横向摆动的幅度也不能过大。在下段的焊接中,当电弧较低或运条较慢时,熔深加大,焊层就会迅速增厚。如果这时焊条横向摆动的幅度不均,就会使焊缝中部迅速增高,形成棱状的焊缝表面,而在坡口的两侧往往出现较深的沟状夹渣,使后续层的焊接前必须用砂轮进行打磨,否则后续层焊接就很难进行。为了避免这种情况的发生,在下段的焊接中,首先要控制好焊层的厚度、焊缝的表面形状和熔池与坡口两侧母材的熔合程度。在施焊时如果出现中部棱状的焊缝,应及时采取拔高电弧、改变焊条角度和加大焊条摆动的弧度等措施,焊条角度由原来的90°改为焊条与焊缝中心线的夹角80°或75°,如图 8-9 所示。

三、封底焊

二层焊接完成之后,用钢刷将焊道清理干净,再进行第三层的打底焊。在第三层的封底焊中,焊接电流强度不变,在施焊中仍要求焊缝表面平整光滑,焊层厚度均匀一致,焊缝表面距坡口上缘深度相等。三层封底焊完成之后,仍要求用钢刷清理干净,再进行第四层的封底焊接。四层封底焊的焊接方法与二层、三层封底焊相同。四层封底焊完成之后,焊缝表面的高度应接近母材表面,熔池与坡口两侧边缘熔合的宽度应不超过 1mm。

在上、中、下三段的封底焊接完成之后,如果仍有一些焊段焊缝的高度距坡口表面有一定的深度,就会影响封面焊焊缝表面的美观,这就需要在封面焊之前对距坡口边缘较深的焊段进行补焊。补焊时应快速带弧形成较薄的焊层,并在补焊之后使焊缝表面稍凹于母材表面。

封面焊的焊接方法与上述的二层、三层、四层封底焊的焊接方法基本相同,但在施焊时要时刻控制好液态焊缝金属对坡口两侧边缘的"淹没"程度,形成宽度一致、中部高于母材表面的良好焊缝。

封面焊在焊接管道底部收弧时,应压低电弧再稍加回带迅速熄弧,如果拔长电弧或向前直接收弧就会产生弧坑。

第四节　不具备氩弧焊条件的管道封底焊

一、焊接实例

在不具备氩弧焊条件时,管道的封底焊主要采用焊条电弧焊来完成。以管道直径为 250mm、采用 E4303(J422)焊条为例,头层焊选用 ϕ3.2mm 直径的焊条,对接间隙为 4mm 左右,坡口角度为 60°,定位焊点按圆周均分为 4 点,定位焊完成后应用砂轮将定位焊缝两侧打磨,使其具有一定的坡度。以 E4303(J422)、ϕ3.2mm 直径的焊条为例,头层焊的焊接电流强度一般在 95~110A 之间。

二、焊接工艺与操作

点固焊后,从管道底部仰焊部位开始,分别从两侧引弧向顶部焊接,并超过管道的中心线。由于对接的间隙较大,仰焊时很难直接形成熔池将坡口两侧相连。这时电弧引着后先在坡口的一侧,如图 8-10 的 A 点,使熔滴向坡口边缘过渡,形成的焊点应稍凸于管道内径母材表面,然后迅速熄弧。在瞬间之后再引弧,在紧贴 A 点的另一侧以同样的方式施焊,熔滴过渡到如图 8-10 的 B 点,并逐渐将坡口两侧连接形成熔池后迅速熄弧。

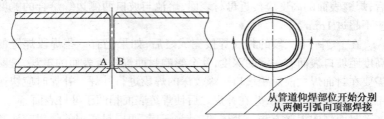

从管道仰焊部位开始分别
从两侧引弧向顶部焊接

图 8-10　仰焊部位的施焊方法

在上述焊接的过程中,每一次焊接循环引弧应根据熔池颜色的变化,如图 8-10,在 B 点熄弧后,待先焊的 A 点处的熔池由赤红变成暗红,并逐渐缩小成一个亮点后再在 A 点用触弧法进行引弧。在上述焊接循环的过程中应通过熄弧间隔时间、焊接电流强度和电弧长度的调整来控制熔池的温度。在施焊时若发现熔池的颜色迅速变为赤红色,熔池迅速下坠,说明焊接电流强度过大或电弧停留时间过长。电弧不到位也是发生上述情况的主要原因。

三、焊接缺陷及原因

(1)管道的头层焊焊缝塌腰、内表面焊缝与坡口两侧的金属熔合不良发生咬边也是管道焊接常见的问题。上述问题的出现与焊接电流强度、熔池温度、焊条角度、电弧长度、焊层厚度有密切的关系。焊缝塌腰主要发生在下段的焊缝和管道底部仰焊的焊段,与熔池温度和焊层的厚度有直接的关系。如图 8-11 所示,在对不锈钢管道的底部进行仰焊时,由于引弧后熔滴过渡到熔池是在瞬间完成的,往往对焊层的厚度不容易掌握,当熄弧间隔时间过短时,熔池在电弧熄灭之后不能凝固,出现下坠、塌腰的情况。

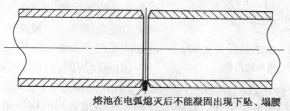

熔池在电弧熄灭后不能凝固出现下坠、塌腰

图 8-11 管道底部仰焊段焊缝塌腰

(2)在管道的仰焊部位施焊时,电弧不到位也是造成熔池温度过高引起熔池下坠和塌腰的一个重要原因。电弧停留在坡口一侧的中部并将电弧上提,这时熔滴还没有过渡到熔池便使熔池的液态金属流动形成塌腰。所以在施焊时,电弧应以短弧的形式一步到位进入坡口的根部,使熔滴过渡到熔池后,熔池的温度仍不致过高。

(3)如图 8-10 所示,当不断地循环焊接的过程中坡口的间隙逐渐减小时,可将电弧直接引入 A、B 两点的中间部位。如坡口的间隙还有 2~3mm 且熔池的温度较低、堆敷的焊缝金属较厚时,电弧可直接将坡口底部的焊缝穿透,将铁水推过焊缝。如果电弧吹力不足可适当增加焊接电流的强度和加大焊接的速度。在施焊时应在熔池的上方始终形成一个熔孔。当坡口的间隙完全被焊缝金属填充后,就不应再形成熔孔,否则会使液态金属在过高的温度下发生大面积的坠落而形成焊瘤,同时还往往伴随有大量的气孔。如果在焊接的过程中从引弧到熄弧的间隔时间较长而且底部焊层又较薄时,可将电弧略微上提并缩短电弧直接向坡口底部吹扫的时间,通过焊条在坡口的两侧进行摆动使熔滴向熔池过渡。

(4)在管道的上部施焊时也容易出现塌腰的现象,这与引弧点的位

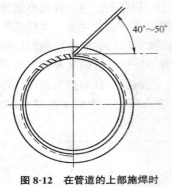

图8-12　在管道的上部施焊时
焊条的角度

置、电弧的吹扫方式和焊条的角度有直接的关系。引弧点与坡口底部的距离应不小于 2mm,小于这一距离时形成的熔池较薄,再加上电弧的直接吹扫,就会使焊缝金属下坠至管道内表面以内。在管道上部的焊接中,焊条的角度是焊接顺利进行的主要因素,如果焊条角度不正确,如 90°、80°等,也会形成塌腰或塌陷。一般来说焊条的角度如图 8-12 所示应为 40°~50°。

(5)定位焊时,管道上部的坡口间隙最好为 4mm 左右,这样可以避免由于坡口间隙过小,电弧直接在坡口的中间吹扫而形成坠瘤。管道上部的焊接熔池的形成应以熔滴向熔池过渡较小、熔池较薄为好。同时要求电弧只在坡口的边部稍做摆动,在形成熔池之后就迅速熄弧。施焊时应避免沿坡口的中间带弧。

(6)管道焊接中出现的夹渣一般情况都属于熔池熔合性夹渣,即头层焊接中,焊缝金属没有和坡口两侧的母材充分熔合,形成较深的沟状夹渣。如果在头层焊接时,没有对这种夹渣及时处理,在二层的焊接时,不能仅凭着电弧的吹力对头层的夹渣彻底清除,必然会造成焊缝内部的溶合性夹渣。

(7)为了避免溶合性夹渣缺陷的发生,在管道的头层焊接时,既要保证单面焊双面成形,同时还要使焊缝表面平整光滑。在熔池形成之后,一旦发现熔池的温度骤然升高,不应立即熄弧。这时要首先看清坡口两侧的焊层是否具有同样的厚度以及与坡口两侧母材的熔合的程度,保证焊缝形成后,在坡口的两侧的熔合线上没有咬边和较深的沟状夹渣,使下层的焊接能够顺利进行。

(8)在 E4303(J422)焊条管道的封底焊接中,在一根焊条燃尽续焊收弧时,也不能随意将电弧抬起,而应在收弧前做好准备工作。应压低电弧并将其移动到坡口的一侧再迅速地收弧。如果收弧点形成了弧坑,在续弧时焊接电流强度较低或动作较慢,弧坑就不能被熔合,从而形成夹渣和气孔。

(9)E4303(J422)焊条的续焊引弧后,如果换接较快、熔池温度较高且熔深较小时,可触击引弧后一步到位进入正常焊接。如果换接较慢、熔池的温度较低且熔深较大时,可在电弧进入熔池之前适当拔长电弧,当药皮熔渣溢流、焊缝金属稍见"出汗"时,再迅速压低电弧到位进行正常焊接。

(10)不锈钢焊条管道的头层焊接比碳钢焊条焊接的难度还要大一些。以 E347-16(A132)、E310-16(A402)、E309-15(A307)、E309-16(A302)直径为 $\phi3.2mm$ 的焊条为例,坡口间隙最好不要小于同样直径的碳钢焊条焊接时的坡口间隙。在施焊时,当一根不锈钢焊条燃过一半以后,由于电阻值的增大,焊条发热引起药皮变红,会产生快速的脱渣现象。如果按照上述碳钢焊条的焊接方法并缩短熄弧的间隔时间,熔滴就很难过渡到焊缝的续接点。为了避免这种现象的发生,除了在操作上适当延长熄弧的间隔时间之外,引弧点的准确位置是至关重要的。如果续弧时引弧点不在续焊处,要迅速熄灭电弧并用手砂轮将粘弧处清除后再进行焊接,不锈钢焊条在管道上部焊接时,除了正确地改变焊条角度外,还应尽量选用下限的焊接电流强度。

(11)头层焊接完成之后,如果坡口的深度超过 3mm,要进行二层的填充焊接,以 $\phi3.2mm$ 直径的焊条为例,在施焊时应尽量采用较大的焊接电流强度。当电弧在坡口一侧引燃并形成较深的熔池后迅速向坡口的另一侧带弧,形成饱满的熔池后可将电弧抬起,抬起的高度应根据熔池的温度来确定。若熔池的温度较高,可抬得高一些或将电弧熄灭。熔池的温度下降后再将电弧回落继续进行焊接。二层填充焊接后,焊缝与母材熔合的边部应与母材表面接近,在封面焊前应清除焊渣。

第五节　小直径管道的封面焊接和较大直径管道的焊接

一、小直径管道的封面焊接

(一)焊接电流

小直径管道固定安装位置不同,对封面焊时焊接电流强度值的要求也不同。如管道底部仰焊部位和管道上部的爬坡部位的焊接电流强度要稍大一些;在立焊部位的焊接电流强度要稍小一些,其焊接电流强度值取仰焊与平焊之间的中间值。

(二)焊接方法

在小直径管道的封面焊立焊时,可采用电弧上移法和挑弧续焊法两

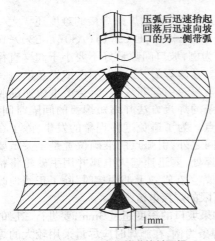

压弧后迅速抬起回落后迅速向坡口的另一侧带弧

种方法。以直径为 $\phi 3.2$mm 的焊条为例,焊接电流强度大致在 $100 \sim 115$A 之间。如图 8-13 所示,当在管道底部起弧之后,在坡口一侧边线形成熔池,淹没坡口边线应控制在 1mm。在施焊时,如果坡口较深、焊层较厚使电弧停留的时间较长,就会引起仰焊部位熔池的温度过高,造成液态金属的坠流。这时可将电弧迅速抬起,回落后迅速向坡口的另一侧带弧,待在该侧形成

1mm

图 8-13 小直径管道的封面焊

熔池后再将电弧迅速抬起。电弧的抬起高度要根据熔池的温度来确定,当熔池的温度较高时可将电弧抬起熄灭。电弧回落后要根据熔池的厚度来确定横向带弧的幅度和带弧的速度。

在横向运条时,要根据焊层的厚度来调整好焊接电流强度的大小,并通过电弧在坡口两侧停留时间的长短来控制熔池的温度,以防止熔池温度过高而引起液态金属坠流,使坡口两侧形成薄厚相等的焊层。一般来说,在以上叙述的挑弧续焊法的过程中,电弧的抬起和回落是在瞬间完成的。管道一侧的封面焊的仰焊和立焊段的焊接也可采用电弧上移法进行焊接。

二、较大直径管道的焊接

(一)焊前的准备工作

在直径超过 700mm、管壁厚度在 10mm 以上的管道焊接中,为了提

高劳动效率,可采用 E4303(J422)、直径为 $\phi 4mm$、$\phi 3.2mm$ 的焊条进行焊接。当坡口钝边为 0、坡口夹角为 60°并且没有单面焊双面成形的要求时,坡口的间隙可在 3mm 左右。焊接也分为封底和封面焊两个阶段。

较大直径管道的封底焊可根据管道的位置、坡口间隙一次焊接成形或头层、二层焊接成形。如图 8-14 所示,以管道的中心线为界,将管道的一半焊缝长度分为 5 个焊接段,其中 1 段和 5 段处于仰焊和平焊的位置。如果在仰焊部位一次焊接成形,会使封底焊层厚度

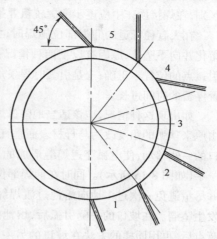

图 8-14 大直径管道的焊接区段

过大,焊缝金属容易下塌,而处于平焊部位的焊缝在一次成形的焊接过程中也很难形成一定的焊层厚度。

头层焊接的焊接电流强度在采用 E4303(J422)焊条时为 125～145A 之间,可保证引弧和在施焊的过程中对熔池能够自如控制。在封底焊时如采用 $\phi 4mm$ 的焊条,在如图 8-14 中 1、2、3、4 段的封底焊的焊缝表面,当坡口宽度为 10mm 时,应低于母材表面 1mm,以便封面焊的焊缝成形。在管道顶段的封底焊接时,焊缝表面最好接近于母材表面。如果该段的封底焊焊缝表面过多地凹于母材表面,将直接影响封面焊的焊缝成形。

(二)大直径管道的封底焊

大直径管道的封底焊应保证在焊接的过程中始终将坡口的根部焊透,要有穿透性熔孔,避免夹渣、气孔、未熔合、焊层厚薄不均、焊缝表面高低不平、焊缝边部有较深的条状夹渣及塌腰等焊接缺陷的出现。当熔池的温度过高时,对焊接熔池的控制难度就会加大,熔池的液态金属就会出现坠瘤。由于较大直径($\phi 4mm$)与较小直径($\phi 3.2mm$)的焊条

在焊接电流强度、引弧位置、引弧后电弧停留时间等方面存在着一定的区别,在焊接操作中应逐步掌握较粗焊条封底焊的焊接要领。

在大直径管道的仰焊部位施焊时,如果引弧后坡口的边缘被迅速熔化并向下坠落,原因有以下四种情况:一是焊接电流强度过大;二是引弧点的位置不正确;三是引弧时焊条角度不正确;四是引弧后在原位置停留的时间过长。

如出现这种情况,应该适当地降低焊接电流的强度,焊条在引弧时由原来顶弧的角度改为与母材表面垂直的 90°角,将引弧的位置稍向坡口的一侧移动,使电弧穿透焊缝形成的熔孔的直径大约为焊条直径的一半(如图 8-15 所示)。同时在仰焊部位电弧引着后应立即压低电弧,并尽量避免一次过多地向熔池过渡焊缝金属而形成过高的熔池温度,发生坠瘤。在坡口的一侧引弧后,熔池的颜色由鲜红的亮斑逐渐缩成暗点后,再用同样的方法在坡口的另一侧迅速引弧。在坡口的两侧循

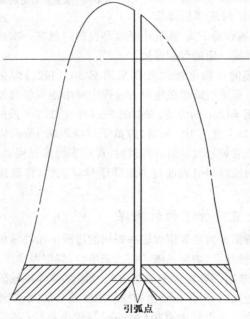

引弧点

图 8-15 仰焊部位的引弧位置

回引弧并与坡口两侧的母材熔合良好,不应有沟状的夹渣。在坡口两侧的焊缝金属应与焊缝表面保持在同一平面。

大直径管道立焊段的封底焊接,可根据引弧时的熔池的温度来掌握,采取一次成形的焊接,其运条可参照立焊焊接的方法。平焊爬坡段的焊接可安排在头层焊接完成后。如果焊层的厚度不够,应根据封面焊层的厚度来确定封底二层焊接的焊层厚度。在二层封底焊前,应彻底清理焊渣。

三、较大直径管道的封面焊接

在 ϕ700mm 以上直径的管道的封面焊接中,可采用 ϕ4mm 的焊条,焊接电流强度可在 125～145A 之间进行调节,以在仰焊、立焊、爬坡焊等位置都能顺利地控制熔池为宜。

在仰焊部位的封面焊接时,要根据封面焊层的厚度来确定引弧后电弧停留的时间和焊接速度及焊条横向摆动的幅度,如果掌握不当,会使焊层过厚或过薄。在采用直流焊机时,要考虑到电弧偏吹的问题。如果引弧的位置选择得不当,会造成焊缝金属在坡口的一侧过多地堆积焊缝金属或过深地熔化母材,出现咬肉的缺陷,同时造成封面焊缝局部过多地高于母材的表面。大直径管道的封面焊接基本上应采用挑弧续焊的焊接方法。在短弧续焊时要掌握好前后熔池的续接程度,应使其形成的焊缝表面的高度及焊纹均匀一致。

在大直径管道立焊段的封面焊时,若封底焊缝的表面低于母材表面 1mm 左右,根据封面焊层的厚度可采用快速连续的焊接方法。当焊条运至坡口一侧的边缘时,应根据熔池与母材熔合的程度掌握好电弧快速上提的高度和横向摆动的速度。

在大直径管道爬坡段的封面焊时,应根据熔池液态金属的流动状态采用连续焊接或断续焊接的方法,并改变电弧横向摆动的幅度。如爬坡段封底焊缝表面凹于母材表面 1mm、坡口宽度在 10mm 左右,若采用挑弧熄弧续焊的方法进行焊接,焊缝一次成形,电弧摆动的幅度应在 7mm 左右;若采用连续的焊接方法,由于这时形成的熔池的温度较高,若焊缝一次成形,必然会使熔池中的液态金属出现不规则的流动,造成焊缝表面出现高低不平的棱状和焊纹的脱节。为了避免上述情况的出现,在连续焊接时,电弧摆动的幅度不应超过坡口宽度的一半,如图 8-16 所示。然后根据熔池的温度和焊层的厚度再进行另一侧的焊接。同时,采用这种焊接方法也是为了避免电弧摆动幅度过宽使封面焊层和封底焊层较厚时之间的焊缝金属熔合不良。

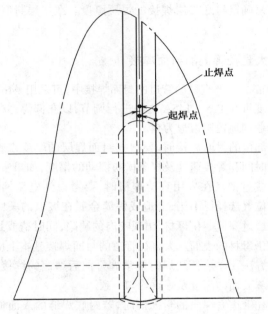

图 8-16 大直径管道连续封面焊

在大直径管道底部固定封面仰焊焊接时,当焊缝超过管道中心线之后,可先形成较薄的焊层,并形成 10mm 长的焊缝,再增加焊层的厚度,达到规定要求的焊层的厚度,如图 8-17 所示。仰焊部位的焊缝宽度可一次成形,即当电弧在 A 点起弧,形成饱满的熔池之后,迅速带弧到坡口的另一侧 B 点,然后稍做停留形成饱满的熔池。如果这时焊接电流强度适当,A、B 之间形成的熔池温度不致造成熔池中液态金属的坠流。这时在 B 点处不必熄弧,将电弧稍加抬起,电弧稍微离开熔池即可。当与底层的焊缝金属充分熔合后,按照上述的焊接方法继续进行焊接。将这种运条方法延伸到爬坡段。在爬坡段的焊接过程中,为了达到光滑的焊缝表面,可迅速改变运条时焊条摆动的幅度。即电弧在 A 点引弧并加微动,在 A 点形成饱满的熔池后,向 B 点带弧到达焊缝宽度的一半时,迅速抬起电弧带弧到坡口的另一侧 B 点,在 B 点稍加停留形成饱满的熔池后,再将电弧带到焊缝的中部,这时再根据熔池的温度使焊缝中部的焊缝金属充分熔合。最后形成的焊缝应使中间凸于两侧,焊纹呈均匀的鱼鳞状。

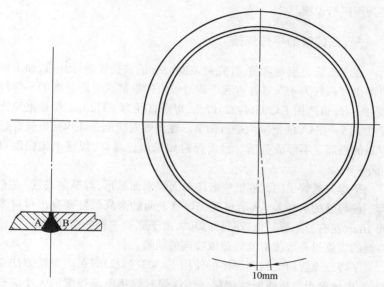

10mm

图 8-17 大直径管道底部的固定封面焊

经过爬坡、立焊段的焊接后到达大直径管道的顶部,即上段的焊接,可根据熔池的温度和状态进行连续的焊接。管道顶部的封面焊焊缝应稍凹或接近于母材的表面。在运条时,根据焊条的种类将电弧提起一定的高度,用长弧进行吹扫,并采用顶弧的焊接方法形成熔池。由于仰焊、立焊及爬坡段的焊接电流强度较小,到平焊段的焊接时,如采用顶弧和长弧焊接,对熔池的控制难度就较大。这时可采用较小直径的焊条(如由原来的 $\phi4mm$ 改为 $\phi3.2mm$)进行管道顶部的封面焊接。

第六节 三通管的焊接

在管道的施工中经常会遇到三通管道的焊接。在安装锅炉时,这种焊接在锅炉本体的焊接时更为常见,而且要求非常严格。根据三通管道的安装位置,其焊接可分为平、立、横、仰四种。下面以水平管直径为 ϕ200mm、直插 ϕ150mm 的管、管壁的厚度为 10mm 的三通管道的焊接为例进行说明。

一、三通管的平焊焊接

在三通管道组对之前,首先对 ϕ200mm 的被插管进行开通,加工坡口的角度最好为 45°,这样有利于焊透坡口的根部。三通管道的平焊焊接,头层焊可选用 E4303(J422)焊条,焊条直径为 ϕ3.2mm,焊接电流强度在 115~135A 的范围内进行调节。在施焊时应能保证焊接电弧穿透焊道的根部又不形成坠瘤。封面焊时如采用连续焊,焊接电流强度可稍小一些。

平焊三通管道的封底焊一般应单面焊双面成形,焊缝的高度,在立管一侧焊缝的余高为 3mm,封底焊焊缝表面的余高最好要高出母材表面 1mm 左右。如果过低,在封面焊时,由于立管一侧的熔池过深,会使熔池的温度过高致使对立管造成咬肉的缺陷。

平焊三通管道的封面焊接可使用 E4303(J422)焊条。焊接方法有两种,即连续焊或挑弧断续焊接。连续焊时焊接电流强度的大小应根据熔池的温度和形状进行适当的调节。当液态金属流动性较大、对熔池难以控制时,可适当降低焊接电流的强度;当熔池的形成较困难,电弧不能对坡口底部的母材金属进行吹扫、焊缝金属与母材熔合不良时,应适当提高焊接电流强度。

当焊接电流强度调节适当后,可在三通管接口任何一侧坡口的最低点越过坡口中心线 10mm 处起弧。起弧后初步形成的熔池以薄为好,这种较薄的熔池长度可在 5mm 左右,然后增加熔深形成正常的熔深和熔宽。一般来说,当熔宽为 10mm 时,熔深为 3mm。三通管的平焊焊接,既包含有横焊又包含有爬坡焊的焊段。如在横焊的起弧段的焊接中,既要使熔池具有一定的宽度,又要使其具有一定的深度,不能使焊缝表面出现过高或过低和有棱的情况。当这种情况出现时,药皮熔渣会快速地流出熔池的表面,并且液态金属出现箭尖般棱状并快速滑动。这种现象,可在焊接速度及电弧在坡口两侧的停留时间上加以控制,同时还可适当减小焊接电流强度。

当电弧在立管一侧微动并形成较厚的熔池时,一定要观察好对立面管壁的咬合程度,如发现有未熔合或对立管母材咬合过深时,要迅速改变焊条与立面母材的角度,同时加大弧柱同立面母材之间的距离。在施焊时,应尽量利用电弧的吹力将熔池内的液态焊缝金属推向立面母材,使熔池中的焊缝金属比较饱和地堆敷在立面母材上,保证焊后形成的三通管接口焊缝表面焊纹均匀、焊缝的宽度相等、饱满,没有咬边和未焊透等缺陷。

三通管的平焊焊接在连续焊接难以掌握的情况下,也可采用熄弧断续的焊接方法。熄弧断续焊接应根据熔池的温度来掌握熄弧间隔的时间。熄弧后再次起弧的位置如图 8-18 所示,可放在坡口两侧边线略偏于里侧的位置。引弧后应将续弧点的熔池填满,熔合良好,与续接的焊缝搭接均匀,不出现凹和凸的情况。

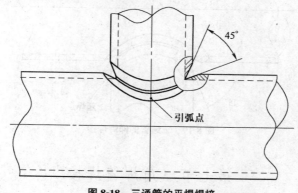

图 8-18　三通管的平焊焊接

二、三通管的仰焊焊接

三通管的仰焊焊接以 E347-16(A132)、直径为 $\phi3.2mm$ 的焊条为例。焊接电流强度的大小应使弧柱能穿透熔池,在断续焊接时能够对熔池的温度进行控制。在三通管的仰焊时,如果坡口的间隙适当(一般在2～3mm),引弧点可在坡口的根部。引弧后电弧应能穿透熔池,实现单面焊双面成形。焊接时可采用挑弧和熄弧的断续焊法。在头层焊接时,焊层一般应较薄些,操作可参照本章第四节叙述的E347-16(A132)焊条的仰焊方法。

头层焊接完成之后应彻底清理坡口内的药皮熔渣。二层焊要注意焊层与头层焊缝的充分熔合,焊层的厚度应结合封面焊后焊缝表面的高度,如果封面焊后焊缝表面高出母材表面3mm,则二层焊的焊层厚度最好要稍高出母材0～1mm,但不能高出更多。

如图8-19封底焊完成之后,三通管仰焊的封面焊也在接口的最低点起弧,仍采用挑弧和熄弧的断续焊法。在运条时焊条摆动的幅度应为焊缝宽度的一半或2/3左右。如果焊条摆动的幅度过大或电弧在焊缝两侧停留的时间掌握不当,就会出现焊缝中间过高并出棱的情况。封面焊完成之后应使焊缝两侧的焊肉饱满,焊纹均匀。

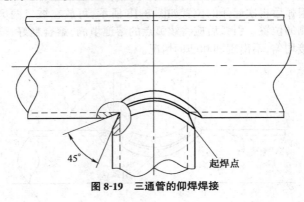

图8-19 三通管的仰焊焊接

第七节 角焊缝焊接

一、角焊与其他焊接方法的区别

以平面和立面组成的角焊缝的焊接与其他焊接方法有所区别,特别是在不同板厚的情况下,焊接电流强度、焊条角度和运条方法都要发生相应的变化。一般来说,角焊的焊接电流强度与平焊基本相同。当角焊的焊缝高度要求在 8mm 以上时,以型号为 E4303(J422)、直径为 φ4.0mm 的焊条为例,应进行两层焊接,头层为填充焊接,二层为成形焊接。

二、角焊的头层焊接

在头层的填充焊接中要避免出现夹渣、气孔、焊缝表面呈棱状等缺陷。施焊时要通过对药皮熔渣的观察对熔池进行控制。如果发现有药皮糊着熔池不动,看不到有一小节闪光的致密的液态金属,就会出现夹渣等缺陷。为了避免这种情况的发生,首先要改变焊条的角度,将原来焊条与焊缝中心线所夹的 90°角变为 80°或 75°角,如图 8-20 所示。利用焊条角度的变化改变电弧吹力和方向,将药皮熔渣推开使熔池露出约其长度的 1/3 左右。如果药皮熔渣呈堆状并难以控制时,也可以增加电弧长度即拔高电弧对药皮熔渣快速吹扫。如果在焊条角度变化之后的顶弧焊接和采用拔高电弧对药皮熔渣进行吹扫后,仍然存在堆状的药皮熔渣,并有下沉与熔池的液态金属相混的趋势,说明焊接电流强

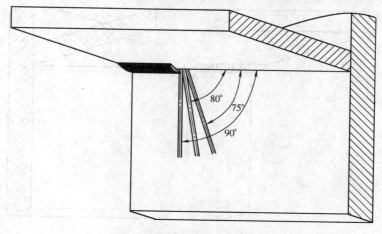

图 8-20　角焊时焊条角度的变化

度过小;反之,若熔池清晰的液态金属露出的面积过大,铁水呈棱状流动,说明这时的焊接电流强度偏大。

在角焊的头层焊接中,应尽量采用较大的焊接电流。焊接电流较大有利于消除夹渣、气孔等缺陷,同时又能使头层的焊缝金属与母材熔合良好。但如果发现药皮熔渣脱离熔池,液态金属呈箭尖般地流动,焊缝形成棱状的表面,应迅速地改变焊条的角度,由顶弧的75°角改变为80°角或90°角,同时尽量采用短弧焊接。头层焊接完成之后,在第二层焊接之前应清除焊渣。

三、角焊的二层焊接

二层的封面焊接可分为两种焊法,即一遍成形或两遍成形。

(一)二层一遍成形焊法

一遍成形的运条方法常采用小圆圈运条法。在操作时,电弧回旋带弧应根据底层焊缝的宽度确定焊条摆动的幅度,特别是电弧带到焊缝的边缘时应使焊层较薄而且使焊缝的边线较齐。所以在电弧带到焊缝的边缘时,回带电弧要快,在向焊缝里侧带弧时,要注意增加焊层的厚度。角焊焊缝小圆圈运条的方法如图 8-21 所示。

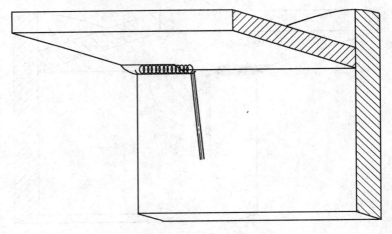

图 8-21   角焊焊缝的小圆圈运条法

当焊缝里侧的焊层增加到一定的厚度后,使用小圆圈运条法将电弧回旋上推。上推时应防止母材过多地被熔化形成咬边缺陷和焊缝金属下塌及焊缝表面出现棱状。出现这些缺陷的原因有以下方面:焊接电流强度过大,熔池温度过高,电弧距立面母材过近,焊接速度较小,熔池深度过大等。当出现这种情况时,熔池上部的铁水会迅速地吃进母材,同时铁水呈箭尖状急速地滑动,药皮熔渣脱离熔池表面,焊缝的上部不能成形等。如果采用短弧焊接,电弧没有正吹母材,主要原因是焊接电流强度过大。在焊接电流强度调整适当之后,角焊立面焊缝的成形还应掌握好焊条与立面母材的角度和电弧的长度。

熔池的温度过高时,在焊缝的上部就会出现对立面母材的咬边缺陷。在增加焊缝的高度时,要对熔池的温度做出正确的判断。如在焊缝的上部发现药皮熔渣快速离开熔池,焊缝金属出现箭尖般的滑动,应适当降低焊接电流强度,同时焊条角度由顶弧焊接改为 90°角,并且还应缩小电弧在角焊缝上部回旋和摆动的幅度。在施焊时,应保证焊缝金属与立面母材熔合良好,既不能咬边,也不能出现未焊透的情况。

为了避免角焊缝立面母材出现咬边,除了焊接电流强度适当和熔池温度适当以外,还应注意焊条角度的相应变化。在施焊时,焊条与立面母材平面之间的夹角不能太大(图 8-22),同时电弧贴向立面母材时要同立面母材保持一定的距离,一般来说为 2mm 以上,在操作时基本上是利用电弧的吹力将焊缝金属推到立面母材上与之相熔合。

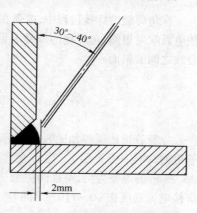

图 8-22　角焊二层焊时焊条角度

角焊二层一遍成形的焊接一般采用椭圆形小圆圈运条法。在正常的焊接过程中,药皮熔渣应始终浮动在电弧的边缘,使焊缝表面的焊纹均匀,焊层厚度一致。在一根焊条燃尽之后,在焊条续接时续接要快,续接焊条在续弧点引弧后,应用长弧缓慢进入熔池,将药皮熔渣吹跑露出熔池中的液态金属,再压低电弧继续进行焊接。

(二)二层二遍成形焊法

在二层一遍焊接焊缝高度不能满足要求的情况下,要进行二层二遍的焊接。二层二遍的焊接应以顶弧焊为主。二层二遍焊接的焊接电流强度、运条等与二层一遍焊接要有所区别。如发现药皮熔渣迅速脱离熔池、熔池中的液态焊缝金属迅速滑动、熔池边缘的母材被迅速熔化产生咬边时,首先要降低焊接电流强度,同时要改变焊条的角度,将顶弧焊接时的70°角改成80°角或85°角,并缩小焊条与立面母材的角度,将45°角改成30°角。在二层二遍的焊接中还要掌握好电弧长度和焊条端部与立面母材之间的距离。如发现距离过近,熔池的上部出现咬肉时,应将电弧迅速外移约2mm。在二层二遍的焊接过程中,若需要增加焊层的厚度,可将小椭圆形的运条方法改为横向摆动的运条方法,并利用电弧在焊缝上下边缘的停留时间来增加焊缝里侧的厚度。在施焊时还应保证二层二遍焊层与二层一遍焊层的焊缝金属之间熔合良好。

在角焊缝的焊接过程中,电弧在焊缝上下边缘处应一带而过,然后使电弧吹向里侧,角焊缝的焊缝表面应接近于平面母材与立面母材熔合线之间的斜面。

第八节　管道的横焊

立管管道的横焊如图8-23所示,在直径为200mm、壁厚为8mm的管道的焊接中,头层、二层以使用型号为 E347-16(A132)、直径为φ3.2mm 的焊条为例,对接间隙为 3~4mm,形成的坡口角度为60°角,焊接电流强度在 90~110A 之间。

一、管道横焊的头层焊接

管道横焊头层的焊接可分为一次成形和两次成形。二次成形主要用在坡口间隙较大、单面焊双面成形的场合。电弧在坡口的任一侧起弧后,可直触到坡口的底部,熔滴过渡形成熔池后将电弧迅速外拉。这

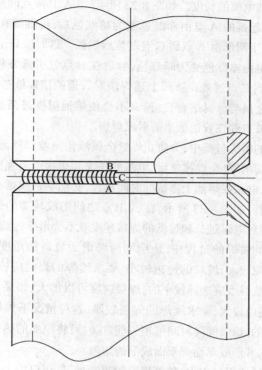

图 8-23　管道的横焊

样做的目的是使熔池既搭接在坡口底部的边缘,又不致造成在管道的里面处形成焊瘤。如果坡口的深度在 7mm 左右,熔深一般应在 3mm 左右,也就是将近坡口深度的一半时迅速熄弧。熄弧后立即观察熔池的温度,当熔池由赤红色变为暗红色时再次引弧,这时电弧可直接吹向熔池过渡焊缝金属。由于坡口间隙较大,必须形成一定的熔深,但若连续焊接也必然会使熔池的温度过高,无法使熔池将上下坡口连接,造成焊缝金属向下流动或出现焊瘤。因此,在续焊时引弧点应选在坡口的上边缘一侧,并将熔滴向坡口的边缘过渡后再迅速地下拉电弧,使熔滴向坡口的下边缘过渡。

　　在引弧起焊形成熔池将上下坡口连接之后,要掌握好熔池的温度、焊层的厚度和电弧的长度。如图 8-23 所示,当 A、B 两点间形成熔池并迅速熄弧,先起弧的 A 点由赤红色变为暗红色后,可继续在 A 点处引弧,将熔滴沿半圆形由 A 点到 C 点过渡后熄弧。这时坡口上侧 B 点处的液态金属也由赤红色变为暗红色,然后在 B 点处引弧并将熔滴沿半圆形由 B 点到 C 点过渡。依照上述焊法对管道的横焊缝进行焊接,既能保证焊缝金属与母材熔合良好,又不会使熔池温度过高造成焊缝金属液化流出坡口和在管道的里面形成焊瘤。

在管道的横焊过程中,为防止焊缝金属液化向坡口外流动,应控制好熔深及焊层的厚度、焊接速度、电弧的长度和焊接电流强度。如果焊层厚度过大,电弧在熔池上停留的时间较长,必然会造成熔池的温度过高,形成坠瘤。如图 8-23 所示,在 A、B 点之间形成较薄的熔池后迅速熄弧,同时避免电弧过长和过低的焊接速度就不会形成过流现象。

在管道的横焊的过程中,还应同时考虑到坡口的角度及其尺寸。如果坡口间隙较大、坡口的钝边较小,要求续焊的焊层应较薄,这种情况下焊接电流强度应选择较小的,焊接速度可以加大;如果坡口间隙较小、坡口的钝边较大,要求续焊的焊层较厚,这种情况下焊接电流强度应选择较大的,熄弧间隔时间可短一些,这时可将电弧的热量基本上集中在焊缝处,并形成单面焊双面成形的熔池。

在管道的横焊过程中,随着焊层的逐渐加厚,可以由上述分别在 A 点或 B 点两点引弧改为一点引弧,并当熔池温度较高时应迅速熄弧,完成管道横焊的头层焊接。头层焊接完成后,如果经过清理坡口的深度还有 3mm 左右,可进行二层的填充焊接。

二、管道横焊的二层焊接

二层填充焊接仍采用 $\phi 3.2mm$ 焊条,在对熔池的形状和温度能够控制的情况下,尽量采用较大的焊接电流强度,二层焊缝的表面以较平为好,焊层的厚度应保证凹于母材表面 1mm 左右。在施焊时,二层填充焊的焊缝金属应保证与下层的焊缝金属和坡口两侧的母材熔合良好,避免焊缝与坡口边部出现较深的沟状夹渣。一般采用顶弧焊的方式。

三、管道横焊的第三遍封面焊接

管道横焊的封底焊完成之后,可仍按顶弧焊的方法进行第三遍的封面焊接,这时采用的焊条直径仍为 $\phi3.2mm$。封面焊缝的两侧应与母材圆滑过渡,焊缝的中部应高出母材表面 $2\sim3mm$。第三遍的封面焊接焊层一般较薄,其主要作用是在二遍封底焊的基础上进一步对焊缝找平,弥补第二遍封底焊时在坡口的上部边缘形成的咬合线,同时使焊缝与坡口上部边缘圆滑过渡,进而使整个焊缝表面形成略有一定弧度的饱满的外观。

第九节 碱性低氢焊条角焊缝的仰焊

以角焊缝的焊缝高度为 8mm 为例,选用 E5016(J506)、直径为 $\phi4.0mm$ 的焊条,焊接电流强度在 $115\sim135A$ 的范围内选择,一般采取二层焊接成形。

一、角焊缝的仰焊可能出现的缺陷

使用碱性低氢焊条进行角焊缝的仰焊,必须对焊接熔池准确地进行判断和控制。在施焊时往往由于控制不当会出现气孔、坠瘤、咬边、夹渣、焊缝过偏、焊缝表面不平和宽度不均等缺陷。使用直流电焊机时,经常出现电弧偏吹,在仰焊时还需要焊条角度适时进行灵活的改变。因此角焊缝的仰焊具有一定的难度。

二、角焊缝的仰焊操作注意事项

角焊缝的仰焊头遍焊接通常采用直流反接,如果能够通过使焊条角度发生灵活的改变使熔池顺利形成,焊接极性一般不变。在施焊时,只要电弧的弧柱所推出的熔滴能够顺利地形成熔池就表明焊条角度是正确的。焊接电流强度的选择以保证一定的焊层厚度并不使熔池下塌为准。当熔池中的液态金属有下坠滴落的趋势时,应迅速将电弧离开熔池,但此时的电弧长度不能过长,仍为短弧,即稍加抬起即可。如果这时电弧抬起得过高;不但会直接影响到焊缝成形,还会使焊接的速度降低。若抬起电弧仍不能使熔池中的液态金属欲滴的情况得到改善,就应适当地降低焊接电流强度。

三、角焊缝仰焊的头层焊接

角焊缝的仰焊的头层焊接应使母材上面和立面两侧的焊层厚度相等。头层焊接的运条以往复直线型为好,即电弧引着之后,先形成 3~4mm 或 5~6mm 的较薄的焊层,然后迅速回带电弧对已焊的焊层进行加厚。在回带电弧再次施焊时,可根据所要求的焊层的厚度和宽度采用带椭圆的小圆圈形运条的方法。一般来说,角焊缝仰焊的头层焊接,焊条角度以顶弧方式与焊缝中心线成80°角,与母材的下立面的夹角为40°角。

四、角焊缝仰焊的二层焊接

头层焊接完成之后,应将药皮熔渣清除干净,然后根据二层焊层厚度的要求进行二层的焊接。二层的焊缝可采取上、下两遍的焊接。如

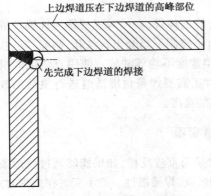

图 8-24　角焊缝仰焊的二层焊接

二层焊缝的宽度为 8mm,则先以 4mm 的焊缝宽度进行下边即立面母材一侧的焊接,并使焊缝的垂直高度超过二层整个焊缝的中心线。在施焊时要随时根据熔池的状态调整焊条的角度和运条时焊条摆动的频率。在二层上边即母材上面一侧焊接时,要保证两遍焊接的焊道在搭接处的熔合良好,使上遍熔池中的液态金属正好压在下遍焊缝的高峰部位,与横焊焊口相比,整个二层焊缝的最高部位不是在其中心部位,如图 8-24 所示,而是在下边焊道的上半部分。

在角焊缝的仰焊时,如果发现熔池边缘与上部母材咬合严重时,要迅速改变焊条的角度。在施焊时应使电弧从坡口内侧向外将熔池中的焊缝金属推向焊缝的边部与母材熔合。角焊缝的仰焊完成之后,焊缝沿上面母材和沿立面母材方向的宽度应一致,如果角焊缝在上述两个方向上的宽度不一致,过于偏上或过于偏下都会影响整个结构的强度。

第十节　碳弧气刨的操作

一、操作注意事项

(1)在使用碳弧气刨时,要采用直流或硅整流电焊机直流反接,这时可保证刨槽表面金属含碳量低、刨削稳定、刨槽光滑。而采用直流正接时含碳量较高,起刨之后刨槽的形状难以控制,刨槽底面往往出现高低不平的现象。直流反接即碳棒接正极,工件接负极。

(2)在正常的碳弧气刨过程中,电流强度应选择大一些,可使刨削省力、刨槽光滑、刨削速度加大。但在返修时,如刨削采用较大的电流强度,一定要注意起刨时的刨削厚度,如果要求的刨削厚度较小,则容易发生问题。

(3)在碳弧气刨时,压缩空气的气体压力以正对手心,手有较猛烈颤斗的感觉,并在起刨之后能够轻松地吹净刨渣为宜。但压缩空气的压力过大时气刨枪难以握持,起刨之后气刨的稳定性也难以掌握。但压缩空气压力过小会产生吹渣困难和粘渣的现象。

二、根据刨槽选择碳棒直径

碳棒直径的选择,在开坡口时应根据单面焊双面成形的焊接方法,焊缝在坡口根部成形后在坡口内进行清根刨削。一般选择碳棒直径时,根据钢板的厚度、坡口的深度来进行。如厚度在 10mm 以下的钢板,坡口的刨槽深度为 4mm、坡口宽度为 8mm,可选 6mm 直径的碳棒;厚度在 10～15mm 的钢板,坡口的刨槽深度为 6～7mm、坡口宽度为10mm 时,可选 7mm 直径的碳棒;厚度在 15mm 以上的钢板,坡口的刨槽深度为 6~7mm、坡口宽度为 12mm 时,可选 8mm 直径的碳棒。总之,碳棒的直径要根据刨槽的宽度和深度而定,槽窄且浅的可选择细一些的碳棒,槽宽且深的可选择粗一些的碳棒。一般来说,碳棒的直径小于刨槽宽度 2~4mm 为宜,这样在起刨时,如果一次起刨歪斜,在二次起刨时有一个矫正的余地。

三、碳弧气刨的操作

起刨之后的速度应平稳均匀,不能太快或太慢。在碳弧气刨的操作中,起刨要稳、果断、迅速,不能使碳棒轻浮地趟过刨槽。特别是在清根时,若刨枪的握持不够稳定,致使碳棒频繁地碰触到刨槽的表面和未熔化的金属上,电弧会因短路而熄灭,这时将碳棒向前或上提时由于温度过高而使碳棒的头部脱落,并粘在金属上产生夹碳。如果遇到这种情况,可将碳棒重新提回到夹碳处的前端起刨抠除夹碳。如这时在起刨之后碳棒又触到金属上,可将碳棒重新提回,并适当加大提回的距离和再次加深起刨时的刨削深度,抠出夹碳点。

碳棒伸出碳刨枪导电嘴的长度,可根据从喷嘴喷出的压缩空气的压力而定。气压大时,碳棒伸出导电嘴的长度可长些,气压小时可短些。在正常情况下以 90~110mm 为好,总之,应能够使熔渣被顺利地吹净。

刨削时碳棒的角度应根据刨槽的深浅而定。当刨槽较深时,碳棒与坡口中心线的角度应大些,当刨槽较浅时的角度可小些,如图 8-25 所示。

在碳弧气刨的具体操作过程中,往往在起刨后刨削的刨渣会糊在前面,挡住刨削前进的方向,这时应使碳棒沿原定的坡口中心线的方向继续刨削。一般在操作中可以看到在碳棒刨头的前面有一点或一条立着的小黑印,正对着它先进行一段试刨,刨出的槽有可能宽度不等、边线不齐,但会在槽底留下一道清晰的线条,依据这条线就可以进行第二次起刨。

第二次刨削要对先刨出的一段进行修整,使刨槽的上缘边线与坡口的上边线吻合。刨槽的深度要一致并符合规定要求,既不能过深也

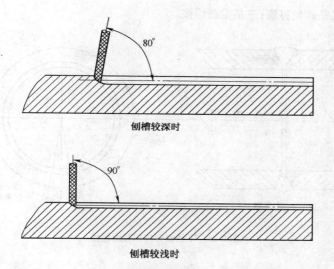

刨槽较深时

刨槽较浅时

图 8-25　刨槽的深度与刨削角度的关系

不能过浅。当刨槽的深度过大时就会增加焊接的工作量,造成人工和材料的浪费。在起刨时应使刨层的厚度较小,在刨削的过程中要频繁地将碳棒提回,采取短弧并应观察碳棒前端的刨槽的平整程度,如有含渣点,应重新起刨将其清除。

在整个刨削的过程中,如果在连续的刨削时响声清脆,则说明刨槽的表面光滑、干净。当在刨削时响声时断时续,刨削时向前移动感到阻力,这时的刨槽大多表面不光滑并有夹碳。当遇到这种情况时,应首先将气刨枪握持稳定,作到准、平、正,进行稳趟、慢趟,直到响声连续清脆为止。在碳弧气刨完成之后,如果发现刨槽表面有黑色的夹碳点和碳棒表皮引起的红色斑点,则应用砂轮打磨干净。

第十一节　不锈钢管道仰焊部位的返修

如果出现不锈钢管道仰焊部位的返修问题(图 8-26),如返修长度为 200mm 左右的未焊透,可采用三个步骤进行处理:一是碳弧气刨清根;二是砂轮打磨;三是重新焊接。

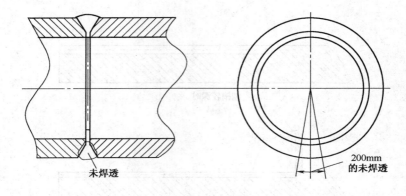

图 8-26　不锈钢仰焊部位的返修

一、碳弧气刨清根

　　碳弧气刨清根选择碳棒直径为 6mm,电流强度为 200～270A 之间,不宜过大。压缩空气的压力以吹到手心时有打手的感觉为好。在碳弧气刨操作之前,首先找准身体最稳妥的位置。如果有支撑点,身体应靠在支撑点上,再将握持气刨枪的右臂摆在焊口一侧,通过右手腕的活动使气刨枪瞄准焊道的中心部位,从返修段的端部开始试刨。在试刨将近 20mm 左右后,熄弧后摘下面罩观察刨槽的位置是否正确。如果正确再提回碳棒从头开始起刨,并逐渐加深刨槽的深度,直到将未焊透的部位彻底清除并穿透焊层。在未焊透的部位彻底清除的前提下应尽量使刨槽窄一些并短一些。

　　如果经刨削焊缝被穿透后,经仔细检查确实未发现未焊透时,有可能是原焊缝在封面焊时,焊缝的两侧边线在施焊时发生偏移,在焊缝表面与母材的熔合处有未焊透的缺陷。对于这种情况,应凭经验在焊缝表面未焊透的一侧进行试刨,在找到未焊透点后沿焊缝加长刨削的长度,一般长度在几十毫米或更长一些。在刨削时利用碳弧的强大的弧光进一步检查未焊透的部位,或熄弧后摘下面罩再进行仔细观察,并根据未焊透缺陷的深度确定刨削的深度再重新起刨。在碳弧气刨清根时,尽管十分小心,刨槽的宽度也有 5～6mm 或 7～8mm。

二、砂轮打磨

在返修部位经碳弧气刨清根后,应用砂轮将刨槽表面的渗碳层清除后再进行焊接。如返修坡口的间隙较大,仰焊时在坡口的一侧引弧后熔滴要向坡口的两侧分别过渡,很难形成熔池并将焊口相连。在这种情况下,可在焊口间隙较大的部位塞焊上一小条与母材钢号相同的不锈钢,其位置沿焊缝的中心线,但必须在管道的外表面之内。然后再分别从坡口的两侧引弧,循环地进行焊接。在施焊中如果出现熔池下坠,可适当延长熄弧的时间并适当降低焊接电流强度。在熔池不下坠和形成的焊缝不下塌的前提下,应尽量压低电弧使坡口根部的母材与焊缝液态金属熔合良好,并能够使液态金属到达管道的内表面。

三、重新焊接

在仰焊部位进行修补焊接时,引弧后应在最快的时间内使少量的熔滴向续焊点过渡,从而缩小高温熔池的面积。从引弧到向熔池过渡熔滴做到一步到位,然后迅速熄弧,避免引弧后又上提电弧,以较长的电弧反复进入续焊点,这样会延长焊接的时间,造成熔池的温度迅速增高而形成大面积的坠瘤。在操作时要特别注意引弧点的准确性和快速地进入续焊点。在不锈钢管道仰焊部位的返修过程中,头层焊接完成之后,应先用电弧或碳弧气刨将焊渣吹净,然后用砂轮打磨并将含夹渣的地方彻底清除干净。封面焊仍采用挑弧续焊的方法。

第十二节　不锈钢平焊间隙较大时的焊接技巧

一、托板及其固定

板厚在 12mm 以上的不锈钢平焊中,会遇到焊接间隙在 6mm 以上的情况,这时应视为焊接间隙较大。在焊接前要在焊件坡口的下面加一条铁板作为托垫(图 8-27)。托垫的宽度应大于焊接间隙,以防铁水从焊件下面流淌,其厚度应保证不被电弧烧穿,一般为 3～8mm。在固定托板时,应根据焊条的直径留出与焊缝底平面之间的一定的间隙。如头层焊接焊条直径为 3.2mm,托板与焊缝底平面的间隙为 2mm 左右。其固定的方式可以采用活动支撑,即活托的方式,也可以采用点焊固定的方式。

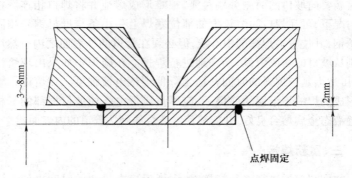

图 8-27　托板及其固定

二、四点施焊方法

托板固定完成之后,施焊时掌握好头层焊接焊层的厚度和运条的方法,对于大面积、大跨度、高温熔池的控制来说是极为重要的关键问题。如图 8-28 所示,可将熔池的形成过程通过 a、b、c、d 四点来进行叙述。先从 c 点起弧将电弧带向焊缝的一侧 a 点,在带弧时应注意带弧的范围不能过大,当电弧被带到 a 点之后再迅速将电弧沿图 8-28 所示的弧线回带到 c 点的前端,再从 c 点迅速带弧至 b 点后,将电弧沿图 8-28 所示的弧线回带到 c 点的前端。这时 c 点处熔池的液态金属会不断地向 d 点延伸,形成焊层。在施焊时,当电弧被带至焊缝的两侧时,电弧不能正对着焊缝的边部直吹,防止药皮熔渣沿焊缝的下表面与托板间的缝隙被吹跑,使熔池底部的液态金属与托板焊连在一起。

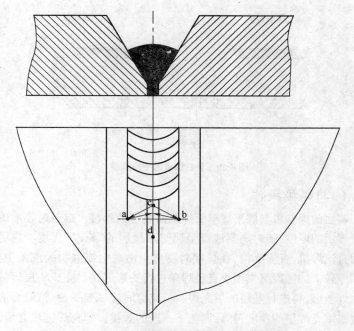

图 8-28 不锈钢在平焊焊接间隙较大时的焊接技巧

第十三节 复合钢板的焊接

一、复合钢板的平焊焊接

(一)焊接实例

以板厚为 12mm 的复合钢板的平焊为例,坡口的上口开在覆层钢板一侧,坡口角度为 60°角,无钝边,坡口的间隙为 3mm,如图 8-29 所示。施焊时先从基层开始焊接,如果工作量较大可选用 E4316(J426),直径为 ϕ4mm 的焊条,焊接电流强度的大小应能使熔池顺利地形成并控制自如。

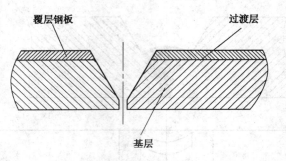

图 8-29　复合钢板的平焊焊接

(二)焊接操作

基层的焊接可参照平焊单面焊双面成形的焊接。运条时要准确掌握好焊层的厚度,随时观察液态金属对过渡层的"淹没"程度。应尽量采用直流焊机、直流反接,在焊接时要避免出现电弧偏吹的现象发生。在间隙较大的区段可先用小直径焊条进行头层焊接。完成头层焊接并清除焊渣后,再进行基层的填充焊。填充焊时应试焊一段,清除焊渣后再观察填充焊层的厚度,然后调整下一段的焊接。填充焊完成之后,如果焊层高度越过了过渡层,可用砂轮进行打磨,当焊层高度不够时,应选用小直径的焊条进行增补焊接。

基层钢板的焊接完成之后,用砂轮打磨干净,进行过渡层的焊接。过渡层的焊接焊条选用 E309-16(A302)、E309MoL-16(A042),直径为 $\phi 3.2mm$,焊接电流强度在 $105\sim125A$ 之间选择,起弧后电弧能顺利地形成熔池即可。如果焊接电流强度过大,会使熔池的温度增加,熔池的尺寸过大,很容易在过渡层的焊接时造成晶间腐蚀,失去塑性而在稍有变形时发生裂纹。但当焊接电流强度过小时,特别是在使用小直径不锈钢焊条焊接的情况下,也会出现药皮熔渣与铁水相混的情况。过渡层的焊接应是在熔池的液态金属与基础焊缝金属微弱的熔合下进行的。所以要求在过渡层的焊接前,用手砂轮将基层焊缝打磨平整,以保证过渡层焊缝金属与基层焊缝金属顺利地熔合。

过渡层的焊接,在焊接电流强度适当的情况下,若一次能形成焊层的厚度,则应尽量一次成形,焊后焊缝的表面应稍凹于母材表面。覆层钢板的焊接可选用 E347-16(A132)直径为 $\phi 4.0$mm 的焊条,焊接电流强度在 140～160A 之间选择。

二、复合钢板的立焊焊接

复合钢板的立焊焊接与复合钢板的平焊焊接相比难度要大一些,尤其是在过渡层和覆层钢板的焊接中,为了防止晶间腐蚀,有时要采用小直径不锈钢焊条,如直径为 $\phi 2.5$mm,型号为 E316L-16(A022)、E309MoL-16(A042)、E309-16(A302)、E310-16(A402)、E347-16(A132) 的焊条进行焊接。而小直径的焊条在焊缝的成形上难度会更大。即使是有经验的焊工,在过渡层和覆层钢板的焊接上也较难达到光滑的程度。复合钢板的立焊技术与复合钢板的平焊技术相比应有不同的焊接方法。

(一)焊接实例

以板厚 14mm、高 2m 的立焊为例。头层焊接采用 E4316(J426)、$\phi 3.2$mm 的焊条,开双面坡口(X 形坡口),焊缝的对接间隙 3～4mm,坡口钝边为 1mm,坡口角度为 60°,焊接电流强度在 95～115A 之间选择。施焊时焊接电流强度不能过大,应根据操作者的经验和熔池的具体情况适时进行调节。对于基层钢板的焊接,要注意焊缝的表面应具有一定的平整度。

(二)焊接操作

在复合钢板基层的立焊中,应随时根据熔池液态金属的流动情况适当加厚或减薄焊层。如果发现液态金属有滑动的现象,可适当减少焊接电流强度,但焊接电流强度如果过小,又会造成引弧困难、熔池形成吃力。所以在复合钢板基层的焊接过程中,熔池的深度可以适当增加,焊缝两侧的成形可稍凸于基层钢板与过渡层的分界线,在基层钢板的焊接完成之后,再用砂轮将焊缝的表面打磨至基层钢板与过渡层的分界线以下。

在基层钢板的立焊焊接中,可采用在焊缝两侧稳弧、左右横向摆动的运条方法。如图 8-30 所示,先在 A 点起弧,起弧之后应填满起弧点的熔池,使该点不出现弧坑,然后再迅速带弧到另一侧的 B 点,当电弧到达 B 点后先不要做稳弧动作,而应将电弧压至坡口的根部,微动后再迅速将电弧带到 B 点,这时再做稳弧动作,并将 B 点处的熔池填满。然后再将电弧横向摆动到坡口的另一侧,并以上述同样的方法将电弧带至坡口的根部,形成饱满的熔池之后再将电弧带回做稳弧动作。

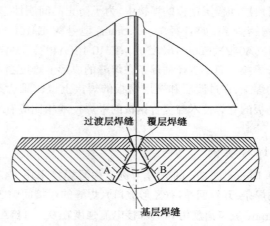

图 8-30　复合钢板基层立焊的焊接方法

如图 8-30 所示,在电弧向焊缝两侧之间频繁地摆动运条的过程中,一定要注意焊缝中间熔池的温度,以避免熔池中的液态金属向下滑动。在施焊时如果熔池的温度过高,可将电弧带到坡口的一侧并沿着坡口以短弧的形式将电弧逐渐抬起,一般抬起的高度在 8～11mm。根据熔池的温度确定抬起的时间,抬起后应将电弧落回原处,注意要填满熔池。这种焊接方法既填满了熔池又控制了熔池的温度和形状。当基层钢板焊接完成之后,清理焊渣后仔细用砂轮打磨,磨到基层钢板与过渡层的分界线以下。

复合钢板立焊焊接过渡层的焊接以 E309MoL-16(A042)、E309-16(A302)、直径为 $\phi 2.5mm$ 为例,焊接电流强度的选择以引弧后能够顺利地形成熔池,焊条在燃烧一半以后没有过红的现象为好。过渡层的焊层厚度一般在 2~3mm,如果采用连续焊,焊接就会遇到几种难以克服的缺陷。以焊道的宽度为 10mm、一根焊条的燃烧长度为 30mm 为例,如图 8-31 所示,起弧开始焊接焊缝在 10mm 之内,焊缝的成形一般较为正常,焊缝表面的焊纹较平。在续焊到 20~30mm 的一段焊缝时,在焊缝的两侧就会出现大小不等的蜂窝,当续焊到 30mm 以后时还会由于焊条逐渐变红,药皮在焊接时会出现迅速脱落的情况。如果这时仍然继续焊接,不但在焊缝中间形成较厚的棱状,还会形成大小不等的蜂窝状或块状夹渣,而且其深度几乎到达过渡层焊层。

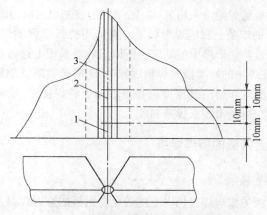

图 8-31 过渡焊层连续焊时的焊缝成形

1. 起弧开始焊接焊缝在 10mm 内焊缝成形较正常
2. 在连续焊到 20~30mm 时焊缝两侧出现大小不等的蜂窝
3. 当续焊到 300mm 以后焊条变红药皮迅速脱落

为了避免连续焊带来的上述缺陷,应将连续焊接改变为在一根焊条的上半段采用挑弧续焊的方法,而在焊条的下半段采用断续熄弧的焊接方法。这是由于在焊条的上半段的焊接中,焊条自身并没有过热,在焊接时利用挑弧即适时地抬高电弧使熔池的温度保持正常。在一根焊条后半段的焊接中,由于这时不锈钢焊条的电阻值已增加得较大,特别是小直径的焊条如果再采用连续焊接的方法焊条自身就会过热变红,药皮就会迅速地脱落,造成上述的缺陷。所以这时就必须采取断续熄弧的焊接方法,同时根据熔池的温度和焊条过热的程度来适当延长熄弧的时间。

在过渡层的焊接中,不管是挑弧续焊还是断续熄弧,首先要掌握好引弧的质量和引弧时焊条的角度。在引弧时先将药皮触在焊件上或在引弧时焊条与焊件处于似碰又不相碰的情形,以防止在引弧时发生焊条与焊件相粘的情况出现。过渡层的焊接完成之后,用手砂轮将焊缝表面打磨并除去较深的夹渣点,这时过渡焊层的表面应稍凹于覆层钢板的上表面。

覆层钢板的焊接可采用 E347-16(A132)、E316L-16(A022)型、直径为 $\phi 2.5mm$ 的焊条。在施焊时如果一直采用挑弧续焊的焊接方法,也会出现上述过渡层焊接中的缺陷。所以仍然要采用上述过渡层的焊接方法,特别在焊条的后半段的焊接过程中,随时通过断续熄弧的方法来调整熔池的温度和熔池的深度。在覆层钢板的焊接中,要求焊缝的表面丰满、圆滑,避免出现未焊透和咬边。

三、复合钢板的横焊焊接

(一)焊接实例

复合钢板的横焊焊接仍以上述的复合钢板的立焊焊接的板厚和坡口尺寸为例,焊条的型号和直径也与之相同,直径为 $\phi 2.5mm$ 或 $\phi 3.2mm$。在基层钢板的横焊焊接中,当坡口间隙为 3mm 左右时,采用 E4316(J426)、直径为 $\phi 3.2mm$ 的焊条,焊接电流强度在 105~125A 之间调整,保证引弧后顺利地形成熔池。

(二)焊接操作

头层焊遇到的第一个问题是采用直流焊机和硅整流焊机电弧的偏吹问题。当发生电弧偏吹时,往往会使整个焊缝都偏向底边一侧,而且即使焊缝勉强成形,由于电弧偏吹引起空气流入焊缝金属或对坡口的表面处理不当,在焊缝中会出现大量的气孔。再者由于基层钢板的焊缝处于坡口的底边,越过过渡层和覆层钢板,在基层钢板的焊接完成之后,就需要采用碳弧气刨进行清根,这样就很容易使复合钢板的过渡层和覆层钢板发生晶间腐蚀,使其变脆产生裂纹。一旦出现这些缺陷,就会给后续的焊接以至返修带来更大的困难。

在复合钢板的横焊焊接时,为了避免上述缺陷的产生,首先要对焊件坡口的对接间隙有严格的要求。一般来说,对接间隙应与焊条的直径相等,不能过大或过小。在焊接之前应检查是否有电弧偏吹现象。一般情况下,焊接极性应尽量采用直流反接,即焊条接正极、工件接负极。若电弧偏吹仍不能改善,可以改变焊接极性,采用短弧焊,调整焊条角度,减少对接接头间隙,改变焊接电缆接入工件的位置。

在基层钢板焊接时,也可以采用前面提到过的屏障保护法,即在电弧引着之后,先使其通过焊缝的间隙。这样可将坡口的锈蚀、潮气和空气清除,然后在坡口的根部形成一层较薄的焊层,而且这层焊层越薄越好。待这层焊层有 6mm 长并处于半凝固状态时,再将电弧回带用小圆圈运条的方法进行基层钢板的填充焊接。填充焊的焊层厚度应不超过基层钢板的厚度。在施焊时,一定要随时观察熔池内是否含有夹渣点,应将夹渣点全部从焊缝的根部用电弧吹出,再按上述的屏障保护法进行重新焊接。

基层钢板焊接完成之后,先清除药皮熔渣,然后用手砂轮将较深的沟状夹渣打磨干净,再进行过渡层的焊接。过渡层的焊接选用 E309-16 (A302)型、直径为 $\phi2.5mm$ 的焊条,焊接电流强度在 $80\sim100A$ 之间调整。由于过渡层较薄,在焊接时采用一层压一层向上排列的焊接方法。如过渡层的焊缝宽度为 8mm 左右,头遍焊层的宽度可为 5mm 左右。最后再向上排列进行二遍焊缝宽度为 3mm 左右的焊接。当过渡层的焊接完成之后,如果发现焊缝的表面超出过渡层,应用砂轮进行打磨,使其凹于覆层母材钢板表面 1mm 左右。

覆层钢板的焊接可选用直径为 $\phi2.5mm$ 或 $\phi3.2mm$、型号为 E316L-16(A022)或 E347-16(A132)的焊条,采用小圆圈形的运条方法进行焊接。

四、复合钢板焊缝的返修

(一)返修实例

以复合钢板板厚为14mm的容器为例。首先用碳弧气刨刨削返修部位的焊缝。应尽量采用小直径的碳棒,一般为 6mm,气刨时的电流强度在 250～270A 的范围之内调节,压缩空气的压力以有打手的感觉为宜。为将细微的气孔、夹渣和未焊透的返修点准确地清除,在气刨时应尽量减少刨层的厚度,逐层刨削。如果电流强度和刨层的厚度较大,就会使不存在缺陷的焊缝金属也被刨削掉。

在复合钢板焊缝的返修过程中,最大的失误是往往在气刨前没有准确地找出焊缝中的缺陷盲目地进行气刨。当刨削的深度超过 8mm 之后,就应停止使用碳弧气刨,以防向母材金属大量地渗碳。这时要改用砂轮进行打磨。

(二)返修工艺

在返修时应将坡口的基层钢板、过渡层和覆层钢板两面磨透,确定缺陷已完全去除。在逐层进行碳弧气刨时,要尽量采用小电流、轻趟。在尽量减小刨层厚度的同时,可边趟边上提碳棒,利用碳弧的强大弧光来查找气孔、夹渣、裂纹和未焊透等缺陷。一旦发现细小的缺陷时应立即停止刨削,然后根据发现的问题进行判断,确定是否需要继续刨削或是用砂轮打磨。

如果发现焊缝中存在裂纹,则一定要进行返修。若刨削很难发现上述缺陷时,可采用边砂轮打磨、边着色探伤的方法,在有条件时还应采取 X 射线探伤的方法。

对于复合钢板过渡层和覆层钢板部分的返修,最好采用砂轮打磨的方法,并尽量避免返修的范围过大,使多层焊道连续焊接造成熔池温度过高和多种焊条所形成的熔池相互熔合。这种情况比较严重时,会发生晶间腐蚀、使过渡层和覆层钢板变脆而产生裂纹。

在复合钢板容器的返修中,由于罐内、罐外的返修条件不同,有时要采取在罐外一侧从基层钢板的焊缝上查找返修点。如果基层钢板的焊缝没有问题,继续在过渡层和覆层钢板的焊缝上查找。特别是在过渡层焊层上进行返修时,一定要控制好焊接电流的强度、熔池的温度和焊层的厚度。在施焊时应采用小直径焊条,如 E309-16(A302)、E309MoL-16(A042)型焊条直径为 $\phi 3.2mm$,水平焊缝的焊接电流强度在 110～125A 之间。如果坡口较深,药皮焊渣的上浮较困难,可根据实际情况采用分段爬坡的焊接方法。在过渡层的焊接中,要掌握好过渡层和覆层钢板的分界线,同时应注意过渡层的焊接电流强度不同于基层钢板焊接的电流强度。如果处理得不好,也会出现晶间腐蚀并产生裂纹。

在进行基层钢板的焊接时,还容易出现过渡层焊层和基层钢板焊层之间的未熔合现象。为了避免这种情况的发生,在过渡层焊接完成之后要用砂轮打磨,并在尽可能的情况下,尽量采用两面焊接的方法。即在基层焊接完成之后,再从罐外返到罐里进行过渡层和覆层钢板的焊接。在返修的焊接中,通过电弧的横向摆动,实现过渡层与基层钢板在分界处的良好熔合。

第十四节　容器对接组装时的定位焊接

一、焊接注意事项

在配合其他工种进行容器对接组装时,电焊工应具有反应敏捷、动作迅速的素质。当铆工将容器对接组装,对接的两口对好之后,电焊工应立即将电弧引着并使焊件迅速实现定位的焊接。尤其是通过人力使用撬杠来压平对接板面、铆工极端费力的情况下,如果引弧过慢,触击几次都没有引着,时间较长后人力不支,发生颤抖,对接的板缝就会出现错位。因此电焊工在对接及定位焊之前要做好充分的准备工作,调整好焊接电流强度,使电弧引弧可靠、灵敏。定位焊的焊接电流强度应比正常焊接时稍大一些,这样能使熔滴迅速被吹到焊接的部位形成熔池,增加焊缝的端面尺寸和连接的强度。定位焊在收弧时要随时注意填满弧坑,防止在弧坑处集中杂质使焊缝金属变脆出现弧坑裂纹。定位焊的焊条使用前,要检查其端部的药皮是否高出焊芯。如果有高出的部分应采取措施将高出焊芯的药皮去掉并将焊条端部磨平。这样做的目的是为了在引弧时焊条一触就着。在使用 E4316(J426)、E5016(J506)、E5015(J507)焊条时,其端部的药皮与焊芯磨平之后,引弧时焊条应倾斜触击焊件,使药皮先与母材接触以防止焊条与母材粘在一起。

二、焊接操作要点

在定位焊点的焊接中，一般应快速焊接。同时要根据容器的形状和大小、连接强度的要求确定定位焊缝的长度、断面的尺寸、定位焊点的位置和数量，保证定位焊后容器组装对接牢固。

定位焊引弧点的确定不应随意地在坡口的任一侧。一般来说引弧点应选在受力较大的一侧坡口。如图 8-32 所示，在罐体容器的对接时，在错口处为了把高出的一面调平，在凹的一面先焊上 60×60(mm)、长度为 100mm 的角钢，然后在其槽内插入带有锥度的钢棒，这时的引弧点应选择在被调平的母材的坡口一侧。

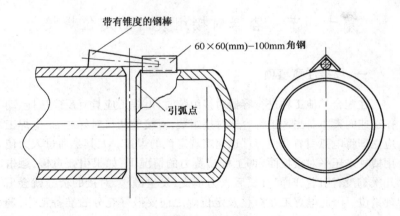

带有锥度的钢棒

60×60(mm)-100mm角钢

引弧点

图 8-32　罐体对接及引弧点的选择

第十五节　薄板的焊接

一、焊件及焊接参数

2mm 以下 1.2mm 以上的薄板焊接，可采用 $\phi 2mm$、$\phi 2.5mm$ 直径的焊条，焊接电流强度一般在 60～90A 之间选择，以电弧能吹动药皮熔

渣,熔滴能顺利过渡并形成熔池,在施焊中熔池的颜色不能出现赤红色
为好。焊条角度为焊条与焊缝中心线成80°,如图 8-33 所示。

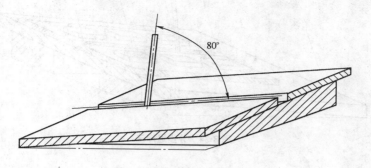

图 8-33　薄板的焊接

二、焊接操作要点

　　薄板焊接时如果是对接平焊,可根据板的薄厚将板面垫得具有一
定的坡度,在施焊时由高处向低处走弧。所垫坡度的大小要根据板的
厚度和焊接速度来适当掌握。如果坡度过高,药皮熔渣就会糊在熔池
上,如果坡度过小或者没有坡度,焊缝就会出现棱状的成形和因液态金
属的堆积造成熔池的温度过高引起大面积的塌陷。在薄板的焊接过程
中,除了掌握上面的技巧之外,非常重要的是一个快字。如果焊接过
慢、不够灵活,就会使焊接显得非常吃力。但也不是一味地追求快字,
应在焊接电流强度适当、熔池温度正常的前提下,尽量地加大焊接速
度。总之应根据熔池的形状和温度来掌握焊接速度,当熔池变得赤红
时,应进一步加快焊接,反之当溶池的温度较低时应适当放慢焊接。

　　薄板焊接的另一个问题是焊接时容易出现焊接变形。当焊缝的长
度超过 1m 时,最好将薄板放在较厚的平板上,并用压铁沿焊缝将薄板
压住。这时连同平板一起垫高使其沿焊缝具有一定的坡度,然后如图
8-34 所示采用分步退焊的方法进行焊接。从 1 点起弧焊到板的边缘,
再从 2 点起弧焊到 1 点处熄弧,如此进行循环焊接。

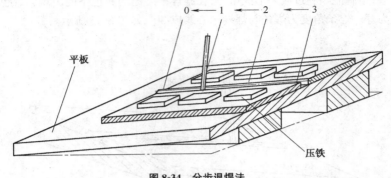

图 8-34　分步退焊法

第十六节　法兰加强圈板的焊接

一、焊条的选择

如图 8-35 所示,法兰加强圈板的焊接既有加强容器法兰孔的作用,又能使容器在与法兰连接处外形美观。以板厚为 16mm、直径为 700mm 锰钢容器罐的加强圈为例,加强圈与罐体同属锰钢,应采用碱性低氢焊条,如采用 E5016(J506)焊条。有时加强圈与容器采用不同的材质,如罐体为锰钢,加强圈为普通优质碳素钢。这时应选用抗拉强度接近于普通优质碳素钢的焊条,如 E4316(J426)焊条,这种焊条的药皮为低氢型,焊芯为碳钢类型。如果选用 E5016(J506)焊条,虽然焊条的化学成分接近于容器罐体材质的化学成分,焊条金属本身的抗拉强度符合容器材质的抗拉强度,但是这一强度又远远超过了碳素钢加强圈母材的强度,焊接时由于加强圈碳钢母材熔化后对焊缝金属的稀化作用,将降低了容器本身和加强圈之间的结合强度。一般来说,在结构钢的焊接中,焊条选择的原则是:同种钢焊接按与母材等强度的原则来选择焊条;异种钢焊接焊条金属的强度按其中强度较低的母材来选择,同时使焊缝的化学成分与该种母材的化学成分一致。

当加强圈为普通优质碳素钢时,按上述原则,应选用 E4316(J426)

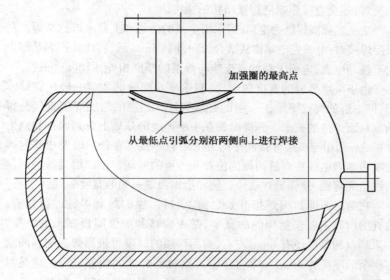

加强圈的最高点

从最低点引弧分别沿两侧向上进行焊接

图 8-35　法兰加强圈的焊接

型,直径为 φ4.0mm 的焊条,在 120～160A 之间调整出合适的焊接电流强度,要求在仰、立、平、横焊中焊出较厚和较宽的焊缝。法兰加强圈的焊接,可根据法兰加强圈所处的位置、焊缝坡度的大小来确定焊条的角度和运条的方法。如果法兰加强圈在罐体上顶的位置,并且在焊接中罐体能稍微转动,这时可从加强圈的最低点分别沿加强圈圆孔的两侧向罐体的顶点进行焊接。

二、焊接操作要求

在焊接时焊层的厚度可根据加强圈板厚和加固强度要求来初步掌握。如加强圈板厚为 16mm 时,可采用三遍焊接。头一、二遍为封底焊,第三遍为封面焊接。封底焊层的厚度可根据封面焊层的厚度确定。头层焊层的厚度为 5mm,从最低点起弧分别沿两侧向上进行焊接。在焊接时注意掌握焊缝在加强圈一侧的宽度应与焊缝在罐体一侧的宽度相等。这一点非常重要,如果焊缝的成形有上偏或下偏,不仅影响焊缝的美观,还会直接影响到焊接结构的强度。

法兰加强圈焊缝的走弧,可采用电弧的外移和上移来进行掌握。在头层焊接时,电弧先沿罐体从结合线向外移 5mm 后,将此处作为基准点向上摆动电弧,电弧上移的高度应与焊层的厚度相等,即也是 5mm。

由于头层焊缝的宽度较窄,控制熔池及焊缝的宽窄一般比较好掌握,但二层的焊接要难于一层的封底焊接。二层的封底焊接直接会影响到封面焊缝的成形。施焊时先在头层焊缝的基础上分别向外和向上外扩 3mm,用与头层焊接同样的方法进行焊接。在外扩时要根据电弧的吹力掌握电弧在焊缝两侧的位置和停留的时间。使二层焊缝的两侧边线始终等距,使焊缝在罐体一侧和沿加强圈一侧的宽度一致。

在第三遍即封面焊接开始之前,要对二层的封底焊缝进行检查。检查的内容主要包括焊缝的宽窄、是否偏移和加强圈板剩余的厚度。如果剩余的厚度还有 6mm 左右,封面焊层的厚度可根据焊后加强圈最后剩余的厚度为 3mm 来掌握。对二层封底焊缝的偏移进行处理是封面焊接重要的第一步。在封面焊之前如果发现在加强圈一侧某段的高度不够、焊缝呈凹状,可根据低洼的程度选择适当直径的焊条补焊,决不可以直接通过封面焊来使焊缝一次成形。这样不仅封面焊层的厚度或薄或厚,在外观上使焊缝各段有明显的差别,而且也难以操作和控制焊缝的成形。

法兰加强圈的封面焊接如从最低点起弧分别向两侧向上焊接,有可能如图 8-36 所示在最低点处的焊缝形成空缺。如果在向另一侧起焊时,引弧点仍然放在最低处的原引弧点,则必然会使最低点处的焊缝外凸。

为了解决上述问题,可根据封面焊缝的宽窄和厚度的要求,先在焊缝的最低点施焊形成对称于两侧的一小段焊缝后迅速熄弧。如图 8-37 所示,这段小焊缝的两端就是分别向两侧起焊的引弧点。

引弧时的引弧点应紧贴在最低点处小段焊缝两端的上部,运条时应保证封面焊缝的厚度和宽度使焊接一次成形。向上焊接到最高点处进行收弧,收弧时收弧点应放在焊缝靠近罐体的一侧。

对于法兰加强圈焊缝的焊接,当罐体的直径较大、加强圈板较厚

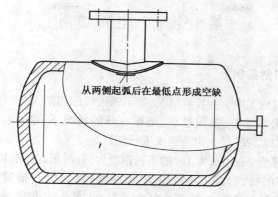

图 8-36 在最低点处形成空缺

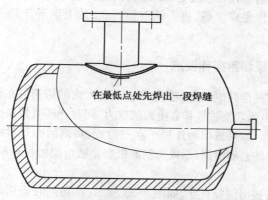

图 8-37 在最低点先焊出一段焊缝

时,可采用多层平角焊的方法。即连续转动焊件,使角焊缝处于较平即船形焊接的位置,这时焊接可以在焊道的任何一点起弧。这时头层焊接焊层的厚度一般为 3~4mm,应注意焊条在续焊搭接时接头不得出现过凹和过凸的情况。二层焊接使焊缝的两侧边线上移 3mm 左右或根据加强圈的板厚来具体掌握二层焊层的厚度。三层焊接的焊层不能过厚,也不能过薄,要求在二层焊缝的基础上,焊纹均匀、表面平整光滑。

第十七节 电弧切割

一、切割实例

在工程施工中有些特殊情况,如不锈钢板的切割,在没有碳弧气刨和等离子切割设备、工程量小、钢板较薄的情况下,也可以通过使用E4303(J422)焊条、较大电流强度进行切割。

以板厚为 2mm、长为 1m 的不锈钢板为例,根据这种被切割件重量小、体积小的特点,先在板上画出切割线,然后找一根宽 20mm、高3mm、1m 多长的铁条或者 25×25(mm)、1m 多长的角钢,先将角钢或者铁条的一边贴在切割线上,并用点焊将其在几点固定在切割线一侧。上述准备工作完成之后,将不锈钢板直立,从上至下开始进行电弧切割。

二、电弧切割操作要点

电弧切割与其他切割形式不同。其他形式的切割可在任何位置进行操作,而电弧切割主要依靠电弧的吹力,同时伴随有焊条金属的熔滴向母材过渡。如果被切割件处于水平位置,切割后在母材的底面一侧就会有大块的金属凝固,形成切割的根瘤。被切割板材越厚,切割的根瘤就越大。

如果将被切割板直立,如图 8-38 所示,在切割时采用较大的电流强度和切割角度,同时将电弧靠向切割线所贴的铁板或者角钢一侧,切割后被切割母材就没有根瘤,而且切割线直,切割断面平整。

在工程中经常遇到切割线为圆或圆弧及其他曲线的情况。如果在切割时没有切割样板,又没有采取其他的措施,仅按照白色粉笔画出的切割线进行切割,操作中,在电弧的吹扫及白色烟雾的影响下,粉笔画的切割线就会过早地消失,使切割操作失去了方向。当遇到这种问题时,可以采用以下几种方法:一种是,用冲子在切割线上冲出间距较密的冲窝,如图 8-39 所示,这样就可以在切割时瞄准带有冲窝的切割线进

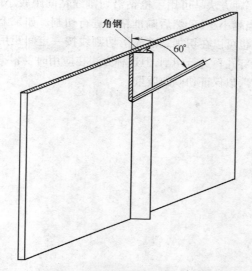

图 8-38 不锈钢薄板的电弧切割

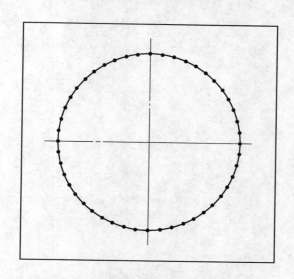

图 8-39 沿切割线冲出间距较小的冲窝

行切割。另一种方法是可用手枪钻沿切割线钻间距较小的钻窝,此时钻头直径应当越小越好,然后瞄准钻窝进行切割。如果上述的两种方法都不具备,也可以在切割之前先沿切割线按一定间距用电弧将板材穿孔,然后沿穿孔再进行切割,但这种方法在应用时要根据板材的厚度调整电流强度,以保证切割的质量。

第九章　焊接应力和焊接变形

焊接应力和焊接变形指在焊接过程中焊件产生的应力和变形。一般说,如果焊件在焊接时能自由地收缩,则焊后焊件变形较大而焊接应力较小;如果焊件由于外力的限制或本身刚性较大,焊件不能自由收缩,则焊后焊件的变形较小而焊接应力较大。在生产实际中,焊件在焊后总会产生一定的变形,并存在一定的焊接残余应力(焊后残留在焊件内的焊接应力),变形和应力两者是在焊接过程中同时产生的。

第一节　焊接应力和焊接变形产生的原因及其危害

一、焊接应力和焊接变形产生的原因

产生焊接应力和焊接变形的原因基本有以下几个方面:

(一)焊接时焊件不均匀的局部加热和冷却

焊接时焊件受到不均匀的加热和冷却是产生焊接变形和焊接应力的最主要的原因。由于焊接时焊件的局部被加热到熔化状态,形成了焊件上温度的不均匀分布,如图 9-1 所示,这样就使焊件出现了不均匀的热膨胀。加热的金属由于受到周围金属的阻碍,使其膨胀不能自由地实现而受到压应力,周围的金属则受到拉应力。当被加热金属的压应力超过金属的屈服点时,就会产生缩短的塑性变形。在焊接冷却后,由于加热金属在加热时已产生了压缩的塑性变形,所以最后的长度要比未被加热金属的长度短些,但是这时周围的金属又会阻碍它的缩短,结果在被加热的焊缝金属中产生拉应力,而在周围金属中则产生压应力。

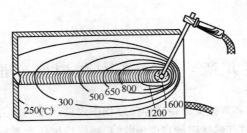

图 9-1　焊接时工件上的温度分布

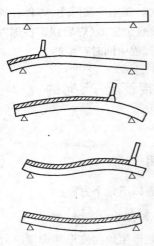

**图 9-2　钢板边缘堆焊时的焊接
变形**

由于钢材的屈服极限随加热温度的升高不断降低,当加热温度在 600℃ 左右时,屈服极限几乎接近于零,因此在焊接时被加热部分产生的缩短的塑性变形倾向较大。图 9-2 为沿钢板边缘进行堆焊的变形过程。

(二)焊缝金属的收缩

焊缝金属在凝固和冷却过程中,体积要发生收缩,这种收缩使焊件产生变形和应力。在焊缝长度方向的收缩称为纵向收缩,使焊件沿焊缝方向的长度缩短;在垂直于焊缝长度方向上的收缩称横向收缩,使焊件在垂直于焊缝方向的宽度变窄。焊缝金属的收缩量取决于熔化金属的数量。例如焊接 V 形坡口对接接口时,由于焊缝上部宽,熔化金属多,收缩量大,所以上下收缩不一致,因而会发生角变形。

(三)焊缝金属的组织变化

焊缝金属(熔敷金属)在焊接时加热到很高温度,随后冷却下来达到熔点,从熔点到常温,即由液态凝固成固态的过程中,焊缝金属内部的组织要发生变化。由于各种组织的比容不同,焊缝金属冷却下来要发生体积的变化。这种体积的变化同样也受到周围没有组织变化的金属的约束,其结果使焊缝金属内部产生了应力,由组织变化产生的应力称为组织应力。

(四)焊件的刚性

焊件的刚性限制了焊件在焊接过程中的变形,所以刚性不同的焊接结构,焊后变形的大小就不同。如焊件被夹持在夹具中进行焊接,由于夹具的限制,焊件不能随温度的变化自由膨胀和收缩,这样就有效地减少了焊件的变形,但是在焊接时,焊件中会产生较大的焊接应力。

焊接变形和焊接应力产生的原因,除以上所述外,在焊接过程中还有多种因素共同影响着应力和变形的变化。焊接方法、接头形式、坡口形式、坡口角度、焊件的装配间隙、对口质量、焊接速度、焊件的自重等都会对焊接变形和焊接应力造成影响,特别是装配顺序和焊接顺序对焊接应力与变形有较大的影响。

二、焊接应力和焊接变形的危害

焊接应力和焊接变形是形成各种焊接裂纹的重要因素,又是造成热应变脆化的根源。焊接应力和焊接变形在一定条件下还会严重影响焊件的强度、刚度、受压时的稳定性、加工精度和尺寸稳定性等。在焊接结构生产中,焊接变形不仅影响结构的尺寸精度和外观,影响机械加工精度,而且可能降低其承载能力和使用性能。如果焊接变形严重,就会给结构的组装和焊接造成困难。矫正变形不仅费工、费时、提高成本,而且在矫正中或矫正后还会引起一些新的问题。

(一)焊接应力的危害

1. 引起裂纹的产生　焊接应力是形成各种焊接裂纹的原因之一。在温度、金属组织状态和焊接结构拘束程度等各种因素的相互作用下,当焊接应力达到一定值时,就会形成热裂纹、冷裂纹或再热裂纹。其结果会造成焊接结构的潜在危险。已经发生宏观裂纹的焊接结构必须报废或返修,造成工时、材料等的巨大经济损失。

2. 造成应力腐蚀开裂　应力腐蚀开裂是拉应力和化学腐蚀共同作

用下产生裂缝的现象,在一定材料和介质的组合下发生。产生应力腐蚀开裂的时间与应力大小有关。一般拉应力越大,应力腐蚀开裂的时间就越早。在腐蚀介质中工作的焊接结构,如果具有拉伸残余应力,就会造成应力腐蚀开裂。

3. 降低结构的承载能力 焊接结构中的焊接残余应力与工作应力叠加后,对结构的刚度、稳定性和疲劳强度构成直接影响。当焊接应力超过材料的屈服点时,将会造成该区域的拉伸塑性变形。因此,降低了结构的强度、稳定性和刚度,实际上降低了结构的承载能力和使用性能。

4. 使焊接结构焊后加工精度和尺寸稳定性受到影响 机械加工把焊件一部分材料切除时,此处的焊接残余应力也被释放,这样焊接内应力的原来平衡状态被破坏,焊件产生变形,使加工精度受到影响。对于组织稳定的低碳钢和奥氏体钢焊接结构,在室温下应力松弛较微弱,焊接残余内应力随时间变化较小,焊件尺寸比较稳定。对于如20CrMnSi、3Cr13、12CrMo 和铝合金等焊后产生不稳定组织的材料,由于不稳定组织随时间而转变,因而内应力变化较大,焊件尺寸的稳定性就差。

(二)焊接变形的危害

由于焊件存在有焊接变形,造成焊件尺寸及形状的技术指标超差,降低了焊接结构的装配质量和承载能力。发生变形的构件需要矫正,若焊件变形过大,矫正困难,就会致使产品报废。

焊接结构总会不可避免地产生焊接应力和焊接变形。在焊接过程中和焊接后,如何尽量减少焊接应力和焊接变形是焊接生产面临的十分重要的课题。

第二节 焊接应力

一、焊接应力及其分布

(一)焊接应力

焊接应力指焊接过程中焊件内产生的应力。焊接应力实质上包括热应力、相变应力、装配应力、残余应力等方面。

1. 热应力 热应力又称为温度应力,是在对焊件不均匀加热和冷却过程中所产生的应力。热应力与焊件的加热温度、加热不均匀程度、焊件的刚度以及焊件材料的热物理性能等因素有关。

2. 相变应力 相变应力也称为组织应力,是在金属发生相变时,由于体积发生变化而引起的应力。例如熔化焊时,焊缝金属由奥氏体转变为珠光体或转变为马氏体时,都会发生体积膨胀,这种膨胀受到周围金属的约束,结果在焊件内部产生应力。

3. 装配应力 焊接结构或构件在装配和安装过程中产生的应力。例如螺栓的紧固、夹具的夹持、模具和胎具等均可引起装配应力。

4. 残余应力 焊后的焊件内部发生了不能恢复的塑性变形,因而产生了相应的应力称为焊接残余应力。

此外,在焊接结构中由于自身和外加拘束作用引起的应力,在焊接接头中扩散氢在显微缺陷处聚集而形成的应力也都统称为焊接应力。

按照焊接应力在空间的方向可分为单向、双向和三向应力。一般说来,焊接残余应力属于单向应力的情况是很少的。薄板对接时,可以认为是双向应力;大厚度焊件的焊缝,三个方向焊缝的交叉处以及存在裂纹、夹渣等缺陷处通常出现三向应力。三向应力使材料的塑性降低、容易导致脆性断裂,是一种最危险的应力状态。

(二)焊接残余应力的分布

1. 薄板焊接件焊接残余应力的分布 厚度不大的焊接结构中残余应力基本上是双向的,厚度方向的残余应力很小。只有在大厚度的焊接结构中,厚度方向的应力才能达到较高的数值。

(1)纵向残余应力的分布。如图 9-3 所示为长板对接焊后横截面上的纵向应力即沿焊缝方向应力 σ_x 的分布图。低碳钢、普通低合金钢和奥氏体钢焊接结构中,焊缝及其附近的压缩塑性变形区的 σ_x 为拉应力,其数值除焊件尺寸过小外,一般达到材料的屈服点 σ_s。自由状态下焊接钛合金和铝合金构件,σ_x 与焊接规范有关,一般为 $(0.5\sim0.8)\sigma_s$。

圆筒环形焊缝所引起的纵向(沿圆筒切向)应力的分布规律与平板

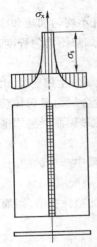

图9-3 长板对接焊后截面上的纵向应力 σ_x 的分布

对接焊缝有所不同,如图9-4所示。其数值取决于圆筒直径、厚度以及焊接压缩塑性变形区的宽度,一般环缝上的纵向应力 σ_x 随圆筒直径的增大而增大,同时随塑性变形区的扩大而降低。圆筒直径越大,σ_x 的分布也越与平板对焊焊缝相似。

(2)横向残余应力。横向残余应力即垂直于焊缝方向的应力 σ_y,为焊缝及其附近塑性变形区的纵向收缩引起的 σ_y' 和因焊接方向和焊接顺序不同所引起的 σ_y'' 两方面的合成。如图9-5所示,平板对接时,焊缝截面中心上的 σ_y' 在焊缝两端为压应力,在焊缝中间为拉应力,并且与对接焊缝的长度有关。如图9-6所示,按图9-6a中箭头方向焊接时,σ_y'' 在焊缝两端为拉应力,在焊缝中间为压应力;若按图9-6b箭头方向焊接时,σ_y'' 的分布正好与图9-6a情况相反。σ_y 为 σ_y' 和 σ_y'' 两者的叠加。一般分段焊法的 σ_y 有多次正负变化,拉应力峰值高于直通焊。

2. 厚板焊接件

焊接残余应力的分布 厚板焊接接头中除纵向和横向残余应力外,还存在厚度方向的残余应力 σ_z,σ_z 在厚度方向上的分布状况与焊接工艺方法密切相关。在多层焊时,焊缝表面的 σ_x 和 σ_y 比中心部位大,σ_z 数值与 σ_x 和 σ_y 相比较小,可能为压应力,也可能为拉应力。如图9-7为25mm厚低碳钢厚板、V形

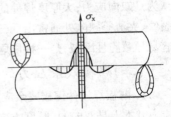

图9-4 圆筒环形焊缝的纵向应力 σ_x 的分布

坡口、多层焊残余应力的分布。σ_y 在焊缝根部大大超过屈服点 σ_s。这是由于每焊一层,产生一次角变形,根部多次拉伸塑性变形的积累造成应变硬化,使应力不断上升所致。严重时,甚至因塑性耗竭导致焊缝根部开裂。如果焊接时,限制焊缝的角度变形,则焊缝根部出现压应力。

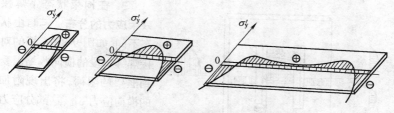

图 9-5　不同长度平板对接焊时 σ'_y 的分布

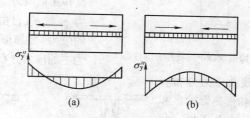

图 9-6　不同焊接方向时 σ''_y 的分布

(a)由中心向两端　(b)由两端向中心

σ_y 的平均值与测量点在焊缝长度方向上的位置有关,但其表面大于中心的分布趋势是相似的。

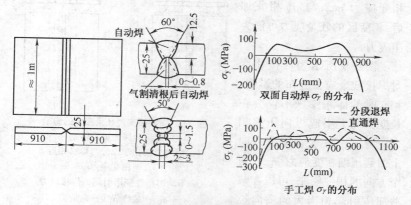

图 9-7　厚板多层焊中沿厚度方向上的内应力分布

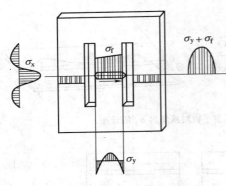

图 9-8　拘束状态下焊接应力的分布

3.在拘束状态下焊接残余应力的分布　与自由状态不同,如图 9-8 中,板的对接焊缝中段的横向收缩因受到框架的阻碍,将出现附加的横向应力 σ_f。这部分应力在整个框架上平衡,故称为反作用内应力。反作用内应力 σ_f 与 σ_y(自由状态时的横向应力)叠加形成以拉应力为主的应力分布。

4.相变残余应力分布

焊接高强度钢时,热影响区和与母材金属化学成分相近的焊缝金属发生奥氏体转变为马氏体的相变,比容增大。由于相变温度较低,此时材料已处于弹性状态,焊件中将出现相变应力 σ_{mx},与 σ_x 相叠加后,相变区的残余应力可能为压应力。

图 9-9 所示为焊接相变对焊接残余应力分布的影响。相变时的体积膨胀不仅会在长度方向上引起纵向压缩相变应力 σ_{mx},还会在厚度方向上引起压缩相变应力 σ_{mz}。两个方向的相变膨胀,可以在某些部位引起相当大的横向拉伸相变应力 σ_{my}。这是产生冷

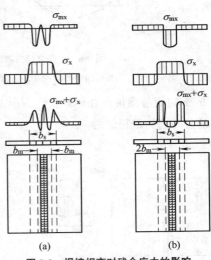

图 9-9　焊接相变对残余应力的影响
(a)焊缝金属为奥氏体钢
(b)焊缝金属化学成分与母材相近
σ_{mx}—相变应力
σ_x—不均匀塑性变形引起的焊接应力
$\sigma_x + \sigma_{mx}$—最终焊接残余应力
b_m—相变区宽度
b_s—塑性变形区宽度

裂纹的原因之一。

二、焊接应力的降低和调整

焊接残余应力对焊接性差的金属,往往是引起焊接裂纹的原因之一。即使焊接性良好的一般低碳钢,如果结构刚性太大,焊接顺序和方法不当,在焊接过程中也会发生焊接应力造成的裂纹。因而在焊接时应设法减少和调整焊接应力,焊后要消除焊接残余应力。

(一)设计措施

(1)在焊缝设计方面,应尽量减少焊缝的数量和尺寸,采用填充金属少的坡口形式。

(2)焊缝布置应避免过分集中,焊缝与焊缝之间应保持足够的距离,如图 9-10 所示。尽量避免三轴交叉的焊缝,如图 9-11 所示。不应把焊缝布置在工作应力最严重的区域。

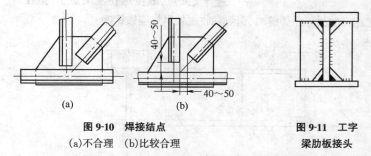

(a)	(b)	
图 9-10 焊接结点		图 9-11 工字
(a)不合理 (b)比较合理		梁肋板接头

(3)采用刚度较小的接头形式,降低焊缝的拘束程度,使焊缝能自由地收缩。在残余应力的区域内,应当避免几何不连续性,避免应力集中。

(二)工艺措施

1. 采用合理的焊接顺序和方向

(1)平面上的焊缝焊接时,要保证焊缝的纵向和横向收缩都比较自由,而不是受先焊焊缝的较大约束。例如焊对接焊缝时,从中间依次向两自由端进行焊接时,焊缝能较好地自由收缩。再如大型容器底部钢板的拼接,可先焊所有的横向焊缝 I,再焊所有的纵向焊缝 II,并从中间依次向外进行焊接,如图 9-12 所示。

(2)收缩量最大的焊缝应先焊,因为先焊的焊缝收缩时受阻较小,故应力较小。如果一个结构上既有对接焊缝,又有角接焊缝,应先焊对接焊缝,因为对接焊缝的收缩量较大。例如工字梁的焊接,首先焊腹板的对接焊缝,然后焊翼板的对接焊缝,最后焊腹板和翼板的角焊缝,如图 9-13 所示。

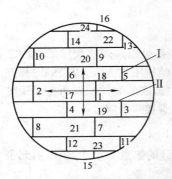

图9-12 大型容器底板拼接的
焊接顺序
Ⅰ.横焊缝 Ⅱ.纵焊缝

(3)在对接平面上带有交叉焊缝的接头时,必须采用保证交叉点部位不易产生缺陷的焊接顺序。例如,T 字焊缝和十字焊缝应按图 9-14 所示的焊接顺序,才能使焊缝收缩比较自由,避免在焊缝交点处产生裂纹。另外,应注意焊缝的起弧和收尾避开交叉点,或虽然在交叉点上,但在焊接与之相交的另一条焊缝时,引弧和收尾处事先应被铲净。

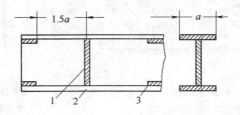

图9-13 工字梁的焊接顺序
1.腹板焊缝 2.翼板焊缝
3.腹板和翼板的角接焊缝

2.开缓和槽减小应力法 厚度大的工件刚性大,焊接时容易产生裂纹。在不影响结构强度的前提下,可采用在焊缝附近开缓和槽的方法。其实质是减少结构的局部刚性,尽量使焊缝具有自由收缩的可能。例如圆钢焊在厚钢板上,封闭焊缝刚性大,焊后易裂,如图 9-15a 所示;采取图 9-15b 的措施即可避免。

3.采用冷焊法 冷焊法的原理是使整个结构上的温度分布尽可能

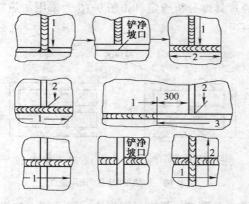

图 9-14 交叉焊缝的焊接顺序

均匀,即焊缝和高温受热区的宽度尽可能窄些。温度尽可能低些。这样收缩所造成的应力就可以小些,采用较小的焊接线能量、合理的焊接顺序和操作方法可以实现上述要求。冷焊法的具体做法是:采用小直径焊条、小电流多层多道无摆动焊接法;每次焊接的焊缝要短些;尽可能提高焊接环境温度。

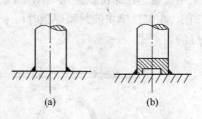

图 9-15 开缓和槽减小应力法

(a)未开减应力槽 (b)开减应力槽

4. 焊前预热 通常焊前预热是减少焊件焊接应力的最普遍的方法。预热的目的是使焊接部分的金属和周围基本金属的温差减小,达到焊缝和母材同时冷却收缩的目的,从而可以减少焊缝金属的拉伸,降低焊接内应力。

5. 采用加热"减应区"法 在焊接刚性较大的焊缝之前,选择焊件的适当部位进行低温或高温加热,使之产生膨胀,然后焊接刚性较大的焊缝。焊缝冷却时,被加热区也冷却,二者同时收缩,使焊接应力大大降低,这种方法就称为加热"减应区"法。被加热的部位叫减应区,在焊缝收缩时它起到了补偿作用。焊接结构不同,减应区的位置也不同,具

体的结构要通过具体分析确定。如图 9-16 为采用加热"减应区"法的
示意图。

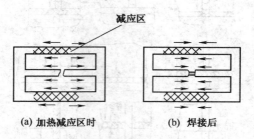

图 9-16 加热"减应区"法示意图

6. 降低接头的刚度 焊接封闭焊缝或刚度较大的焊接接头时,可
采用反变形法来降低接头的刚度,以减少焊后的残余应力。如图 9-17
所示,在焊接镶块的封闭焊缝时可采用翻边和压凹的措施,从而减少焊
缝的拘束度。

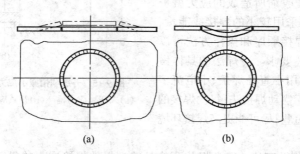

图 9-17 降低局部刚度减少焊接残余应力
(a)平板少量翻边 (b)镶块压凹

三、消除焊接残余应力的方法

整个焊件完全冷却到室温后,焊件内存在的应力即为焊接残余应
力。

焊后热处理是消除焊接残余应力最有效的方法。对于低碳钢和低
合金钢,采取高温回火,加热温度为 $500\sim650℃$,保温一定时间(按壁厚

计算,每 1mm 要保温 4～5min),然后再炉冷或空冷,一般可把 80％～90％以上的焊接残余应力去除。

此外,还可以采用机械方法消除焊接残余应力,通常采用锤击法、施加外力法(机械拉伸法、温差拉伸法)和振动法。

(一)锤击法

焊件焊完后,沿焊缝和近缝区进行锤击。由于锤击引起了焊缝和近缝区的延伸变形,补偿了高温时产生和积累的压缩塑性变形,故焊接残余应力得以部分消除。但由于锤击同时对金属具有加工硬化作用,会引起金属的硬化。第一层焊缝因处在比较严重的应力状态下,锤击时易破裂。为避免硬化的影响,一般规定最后一层焊缝边不进行锤击,这样就大大降低了用锤击法来消除应力的效果。

(二)施加外力的方法

即把已经焊好的整体结构,根据实际工作情况进行加载,使结构的内应力接近屈服极限,然后卸载,能够达到部分消除焊接残余应力的目的。如容器结构在焊后进行水压试验,能消除部分残余应力。

(三)焊后热处理法

焊后热处理是把焊件整体或局部(焊接接头)均匀地加热到一定温度、保温一段时间、然后冷却的过程。通过焊后热处理可以达到下述目的:

其一,改善焊接接头的组织和性能,使淬硬区软化,降低硬度,提高冲击韧性和蠕变极限,防止焊接结构的脆性破坏。

其二,使焊接残余应力松弛,防止产生延迟裂纹,提高焊件的可靠性和寿命。

其三,提高焊接接头的抗腐蚀性能。

焊后热处理常用的方法有高温回火、正火及提高铬镍不锈钢耐腐蚀性能的固溶处理。焊后回火可以消除焊接残余应力、稳定组织,同时可使焊缝和热影响区中的氢及时逸出。对于强度较高、淬硬倾向较大的焊接接头,焊后回火还能起到提高塑性和韧性的作用。正火用来改善钢的组织、细化晶粒和均匀化学成分,从而提高焊接接头的各种机械性能。固溶处理是将铬镍不锈钢加热至 920～1150℃,并以较快的速度冷却,从而消除晶间腐蚀,使焊接接头的耐腐蚀性能提高。固溶处理一般是整体均匀加热,而不采用局部加热方法。

为了消除焊接残余应力,改善焊接接头或整个焊接结构的性能,最有效的措施是对焊件进行焊后热处理。焊后热处理方法和热处理规范,应根据结构材料、焊缝化学成分和焊件的用途来选择。

在 300℃ 以下的回火称为低温回火。低温回火适用于预先经过淬火和回火的具有较高硬度构件的焊后热处理,其目的是防止产生裂纹。低温回火不能降低原有的硬度,不能改善加工性能,不会引起结构的变形,也不能防止结构在使用中发生变形。

将碳钢和低合金钢在 400℃ 左右回火,称为中温回火。回火温度为 500～650℃,称为高温回火。高温回火和中温回火,主要用来提高焊接接头的冲击韧性和消除焊接残余应力,也可以降低焊缝硬度,改善机械加工性能。

高温回火和中温回火时,其结构可能会发生变形,对于精加工后的结构不宜采用。单一的中温回火只适用于工地拼装的大型普通低碳钢容器的组装焊缝,可以达到部分消除残余应力和去氢的目的。

对于重要结构,要求提高焊接接头的塑性和韧性时,采用先正火随后立即高温回火的热处理方法,既能消除内应力和改善接头组织,又能提高接头的韧性和疲劳强度。

焊接结构几种常用材料的焊后热处理规范见表 9-1。焊后热处理保温时间,一般根据板厚按表 9-1 确定,但最短不小于 30min,最长不应超过 3h。

表 9-1　几种常用材料的焊后热处理规范

钢材牌号	需要热处理焊件的厚度 (mm)	热处理温度 (℃)	保温时间 (min/mm)	说　明
Q345(16Mn、16MnCu)	≥30	550～650	3～4	1. 厚度指焊件的最大厚度

钢材牌号	需要热处理焊件的厚度(mm)	热处理温度(℃)	保温时间(min/mm)	说　明
Q390(15MnV、15MnTi)	≥30	600～650	3～4	2. 消除内应力的保温时间按接头最大厚度计算
Q420(15MnVN、15MnTiCu)	≥30	600～650	3～4	3. 碳钢焊后消除内应力温度可略低于 550℃,但保温时间应延长
Q490(14MnMoV、18MnMoNb)	≥30	620～680	4～5	

局部热处理时,加热区的宽度,从焊缝中心至每侧不小于焊缝宽度的 3 倍,而且随着加热方法的不同,有效加热宽度也不相同。加热和冷却不宜过快,应力求焊件内外壁温度均匀,其温差不大于 50℃。对于厚壁容器其加热和冷却速度一般为 50～150℃/h。

第三节　焊接变形

一、焊接变形的种类

焊接变形可分为局部变形和整体变形两大类。局部变形指仅发生在焊接结构的某一局部,如角变形、波浪形;整体变形指焊接时产生的遍及整个结构的变形,如弯曲变形和扭曲变形。焊接变形按变形的基本形式可分为:

(一)收缩变形

在收缩变形中,变形又可分为纵向缩短和横向缩短。如图 9-18a 所示的两板对接焊以后发生了长度缩短和宽度变窄的变形,这种变形是由于焊缝的纵向收缩和横向收缩引起的。

(二)角变形

如图 9-18(b)所示,V 形坡口对接焊后发生了角变形,这种变形是由于焊缝截面上宽下窄,使焊缝的横向收缩量上大下小而引起的。

（三）弯曲变形

焊接梁及柱产生的弯曲变形主要是焊缝的位置在构件上不对称时引起的。如图 9-18c 所示的 T 型梁,焊缝位于梁的中心线下方,焊后由于焊缝纵向收缩造成了弯曲变形。

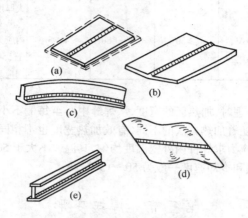

图 9-18　焊接变形的种类
(a)收缩变形　(b)角变形
(c)弯曲变形　(d)波浪变形　(e)扭曲变形

（四）波浪变形

波浪变形又称失稳变形,主要出现在薄板焊接结构中,产生的原因是由于焊缝的纵向收缩对薄板边缘造成了压应力;另一种是由于焊缝的横向收缩造成了角变形,如图 9-18d 所示。

（五）扭曲变形

扭曲变形如图 9-18e 所示。装配质量不好,工件搁置不当,焊接顺序和焊接方向不合理,都可能引起扭曲变形,但根本原因还是焊缝的纵向收缩和横向收缩所致。

通过上述分析,说明了焊后焊缝的纵向收缩和横向收缩是引起各种变形和焊接应力的根本原因。同时还说明,焊缝的收缩能否转变成各种形式的变形还和焊缝在结构上的位置、焊接顺序和焊接方向以及结构的刚性大小等因素有直接的关系。

二、焊接残余变形的估算方法

（一）纵向残余变形的估算

细长构件如梁、柱等纵向焊缝所引起的纵向收缩量 ΔL 取决于焊缝的长度 l、截面积 F、焊接工艺参数和焊接工艺。在同样的焊接工艺参数下，预热会增加收缩量 ΔL，只有在很高温度的整体预热，才能使 ΔL 减少。单道焊缝的纵向收缩量 ΔL 可由下式粗略估算。

$$\Delta L = 0.86 \times 10^{-6} q_v l (\text{mm})$$

式中 q_v ——焊接线能量（J/cm）；

       l ——焊缝长度（mm）。

$$q_v = \frac{\eta UI}{v} (\text{J/cm})$$

式中 U ——焊接电压（V）；

       I ——焊接电流（A）；

       η ——电弧热效率（焊条电弧焊为 0.7～0.8，埋弧焊为 0.8～0.9，CO_2 焊为 0.7）；

       v ——焊接速度（cm/s）。

对于单道焊缝、多道焊缝也可以采用经验公式估算其纵向收缩量 ΔL。

$$\Delta L = 0.006 \times \frac{l}{\delta} (\text{mm})$$

式中 l ——焊缝长度（mm）；

       δ ——板厚（mm）。

对于角焊缝纵向收缩量的经验计算公式为：

$$\Delta L = 0.05 \times \frac{A_W l}{A} (\text{mm})$$

式中 A_W ——角焊缝截面积（mm^2）；

       A ——焊件截面积（mm^2）；

l ——角焊缝长度(mm)。

(二)横向收缩量的估算

对接接头的横向收缩量 ΔB 与坡口形式、板厚、焊接线能量、金属材料的物理性能等因素有关。一般,V 形坡口的 ΔB 比同厚度的 X 形坡口和双 U 形坡口对接接头的要大。坡口角度和间隙越大时,ΔB 也越大。焊条电弧焊的 ΔB 值比埋弧焊的大。高能量密度束流焊如电子束焊的 ΔB 远小于常用的熔化焊。板对接焊缝横向收缩量的经验计算公式为:

$$\Delta B = 0.18 \times \frac{A_W}{\delta} + 0.05b (\mathrm{mm})$$

式中　δ ——板厚(mm);

　　A_W——焊缝截面积($\mathrm{mm^2}$);

　　b ——坡口根部间隙(mm)。

角焊缝的横向收缩量 ΔB 小于对接接头的横向收缩量。角焊缝横向收缩量计算公式为:

$$\Delta B = C \frac{K^2}{\delta} (\mathrm{mm})$$

式中　C ——系数,单面焊时 $C = 0.075$,双面焊时 $C = 0.083$;

　　K ——焊脚尺寸(mm);

　　δ ——翼板厚度(mm)。

(三)焊缝纵向收缩引起的弯曲变形

偏离构件截面中性轴的纵向焊缝不仅会引起构件的纵向收缩,还会引起构件的弯曲,如图 9-19 所示。焊缝纵向收缩造成的挠度 f 可以按下式估算:

$$f = 0.86 \times 10^{-6} \times \frac{eq_v l^2}{8I} (\mathrm{mm})$$

式中　e ——焊缝塑性变形中心(一般取焊缝中心)与截面中性轴的距离(mm);

　　q_v ——焊接线能量(J/cm);

　　l ——构件纵向焊缝长度(mm);

　　I ——构件截面惯性矩($\mathrm{mm^4}$)。

弯曲变形如图 9-19 所示,可以由焊缝的纵向收缩引起,也可以由焊缝的横向收缩引起。

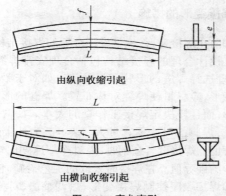

由纵向收缩引起

由横向收缩引起

图 9-19 弯曲变形

(四)角变形的估算

对接接头的角变形随坡口角度增大而增大。一般多层焊的角变形比单层焊要大,多层多道焊的角变形比多层焊要大。焊接 X 形坡口,先焊的一面的角变形一般大于后焊一面的角变形。对接接头的角变形对于单层埋弧自动焊、电渣焊及电子束焊的焊缝都比较小。

T 形接头的角变形取决于角焊缝的焊脚尺寸 K 和板厚 δ。如图 9-20

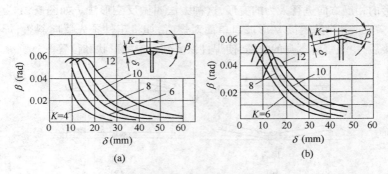

(a)

(b)

图 9-20 T 形接头的角变形

(a)低碳钢 (b)铝镁合金

为低碳钢和铝镁合金 T 形接头的角变形 β、δ 以及 K 的关系图,可按该图估算 T 形接头的角变形。

三、防止焊接变形的措施

为了减少和防止焊接变形,一是设计合理的焊接结构;二是采取适当的工艺措施。设计合理的焊接结构包括合理安排焊缝位置,减少不必要的焊缝;合理选择焊缝的形状和尺寸等。如对于梁、柱一类结构,为减少其弯曲变形,应尽量使焊缝对称布置。焊缝的形状和尺寸不仅关系到焊接变形,而且还决定焊接工作量的大小。如常用于肋板与腹板连接的角焊缝,焊脚的尺寸不宜过大。表 9-2 为低碳钢焊接时最小焊脚尺寸的推荐值。焊接低合金钢时,因对冷却速度比较敏感,焊脚尺寸可稍大于表中的推荐值。在焊接时采取的工艺措施,包括反变形法、利用装配顺序和焊接顺序控制焊接变形、热调整法、对称施焊法、刚性固定法及锤击焊缝法等。

表 9-2 低碳钢最小焊脚尺寸 (mm)

板 厚	≤6	7~13	19~30	31~35	51~100
最小焊脚	3	4	6	8	10

注:表中板厚指两被焊钢板中较薄者。

(一)反变形法

在焊前进行装配时,为抵消或补偿焊接变形,先将工件向与焊接变形的相反方向进行人为的变形,这种方法叫做反变形法。如图 9-21 为 8~12mm 厚的钢板 V 形坡口单面对焊时,如将工件预先反向斜置,焊接后,由于焊缝本身的收缩,使焊件恢复到预定的形状和位置。

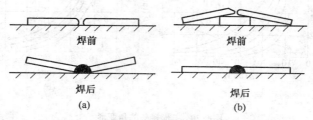

焊前   焊前

焊后   焊后

(a)   (b)

图 9-21 8~12mm 厚的钢板对接焊反变形法

(a)没有反变形 (b)采取反变形法

一般在较大刚性的工件下料时,也可将构件制成预定大小和方向的反变形。如桥式起重机的主梁焊后会引起下挠的弯曲变形。而对桥式起重机的主梁,技术要求应具有 $L_k/1000$ 的上挠(L_k——桥式起重机的跨度)。通常采用腹板预制上拱的方法来解决。在下料时,应预先把两块腹板拼接成具有大于 $L_k/1000$ 的上拱顶(f_m),如图 9-22 所示。

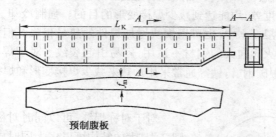

图 9-22 采用下料反变形法控制桥式起重机主梁的下挠度

(二)利用装配顺序和焊接顺序控制焊接变形

同样的焊接结构,如果采用不同的装配、焊接顺序,焊后产生的变形则不相同。为正确地选择装配顺序和焊接顺序,应依照下述原则:

1. 收缩量大的焊缝应当先焊 如果一个结构中既有对接焊缝,又有角焊缝,则应先焊对接焊缝,后焊角焊缝。一般来说对接焊缝比角焊缝的收缩量大。

2. 采用对称的焊接顺序 采取对称的焊接顺序,能有效地减少焊接变形(图 9-23)。

长焊缝焊接时,应采取对称焊、逐步退焊、分中逐步退焊、跳焊等焊接顺序。

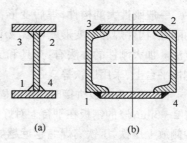

(a)　　　　　(b)

图 9-23 对称焊法实例

(三)热调整法

焊接变形主要是由于不均匀加热造成的。若能减少焊接热影响区的宽度、降低不均匀加热的程度,就会有利于减少焊接变形。减少受热区宽度的工艺措施有:小电流快速不摆动焊代替大电流慢速摆动焊;小直径焊条代替大直径焊条;多层焊代替单层焊;采用线能量高的焊接方法,如用二氧化碳气体保护焊代替焊条电弧焊等。

(四)强制冷却法

采取强制冷却来减少受热区的宽度和焊前预热减少焊接区的温度和结构的温度差,均能达到减少焊接变形的目的。强制冷却,可将焊缝四周的焊件浸在水中,也可用铜块增加焊件的热量损失。但强制冷却的方法对淬火倾向大的钢材不适用,容易引起裂纹。对于焊接性较差的材料,如中碳钢、铸铁等通常采用预热来减少焊接变形和焊接应力。

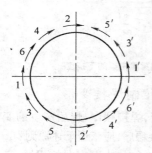

图 9-24　圆筒体对称焊焊接顺序

(五)对称施焊法

对于对称焊缝,可以同时对称施焊,少则 2 人,大的结构可以多人同时施焊,使所焊的焊缝相互制约,使结构不产生整体的变形。如在安装现场组合钢架大梁时,采用效果较好的双人对称焊,能有效地防止大梁的角变形。

图 9-24 为圆筒体的环缝焊接,由两名焊工采取对称施焊的焊接顺序。

(六)刚性固定法

一般刚性大的构件,焊后变形都较小。如果焊接之前能加大焊件的刚性,构件焊后的变形就可以减小,这种防止变形的措施称为刚性固定法。加大刚性的办法有:夹具和支撑、专用胎具,临时将焊件点固在刚性平台上,采用压铁等。

图 9-25 为薄板拼接时用刚性固定法防止波浪变形。其方法是:先将 2~3mm 厚的钢板在平台上对好,然后用焊条电弧焊点固;再在焊缝两侧放上压铁,压铁离焊缝越近越好,每块压铁重约 30kg;焊接时采取分段退焊法,焊后完全冷却,撤去压铁,铲去临时点固焊缝,这样就可避免变形。

刚性固定法对减少变形很有效,并且在焊接时可以不考虑焊接顺

序。但焊后撤除固定仍有较
小的变形。由于在焊接时,焊
件不能自由变形,所以焊接残
余应力较大,故不能用于高碳
钢和淬硬性大的合金钢的焊
接。

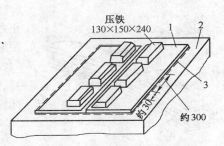

压铁
130×150×240

约30
约300

图9-25 薄板拼接用刚性固定法防止波浪变形
1. 工件 2. 平台 3. 临时焊缝

(七)锤击焊缝法

用圆头小锤敲击焊缝金
属,能促使焊缝金属塑性变
形,使焊缝适当地延展,以补
偿焊缝的缩短,避免和减少焊接应力及焊接变形。敲击时应注意:底层
和表面焊缝一般不锤击,以免焊缝金属表面冷作硬化;其余各层焊缝焊
完一层后立刻锤击,保证锤击在热状态下进行,因为这时金属具有较高
的塑性,锤击时必须均匀,直至将焊缝表面锤到出现均匀致密的麻点为
止。锤击一般采用1~1.5磅重的手锤,其端部的圆弧半径为3~5mm。

在实际生产中防止变形的方法很多,上述仅为主要的几种,往往不
是单独,而是几种方法结合,才能获得控制焊接变形的最好效果。

四、焊接变形的矫正

尽管焊接结构在焊接的过程中采取了一些防止变形的措施,但在
焊后仍会出现焊接变形。如果焊件产生了超出技术要求所允许的变形
时,就必须给予矫正。在生产中常用的矫正方法有两种,即机械矫正法
和火焰矫正法。各种矫正方法就其本质来说,都是设法造成新的变形
去抵消已经产生的焊接变形。

(一)机械矫正法

机械矫正法是利用机械力的作用来矫正变形。可采用辊床、液压
压力机、矫直机和锤击方法等。机械矫正的基本原理是将焊件变形后
尺寸缩短的部分加以延伸,并使之与尺寸较长的部分相适应,恢复到所
要求的形状,因此只有对塑性材料才能适用。

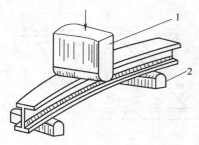

图 9-26 机械矫正法
1. 压头 2. 支承

图 9-26 为利用机械矫正法矫正弯曲变形的实例。对于薄板波浪形变形,主要是由于焊缝区的纵向收缩所致,因而沿焊缝进行锻打,使焊缝得到延伸即可达到消除薄板焊后波浪变形的目的。

(二)火焰矫正法

火焰矫正法是利用气焊火焰在焊件适当的部位加热,利用金属局部的收缩所引起的新变形,去矫正各种已产生的焊接变形,从而达到使焊件恢复正确形状、尺寸的目的。火焰矫正法主要用于低碳钢和低合金钢,一般加热温度在 600~800℃,不应超过 850℃,但温度太低时矫正的效果不显著。气焊火焰一般采用中性焰。一般说火焰矫正的效果与工件加热后的冷却速度关系不大,但增大冷却速度,会使金属变脆,并可能引起裂缝。

火焰矫正常用于薄板结构的变形矫正,关键在于选择加热位置和加热范围。常用的加热方式有点状、线状和三角形加热三种。

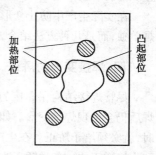

图 9-27 点状加热

1. 点状加热 为了消除板结构的波浪变形,可在凹起或凸出部位的四周加热几个点,如图 9-27 所示。加热处的金属受热膨胀,但周围冷金属阻止其膨胀,加热点的金属便产生塑性变形;然后在冷却过程中,在加热处的金属体积收缩,将相邻的冷金属拉紧,这样凹凸部位周围各加热点的收缩就能将波浪形拉平。加热点的大小和数量取决于板厚和变形的大小。板厚时,加热点的直径要大些;板薄时,要小些,但不应小于 15mm。变形量大时,点距要小些,在 50~100mm 范围内。

2. 线状加热 加热火焰作直线运动,或者同时作横向摆动,从而形

成一个加热带。线状加热主要用于矫正角变形和弯曲变形。首先找出
凸起的最高处,用火焰进行线状加
热,加热深度不超过板厚的三分之
二,使钢板在横向产生不均匀的收
缩,从而消除角变形和弯曲变形。
图 9-28 所示为均匀弯曲厚钢板线
状加热矫正实例。在最高处进行
线状加热,加热温度为 500 ～

图 9-28　均匀弯曲厚钢板
线状加热矫正法

600℃。第一次加热未能完全矫平时,可再加热,直到矫平为止。

　　对于直径和圆度都有严格要求的厚壁圆筒,矫正方法是在平台上
用木块将圆筒垫平竖放。先矫正
圆筒的周长,当周长过大时,用两
个气焊火焰同时在筒体内、外沿纵
缝进行线状加热,每加热一次,周
长可缩短 1～2mm。矫正椭圆度
时,先用样板检查,如圆筒外凸,则
沿该处外壁进行线状加热,若一次
不行,可再次加热,直至矫圆为止。
如圆筒弧度不够,则沿该处内壁加
热。如图 9-29 为厚壁圆筒火焰矫
正时的加热位置。

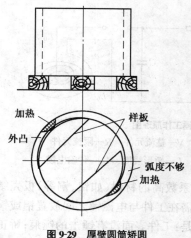

图 9-29　厚壁圆筒矫圆

　　3. 三角形加热　加热区呈三
角形,利用其横向宽度不同产生收
缩不同的特点矫正变形。三角形
加热常用于矫正厚度较大、刚性较大的构件的弯曲变形,可用多个气焊
火焰同时进行加热。如 T 形梁由于焊缝不对称产生弯曲时,可在腹板
外缘处进行三角形加热,如图 9-30 所示。若第一次加热还有上拱,则
进行第二次加热,第二次加热应选在第一次加热区之间。

　　火焰矫正是一项技术性很强的操作,要根据结构特点和矫正变形
的情况,确定加热方式和加热位置,并要目测控制加热区的温度,才能

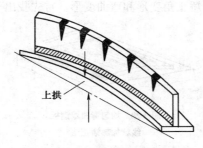

图 9-30　三角形加热法矫正 T 形梁的弯曲

上拱

获得较好的矫正效果。

（三）强电磁脉冲矫正法

强电磁脉冲矫正法又称为电磁锤法。其过程如下：把一个由绝缘的圆盘形线圈（电磁锤）放置于待矫正处，如图 9-31 所示，从已充电的高压电容向线圈放电，于是在线圈与工件的间隙中出现一个很强的脉冲电磁场。由此产生一个比较均匀的压力脉冲，使该处产生反向变形。

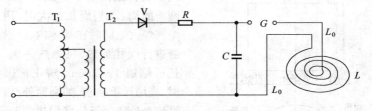

图 9-31　电磁锤工作原理图

T_1—调压器　T_2—高压变压器　V—整流元件　R—限流元件

C—贮能电容器　G—隔离间隙　L—矫形线圈　L_0—传输电缆

强电磁脉冲矫正法适用于导电系数高的材料（如铝、铜等）板壳结构的矫形。对导电系数低的材料则需在工件与**电磁锤**之间放置铝或铜质薄板。强电磁脉冲矫正法的优点是：工件表面**没有**锤击的锤痕；矫正所需的能量可精确控制，从而达到精确控制矫正形状的目的；无需挥动锤头，可以在比较窄小的空间内工作。

第十章 焊接缺陷和焊接检验

为了确保在焊接过程中焊接接头的质量符合设计或工艺要求,应在焊接前和焊接过程中对被焊金属材料的焊接性、焊接工艺、焊接规范、焊接设备和焊工操作进行焊接检验,并对焊成的焊接结构进行全面的质量检查。

本章主要叙述焊接检验的内容、各种常见的焊接缺陷的特征及其产生的原因和焊接质量的检验方法。

第一节 焊接缺陷

一、焊接缺陷的分类

金属熔化焊焊缝的缺陷共分为裂纹、孔穴、固体夹杂、未熔合、未焊透、形状缺陷和其他缺陷。焊接缺陷按其在焊缝中的位置可分为表面及成型缺陷、内部缺陷和组织缺陷三大类。

(一)表面及成型缺陷

表面及成型缺陷包括焊缝尺寸不符合要求、咬边、弧坑、烧穿和塌陷、焊瘤、严重飞溅等,这类缺陷用肉眼或借助低倍放大镜就能够发现。

(二)内部缺陷

内部缺陷包括裂纹、气孔、夹渣、未熔合、未焊透等,这类缺陷产生于焊缝内部,用肉眼无法观察到,必须采用无损探伤方法或用破坏性检验才能检验出来。内部缺陷延伸到焊缝表面即成为表面缺陷,这类缺陷的根源在焊缝内部。

(三)组织缺陷

组织缺陷指不符合要求的金相组织、合金元素和杂质的偏析、耐蚀性降低和晶格缺陷等,这类缺陷用无损探伤方法也不能检测到,必须用金相检测等破坏性检验方法,借助于高倍显微镜才能观察到。

二、焊接缺陷的产生原因、危害和防止措施

(一)外观缺陷

1. 焊缝尺寸不符合要求 各种不同的焊接结构对焊缝的尺寸都有一定的要求。如果焊缝尺寸不符合标准规定,其内部质量再好也认为该焊缝不合格。对焊缝尺寸的要求主要有余高、宽度、背面余高、焊缝不直度、焊脚高等几个指标。

(1)余高过大和不足。如图 10-1 所示,余高指超出表面焊趾连线

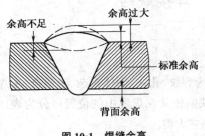

图 10-1 焊缝余高

上面的焊缝金属高度。对接焊缝的余高标准为 0~4mm。余高过大会造成接头截面的突变,在焊趾处产生应力集中,降低焊接接头的承载能力。余高不足会使焊缝的有效截面积减小,同样也会使承载能力降低。

焊缝余高过大和过低是由于焊接工艺参数不合理,尤其是焊接速度及运条方法不当产生的。在同等条件下,焊接电流过小和电弧电压过低时,焊缝越窄越高;电弧电压越高,焊缝越宽越平。焊接速度越低,焊缝越高;焊接速度越高,焊缝越低。焊条摆动幅度越大,焊缝越宽越平,摆动幅度越小,焊缝越窄越高。焊条后倾焊缝变高,焊条前倾焊缝变低。多层焊时填充不饱满,立焊焊接表面层也会造成焊缝余高不足。立焊时如熔池过大或运条方法不当也会使余高过大。横焊时如焊道位置不正确也会使余高不符合要求。仰焊时如弧长过大会使熔池变大,铁水下坠而使余高过大。防止焊缝余高过大和过小的方法是

采用适当的焊接工艺参数和正确的运条方法。

单面焊双面成形时,焊缝背面高出母材的部分为背面余高,标准要求不超过 3mm。背面余高过大使焊缝根部截面变化过大,造成应力集中,降低接头承载能力。管道内部焊缝余高过大时还会使管道截面变小。在相同条件下,焊接电流越大、焊接速度越低,背面余高越大;电弧电压过高,在平焊时可能使背面余高变大;断弧焊时,燃弧时间及击穿部位对背面余高有很大影响。防止背面余高过大的方法也是选用适当的焊接工艺参数和采用正确的运条方法。

(2)宽度过大和过小。焊缝宽度是焊缝金属与母材表面交界处之间垂直于焊缝轴线的距离,如图 10-2 所示。标准焊缝的宽度比母材坡口宽 1～5mm。焊缝宽度过大时,母材热影响区变宽,降低接头性能,浪费焊接材料并增加产生其他缺陷的机会。焊缝宽度过小,焊缝与坡口边缘熔合不足,降低焊缝有效截面,易产生应力集中从而降低接头性能。

在同等条件下,电弧电压越高,焊缝宽度就越大;运条幅度越大焊缝越宽,运条幅度越小焊缝越窄;焊条前倾和焊接速度过高对焊缝过窄有一定的影响。防止焊缝过宽或过窄的方法仍然是采用适当的焊接工艺参数和正确的运条方法。

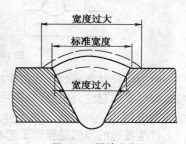

图 10-2　焊缝宽度

(3)焊缝不直度。焊缝不直度指焊缝中心线偏离直线的距离。对不开坡口的对接焊缝标准要求不大于 2mm。焊缝不直容易造成未焊透等缺陷,降低焊接接头的承载能力且不美观。焊缝不直主要原因是焊工操作不熟练所致。机械化焊接时因设备故障或轨道偏离致使焊缝不直。

(4)焊脚高。焊脚高指角焊缝上某一面上的焊趾与另一面的垂直距离,如图 10-3 所示。焊脚高一般要求等于两构件中薄件的厚度,锅炉和压力容器管板焊缝要求焊脚高为管壁厚 $\delta + (3～6)$mm。焊脚过高会增大变形和加大焊接应力且浪费材料;焊脚过小则使焊缝强度不够,影响结构的承载能力。

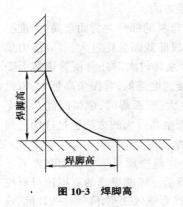

图 10-3 焊脚高

焊脚高的大小与运条方法和焊接工艺参数有直接关系。焊条角度、运条轨迹和焊接电流对焊脚尺寸的影响最大。采用合适的焊接工艺参数和掌握正确的运条方法,即可得到理想的焊脚尺寸。

2. 咬边 由于焊接参数选择不当,或操作工艺不正确,沿焊趾的母材部位产生的沟槽或凹陷即为咬边,如图 10-4 所示。标准规定咬边深度不得超过 0.5mm,累计长度不大于焊缝长度的 10%。

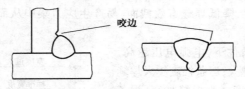

图 10-4 咬边

咬边使母材金属的有效截面减少,减弱了焊接接头的强度,同时在咬边处容易引起应力集中,承载后有可能在咬边处产生裂纹,甚至引起结构的破坏。

产生咬边的原因是操作工艺不当、焊接工艺参数选择不正确,如焊接电流过大,电弧过长,焊条角度不当等。

3. 焊瘤 焊接过程中,熔化金属流淌到焊缝之外未熔化的母材上所形成的金属瘤即为焊瘤,如图 10-5 所示。焊瘤不仅影响焊缝外表的

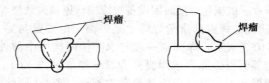

图 10-5 焊瘤

美观,而且焊瘤下面常有未焊透缺陷,易造成应力集中。对于管道接头来说,管道内部的焊瘤还会使管内的有效面积减少,严重时使管内产生堵塞。焊缝间隙过大、焊条位置和运条方法不正确、焊接电流过大或焊接速度太小等均可引起焊瘤。焊瘤常在立焊和仰焊时发生。

4. 塌陷和烧穿　焊接过程中,若熔化金属下坠则形成塌陷,再进一步熔化金属自坡口背面流出,形成穿孔的缺陷称为烧穿,详见图 10-6。

烧穿在焊条电弧焊中,尤其是在焊接薄板时,是一种常见的缺陷。烧穿是一种不允许存在的焊接缺陷。产生烧穿的主要原因是焊接电流过大,焊接速度太低,当装配间隙过大或钝边太薄时,也会发生烧穿现象。为了防止烧穿,要正确设计焊接坡口尺寸,确保装配质量,选用适当的焊接工艺参数。单面焊可采用加铜垫板或焊剂垫等办法防止熔化金属塌

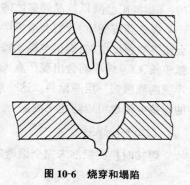

图 10-6　烧穿和塌陷

陷及烧穿。焊条电弧焊焊接薄板时,可采用跳弧焊接法或断续灭弧的焊接法。

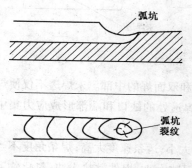

图 10-7　弧坑和弧坑裂纹

5. 弧坑　弧坑是由于电弧焊断弧或收弧不当,在焊接末端形成的低凹部分,如图 10-7 所示。弧坑是一种不允许的缺陷,焊接时必须避免。弧坑不仅会降低焊缝的有效截面,而且会由于弧坑部位未填满熔化的焊缝金属,使熔池反应不充分易造成严重的偏析而伴生弧坑裂纹。另外弧坑处往往保护不良,熔池易氧化而降低弧坑部位焊缝金属的机械性能。

焊条电弧焊应注意在收弧的过程中,使焊条在熔池处作短时间的停留,或作环形运条,以避免在收弧处出现弧坑。对于重要的焊接结构应采用引出板,在收弧时将电弧过渡到引出板上,以避免在焊件上出现弧坑。

6.飞溅 焊接时熔滴爆裂后的液体颗粒溅落到焊件表面形成的附着颗粒,较严重时成为飞溅缺陷。对于不锈钢等要求耐腐蚀的焊接结构,飞溅缺陷会降低抗晶间腐蚀的性能。

焊条药皮变质、开裂会造成严重飞溅;不按规定烘干和使用焊条也会使飞溅程度增加;焊接电源动特性差或极性用错、使用碱性焊条时电弧较长、CO_2焊等均会出现严重飞溅。对于不允许有飞溅的结构,应在焊缝两侧覆盖一层厚涂料。这一点对不锈钢来说尤其重要。选用适当的焊接电流也可以防止飞溅。

(二)未焊透

焊接时接头根部未完全熔透的现象称为未焊透,如图10-8。

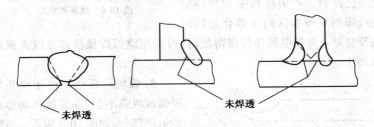

未焊透   未焊透

图 10-8 未焊透

未焊透常出现在单面焊的根部和双面焊的中部。未焊透不仅使焊接接头的机械性能降低,而且在未焊透处的缺口和端部形成应力集中点,承载后会引起裂纹。

未焊透产生的原因是焊接电流太小;运条速度太高;焊条角度不当或电弧发生偏吹;坡口角度或对口间隙太小;焊件散热太快;氧化物和熔渣等阻碍了金属间充分的熔合等。凡是造成焊条金属和基本金属不能充分熔合的因素都会引起未焊透的产生。

防止未焊透的措施包括:正确选择坡口形式和装配间隙,并清除掉坡口两侧和焊层间的污物及熔渣;选用适当的焊接电流和焊接速度;运条时,应随时注意调整焊条的角度,特别是遇到磁偏吹和焊条偏心时,更要注意调整焊条角度,以使焊缝金属和母材金属得到充分熔合;对导热快、散热面积大的焊件,应采取焊前预热或焊接过程中加热的措施。

(三)未熔合

未熔合指焊接时,焊道与母材之间或焊道与焊道之间未完全熔化结合的部分;或指点焊时母材与母材之间未完全熔化结合的部分,详见图 10-9。

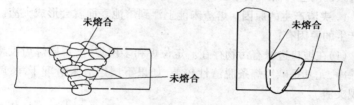

图 10-9 未熔合

未熔合产生的危害大致与未焊透相同。产生未熔合的原因有:焊接线能量太低;电弧发生偏吹;坡口侧壁有锈垢和污物;焊层间清渣不彻底等。

防止未熔合的方法主要是熟练掌握操作手法。焊接时注意运条角度和边缘停留时间,使坡口边缘充分熔化以保证熔合。多层焊时底层焊道的焊接应使焊缝呈凹形或略凸,为焊下一层焊道创造熔合的条件。焊前预热对防止未熔合有一定的作用,适当加大焊接电流可防止层间未熔合,适当拉长电弧可以减少生成表面未熔合的机会。

(四)夹渣

焊后残留在焊缝中的熔渣称为夹渣,详见图 10-10。

夹渣与夹杂物不同,夹杂物是由于焊接冶金反应产生的、焊后残留在焊缝金属中的非金属杂质,如氧化物、硫化物、硅酸盐等。夹杂物尺寸很小,呈分散分布。夹渣一般尺寸较大,常为一毫米至几毫米长。夹

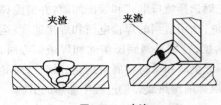

图 10-10　夹渣

渣在金相试样磨片上可直接观察到,用射线探伤也可检查出来。标准对夹渣的尺寸和数量有详细规定,不允许有表面夹渣。

夹渣外形很不规则,大小相差也极悬殊,对接头性能影响比较严重。夹渣会降低焊接接头的塑性和韧性;夹渣的尖角处,造成应力集中;特别是对于淬火倾向较大的焊缝金属,容易在夹渣尖角处产生很大的内应力而形成焊接裂纹。

1. 夹渣产生的原因　熔渣未能上浮到熔池表面就会形成夹渣。夹渣产生的原因有:

(1)在坡口边缘有污物存在。定位焊和多层焊时,每层焊后没将熔渣除净,尤其是碱性焊条脱渣性较差,如果下层熔渣未清理干净,就会出现夹渣。

(2)坡口太小,焊条太粗,焊接电流过小,因而熔化金属和熔渣由于热量不足使其流动性差,会使熔渣浮不上来造成夹渣。

(3)焊接时,焊条的角度和运条方法不恰当,对熔渣和铁水辨认不清,把熔化金属和熔渣混杂在一起。

(4)冷却过快,熔渣来不及上浮。

(5)母材金属和焊接材料的化学成分不当,如当熔渣内含氧、氮、锰、硅等成分较多时,容易出现夹渣。

(6)焊接电流过小,使熔池存在时间太短。

(7)焊条药皮成块脱落而未熔化,焊条偏心,电弧无吹力、磁偏吹等。

2. 防止夹渣产生的措施

(1)认真将坡口及焊层间的熔渣清理干净,并将凹凸处铲平,然后施焊。

(2)适当地增加焊接电流,避免熔化金属冷却过快,必要时把电弧缩短,并增加电弧停留时间,使熔化金属和熔渣分离良好。

(3)根据熔化情况,随时调整焊条角度和运条方法。焊条横向摆动幅度不宜过大,在焊接过程中应始终保持轮廓清晰的焊接熔池,使熔渣上浮到铁水表面,防止熔渣混杂在熔化金属中或流到熔池前面而引起夹渣。

(4)正确选择母材和焊接材料;调整焊条药皮或焊剂的化学成分,降低熔渣的熔点和黏度,能有效地防止夹渣。

(五)气孔

1. 气孔的形成 焊接时,熔池中的气泡在凝固时未能逸出而残留下来所形成的空穴称为气孔。气孔可分为密集气孔、条虫状气孔和针状气孔等。焊缝中形成气孔的气体主要是氢气、一氧化碳、氮气等。气孔可能产生在焊缝表面或隐藏在焊缝内部深处。小的气孔要在显微镜下才能看到,大的气孔直径可达 3mm。标准中对气孔的点数、尺寸、密集程度有严格的规定。

(1)氢气孔。氢气孔是由于金属在不同状态下氢的溶解度不同而产生的。当熔池金属由液态凝固成固态金属时,氢的溶解度急剧下降。当熔池中溶入较多的氢时,结晶时就会在结晶前沿析出很多气泡,如果冷却过快,气泡来不及浮出而存留在焊缝中就会形成气孔。氢气孔的形态有两种,表面气孔的形状类似螺旋状的喇叭,内壁光滑;内部气孔是呈球形的有光滑内表面的孔洞。熔池中的氢是由于在电弧高温作用下电弧中的水蒸气被分解为氢原子($H_2O \rightarrow H + OH$),进而氢原子被电离成为氢离子($H \rightarrow H^+ + e$),氢离子极易溶于液态金属。另外焊接区的油污也能被电弧分解成氢原子,进而电离成氢离子。

(2)一氧化碳气孔。一氧化碳气孔是因为液态金属中的氧化铁与碳反应生成一氧化碳气体而产生的。熔池中的氧以氧化亚铁的形式存在,当熔池冷却时,氧化亚铁与碳反应放出一氧化碳气体($FeO + C \rightarrow CO + Fe$)。由于上述反应是放热反应,因此一氧化碳气孔总是在结晶前沿产生并附着于树枝状结晶上而不能排出熔池。因此,一氧化碳气孔总是产生于焊缝根部并呈条虫状,一氧化碳气孔内壁较为光滑。一氧化碳气孔产生的原因,一是母材、焊接材料含碳量越高越易产生一氧化碳气孔;二是熔池中氧浓度较高,如果使用酸性焊条脱氧效果较差,电弧过长,周围空气侵入熔池,坡口内壁有油、锈等含氧污物。

(3)氮气孔。当熔池中溶入较多的氮时,在快速的冷却过程中,氮气来不及逸出,便生成氮气孔。氮气孔大多成堆出现,形状与蜂窝相似。

2. 气孔对焊缝性能的影响　气孔对焊缝的性能有较大影响,它不仅使焊缝的有效工作截面减小,使焊缝机械性能下降,而且破坏了焊缝的致密性,容易造成泄漏。条虫状气孔和针状气孔比圆形气孔危害性更大,在这种气孔的边缘有可能发生应力集中,致使焊缝的塑性降低。因此在重要的焊件中,对气孔应严格地控制。

3. 防止气孔产生的措施　为防止气孔的产生,应从母材、焊接材料和焊接工艺等方面采取措施。

(1)在母材方面,应在焊前清除焊件坡口面及两侧的水分、锈、油污及防腐底漆。在焊接材料方面,焊条电弧焊时,如果焊条药皮受潮、变质、剥落、焊芯生锈等,都会产生气孔。焊条焊前烘干,对防止气孔的产生十分关键。一般说,酸性焊条抗气孔性好,要求酸性焊条药皮的含水量不得大于4%。对于低氢型碱性焊条,要求药皮的水分含量不得超过0.1%。气体保护焊时,保护气体的纯度必须符合要求。

(2)在焊接工艺方面,焊条电弧焊时,焊接电流不能过大,否则,焊条发红,药皮提前分解,保护作用将会失去。焊接速度不能太大。对于碱性焊条,要采用短弧进行焊接,防止有害气体侵入。当发现焊条有偏心时,要及时转动或倾斜焊条。焊接复杂的工件时,要注意控制磁偏吹,因为磁偏吹会破坏保护,产生气孔。焊前预热可以减小熔池的冷却速度,有利于气体的浮出。选择正确的焊接规范,运条不应过快,焊接过程中不要断弧,保证引弧处、接头处、收弧处的焊接质量,在焊接时避免风吹雨打等均能防止气孔产生。

实践证明,焊接时极性对气孔有一定的影响。直流反接的气孔倾向小,直流正接的气孔倾向大,交流时介于两者之间。

4. 二氧化碳气体保护焊时气孔的产生及防止方法　二氧化碳气体保护焊时,由于在焊接熔池表面上没有熔渣覆盖,同时二氧化碳气流对熔池又有较大的冷却作用,使熔池凝固较快,不利于气体在熔池凝固前

逸出,因而容易出现气孔。二氧化碳气体保护焊产生气孔的气体来源、气孔类型及防止方法有以下三方面:

(1)一氧化碳气孔。当焊丝中的硅、锰脱氧元素含量不足时,熔池中生成的一氧化碳气体不能完全从熔池中逸出,便形成了一氧化碳气孔。

(2)氮气孔。气体保护焊时,氮气深入熔池的原因有:喷嘴孔径过大、气体流量太小、喷嘴与焊件间距离太大、焊速太快等。

(3)氢气孔。由于二氧化碳气体不纯,焊件和焊丝表面有铁锈、油污和水气,使熔池中溶入大量的氢气。

气体保护焊时,主要是保证保护气流对焊缝金属具有良好的保护作用。焊接速度太快时,熔池尾部有可能处于喷嘴的保护区以外。手工钨极氩弧焊填加焊丝时,已受热的丝端头要在保护范围之内停留,防止产生氧化。

(六)裂纹

焊接裂纹是最危险的焊接缺陷,严重地影响着焊接结构的使用性能和安全可靠性,许多焊接结构的破坏事故,都是焊接裂纹引起的。裂纹除了降低焊接接头的强度外,还因裂纹的末端有一个尖锐的缺口,将引起严重的应力集中,促使裂纹的发展和焊接结构破坏。

按形成焊接裂纹的温度可分为热裂纹和冷裂纹,按裂纹发生的位置可分为焊缝金属中的裂纹和热影响区中的裂纹。

1. 热裂纹 在焊接过程中,焊缝和热影响区金属冷却到固相线附近的高温区产生的焊接裂纹。

(1)热裂纹的形成。在焊缝金属中的热裂纹也称为凝固裂纹。由于被焊接的材料大多都是合金,而合金凝固自开始到最终结束,是在一定的温度区间内进行的,这是热裂纹产生的基本原因。焊缝金属中的许多杂质的凝固温度都低于焊缝金属的凝固温度,这样首先凝固的焊缝金属把低熔点的杂质推挤到凝固结晶的晶粒边界,形成了一层液体薄膜。又因为焊接时熔池的冷却很快,焊缝金属在冷却的过程中发生收缩,使焊缝金属内部产生拉应力。拉应力把凝固的焊缝金属沿晶粒边界拉开,又没有足够的液体金属补充时,就会形成微小的裂纹。随着温度的继续下降,拉应力增大,裂纹不断扩大,这就是凝固裂纹。

当焊缝金属中含有较多的低熔点杂质时,焊缝金属极易产生凝固裂纹。母材和焊接材料中含有害杂质,特别是硫。硫在钢中与铁化合形成硫化亚铁(FeS),硫化亚铁又与铁发生反应形成一种共晶物质,凝固温度为988℃,远低于钢铁的凝固温度,所以硫是引起钢材焊缝金属中发生凝固裂纹的最主要的元素。另外,钢材中含碳量较高时,有利于硫在晶界处密集,因而也是促进形成凝固裂纹的原因,所以采用含碳量低的焊接材料有利于防止凝固裂纹的产生。

在热影响区熔合线附近产生的热裂纹称为液化裂纹或称热撕裂。多层焊时,前一焊层的一部分是后一焊层的热影响区,所以液化裂纹也可能在焊缝层间的熔合线附近产生。液化裂纹的产生原因基本与凝固裂纹相似,即在焊接热循环作用下,不完全熔化区晶界处的易熔杂质有一部分发生熔化,形成液态薄膜。在拉应力的作用下,沿液态薄膜形成细小的裂纹。液化裂纹一般长约0.5mm,很少超过1mm。这种裂纹可成为冷裂纹的裂源,所以危害性也很大。

热裂纹显著的特征是断口呈蓝黑色,即金属在高温被氧化的颜色。有时在热裂纹里有流入熔渣的迹象。再者,弧坑裂纹多为热裂纹。

(2)防止热裂纹允许的措施如下:

①锰具有脱硫作用。母材和焊接材料若含硫量及含碳量高,而含锰量不足时,易产生热裂纹。一般要求母材、焊条、焊丝的含硫量不应超过0.04%,低碳钢和低合金钢用焊条和焊丝,含碳量一般不应超过0.12%。焊条电弧焊时,正确选用焊条的型号,使用合格、优质的电焊条是防止热裂纹产生的重要措施。

②对刚性大的焊件,因焊接时允许的变形小,结果使焊接应力增大,促使热裂纹的产生。在焊接时选择合适的焊接规范,必要时应采取预热和缓冷措施,合理地安排焊接方向和焊接顺序,以减小焊接应力。

③调整焊缝金属的合金成分,如焊接铬镍不锈钢时,适当提高焊缝金属的含铬量,可显著提高焊缝金属的抗热裂纹性能。在焊缝金属中加入可使晶粒细化的元素,如钼、钒、钛、铌、锆、铝等,有利于消除集中分布的液态薄膜,防止热裂纹的产生。

④热裂纹极易在弧坑产生,即弧坑裂纹。焊条电弧焊时,一定要注意填满弧坑。在不加填充丝的钨极氩弧焊中,收弧时,焊接电流要逐渐变小,待焊接熔池的体积减少到很小时,再切断焊接电流。焊接难以消除弧坑裂纹的材料时,应使用引出板把弧坑引出。

2. 冷裂纹

(1)冷裂纹的形成。冷裂纹指焊接接头冷却到较低温度时产生的焊接裂纹。冷裂纹与热裂纹的主要区别是:冷裂纹在较低的温度下形成,一般在 $200 \sim 300 ℃$ 以下形成;冷裂纹不是在焊接过程中产生的,而是在焊后延续一定时间后才产生。如果钢的焊接接头冷却到室温后并在一定时间(几小时、几天,甚至十几天以后)才出现的冷裂纹就称为延迟裂纹。冷裂纹多在焊接热影响区内产生,如沿应力集中的焊缝根部所形成的冷裂纹称为焊根裂纹。沿应力集中的焊趾处所形成的冷裂纹,称为焊趾裂纹。在靠近堆焊焊道的热影响区内所形成的裂纹称为焊道下裂纹。冷裂纹有时也在焊缝金属内发生。一般焊缝金属的横向裂纹多为冷裂纹。冷裂纹与热裂纹相比,冷裂纹的断口无氧化色。

冷裂纹产生的原因有:钢材的淬火倾向、残余应力、焊缝金属和热影响区的扩散氢含量。其中氢的作用是形成冷裂纹的重要因素。

当焊缝和热影响区的含氢量较高时,焊缝中的氢在结晶过程中向热影响区扩散,当这些氢不能逸出时,就聚集在离熔合线不远的热影响区中;如果被焊材料的淬火倾向较大,焊后冷却下来,在热影响区可能形成马氏体组织,该种组织脆而硬;再加上焊后的焊接残余应力,在上述三个因素的共同作用下,导致了冷裂纹的产生。

由于在不同的材料中氢的扩散速度不同,因而使冷裂纹的产生具有延迟性。

(2)防止冷裂纹产生的具体措施如下:

①焊前预热和焊后缓冷,不仅能改善焊接接头的组织,降低热影响区的硬度和脆性,还能加速焊缝中的氢向外扩散,并起到减少焊接应力的作用。

②选用合适的焊接材料,如选用碱性低氢型焊条,在焊前将焊条烘干,并随用随取。在焊前应仔细清除坡口周围的水、油、锈等污物,以减

少氢的来源。

③选择合适的焊接规范。尤其是焊接速度,既不能过快,也不能太慢。焊接速度太快,易形成淬火组织;焊接速度太慢,会使热影响区变宽,总之,都会促使产生冷裂纹。在焊接时,应采用合理的装配和焊接顺序,以减小焊接残余应力。

④焊后及时进行消除应力热处理和去氢处理,消除残余应力,使氢从焊接接头中充分逸出。所谓去氢处理,一般指焊件焊后立即在200～350℃的温度下保温2～6h,然后缓冷。其主要目的是使焊缝金属内的氢加速逸出。

3.再热裂纹

(1)再热裂纹的形成。再热裂纹是指焊后焊件在一定温度范围内再次加热(消除应力热处理或其他加热过程)而产生的裂纹。高温下工作的焊件,在使用过程中也会产生这种裂纹。尤其是含有一定数量的铬、钼、钒、钛、铌等合金元素的低合金高强度钢,在焊接热影响区有产生再热裂纹的倾向。

再热裂纹一般位于母材的热影响区中,往往沿晶界开裂,在粗大的晶粒区,并且是平行于熔合线分布。

产生再热裂纹的原因是:焊接时,在热影响区靠近熔合线处被加热到1200℃以上时,热影响区晶界的钒、钼、钛等的碳化物熔于奥氏体中;当焊后热处理重新加热,加热温度在500～700℃的范围内时,这些合金元素的碳化物呈弥散状重新析出,晶粒内部强化,而晶界相对地被削弱。这时,若焊接接头中存在较大的焊接残余应力。当应力超过了热影响区熔合线附近金属的塑性,便产生了裂纹。

(2)防止再热裂纹产生的措施如下:

①焊前工件应预热至300～400℃,且应采用大规范进行施焊。

②改进焊接接头形式,合理地布置焊缝,减小接头刚度,减小焊接应力和应力集中,如将V形坡口改为U形坡口等。

③选择合适的焊接材料。在满足使用要求的前提下,选用高温强度低于母材的焊接材料,这样在消除应力热处理的过程中,焊缝金属首先产生变形,对防止再热裂纹的产生就十分有利。

④合理选择消除应力热处理的温度和工艺。比如:避开再热裂纹敏感的温度,加热和冷却尽量慢,以减少温差应力。也可以采用中间回火消除应力措施,以使接头在最终热处理时有较低的残余应力。

4.层状撕裂

(1)层状撕裂的形成。层状撕裂指在焊接时,在焊接结构中沿钢板轧层形成的呈阶梯状的一种裂纹。层状撕裂是一种低温裂纹,主要在厚板的 T 形接头或角形接头里产生,详见图 10-11。

层状撕裂往往在整个结构焊接完毕以后才产生。一旦产生层状撕裂,就要大面积更换钢板,有时甚至整个结构报废。

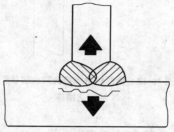

图 10-11　层状撕裂

层状撕裂产生的原因是:在轧钢过程中,钢中的非金属夹杂物(硫化物、硅酸盐)被轧成薄片状,呈层状分布。由于这些片状的夹杂物与金属的结合强度很低,在焊后冷却时,焊缝收缩在板厚的方向上造成一定的拉应力,或者在板厚的方向上有拉伸荷载作用,使片状夹杂物与金属剥离,随着拉应力的增加形成了沿轧层的裂纹;随后沿轧层的裂纹之间的金属又在剪切作用下发生剪切破坏,形成与上述沿轧层的裂纹相垂直的裂纹,并把裂纹之间连接起来,呈阶梯状的裂纹即层状撕裂。

(2)防止产生层状撕裂的措施如下:

①焊接结构应设计合理,减少钢板在板厚方向上的拉应力,避免把许多构件集中焊在一起。在焊接接头设计和坡口类型的选择上,不应使焊缝熔合线与钢材的轧制平面相平行,这是防止产生层撕裂的重要设计原则。

②选用抗层状撕裂性能好的母材。一般钢材的含硫量越低,抗层状撕裂性能越好。常用钢板板厚方向的拉伸试样的断面收缩率评定其抗层状撕裂性能,如断面收缩率大于 25%,就比较安全。

③采取的工艺措施:减少装配间隙;采用低氢型超低氢型焊条或气

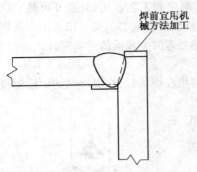

焊前宜用机
械方法加工

**图 10-12　特厚板角接接头防止层状撕裂
的工艺措施**

体保护焊施焊和其他扩散氢含量
低的焊接材料;采用低强度焊条
在T形接头、十字接头、角接接头
坡口内母材板面上先堆焊一层或
两层塑性好的过渡层;采用双面坡
口对称焊代替单面坡口非对称焊
接;Ⅱ类及Ⅱ类以上钢材箱形柱角
接头的板厚大于或等于 80mm 时,
板边火焰切割面宜用机械方法去
除淬硬层,如图 10-12 所示;多层
焊时,应逐层改变焊接方向;提高
预热温度施焊,进行中间消除应力
热处理;锤击焊道表面等。

在焊接铸铁时,由于铸铁较脆、塑性低,在焊后冷却的过程中,因拉
应力的不断增加,到大于抗拉强度极限时,形成的裂纹也称为热应力裂
纹。其防止措施详见第三章第二节铸铁的焊接中相应内容。

第二节　焊接检验

一、焊接检验的内容

焊接检验指在焊前和焊接过程中对影响焊接质量的因素进行系统
的检查。焊接检验包括焊前检验和焊接过程中的质量控制,其主要内
容有:

(一)原材料的检验

原材料指被焊金属和各种焊接材料,在焊接前必须查明牌号及性
能,要求符合技术要求,牌号正确,性能合格。如果被焊金属材质不明
时,应进行适当的成分分析和性能实验。选用焊接材料(电焊条),是焊
接前准备工作的重要环节,直接影响焊接质量,因而必须鉴定焊接材料
(电焊条)的质量、工艺性能,做到合理选用、正确保管和使用。

(二)焊接设备的检查

在焊接前,应对焊接电源和其他焊接设备进行全面仔细的检查。检查的内容包括其工作性能是否符合要求,运行是否安全可靠等。

(三)装配质量的检查

一般焊件焊接工艺过程主要包括备料、装配、点固焊、预热、焊接、焊后热处理和检验等工作。焊接区应清理干净,特别是坡口的加工及其表面状况会严重地影响焊接质量。坡口尺寸在加工后应符合设计要求,而且在整条焊缝长度上应均匀一致;坡口边缘在加工后应平整光洁,采用氧气切割时,坡口两侧的棱角不应熔化;对于坡口上及其附近的污物,如油漆、铁锈、油脂、水分、气割的熔渣等应在焊前清除干净。点固焊时应注意检查焊接的对口间隙、错口和中心线偏斜程度。坡口上母材的裂纹、分层都是产生焊接缺陷的因素。只有在确保装配质量、符合设计规定的要求后才能进行焊接。

(四)焊接工艺和焊接规范的检查

焊工在焊接的过程中,焊接工艺参数和焊接顺序及焊前预热和焊后热处理都必须严格按照工艺文件规定的焊接规范执行。焊工的操作技能和责任心对焊接质量有直接的影响,应按规定经过培训、考试合格并持有焊工合格证书的焊工才能焊接正式产品。在焊接过程中应随时检查焊接规范是否变化。焊条电弧焊时,要随时注意焊接电流的大小;气体保护焊时,应特别注意气体保护的效果。

对于重要工件的焊接,特别是新材料的焊接,焊前应进行工艺性能试验,并制定出相应的焊接工艺措施。焊工需先进行练习,在掌握了规定的工艺措施和要求并在操作熟练后,才能正式参加焊接。

(五)焊接过程中的质量控制

为了鉴定在一定工艺条件下焊成的焊接接头是否符合设计要求,应在焊前和焊接过程中焊制样品,有时也可以从实际焊件中抽出代表性试样,通过作外观检查和探伤试验,然后再加工成试样,进行各项性能试验。在焊接过程中,若发现有焊接缺陷,应查明缺陷的性质、大小、位置,找出原因及时处理。对于全焊接结构还要做全面强度试验。对于容器要进行致密性实验和水压实验等。

在整个焊接过程中都应有相应的技术记录,要求每条重要焊缝在焊后都要打上焊工钢印,作为技术的原始资料,便于今后检查。

生产实践说明,平焊(尤其是船形焊)焊缝的质量容易保证、缺陷少,而仰焊、立焊等,既不易操作,又难以保证质量。必要时,尽可能利用胎具、夹具,把要焊的地方调整到平焊位置,以保证焊接质量。同时,利用胎具、夹具对焊件进行定位夹紧,还可有效地减少焊接变形,保证焊接过程中焊件和焊接的稳定性,这对于保证装配质量、焊缝质量以及焊接的机械化和自动化都十分有利。

二、焊接检验方法

焊接质量的检验方法可分为非破坏性检验和破坏性检验两大类。非破坏性检验包括焊接接头的外观检查、密封性试验和无损探伤。破坏性检验包括断面检查、力学性能试验、金相组织检验和化学成分分析及抗腐蚀试验等。

常用的焊接检验方法如图 10-13 所示。

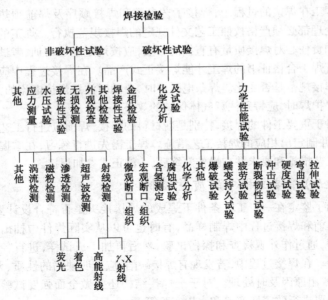

图 10-13　焊接检验方法

（一）非破坏性检查

1. 焊接接头的外观检查 外观检查是通过对焊接接头直接观察或用低倍放大镜检查焊缝外形尺寸和表面缺陷的检验方法。在检查前应先清除表面熔渣和氧化皮，必要时可作酸洗。外观检查的主要目的是把焊接缺陷消灭在焊接的过程中，所以从点固焊开始，每焊一层都要进行外观检查。

外观检查的内容包括焊缝外形尺寸是否符合设计要求，焊缝外形是否平整，焊缝与母材过渡是否平滑等；检查的表面缺陷有裂纹、焊瘤、烧穿、未焊透、咬边、气孔等。并应特别注意弧坑是否填满，有无弧坑裂纹等。对于有可能发生延迟裂纹的钢材，除焊后检查外，隔一定时间还要进行复查。有再热裂纹倾向的钢材，在最终热处理后也必须再次检查。

通过外观检查，可以判断焊接规范和工艺是否合理，并能估计焊缝内部可能产生的缺陷。例如电流过小或运条过快，则焊道的外表面会隆起和高低不平，这时在焊缝中往往有未焊透的可能；又如弧坑过大和咬边严重，则说明焊接电流过大，对于淬透性强的钢材，则容易产生裂纹。

2. 密封性检验 对于压力容器和管道焊接接头的缺陷，一般均采用密封性检验的方法，如渗透性试验、水压试验、气压试验及质谱检漏法。渗透性试验也称为渗透探伤，是把渗透能力很强的液体涂在焊件表面上，擦净后再涂上显示物质，使渗透到缺陷中的渗透液被吸附出来，从而显示出缺陷的位置、性质和大小。水压试验主要用于检验焊接容器上焊缝的严密性和强度。采用的试验压力为工作压力的 $1.5\sim2$ 倍，升压前要排尽里面的空气，试验水温要高于周围空气的温度，以防止外表凝结露水。

3. 无损探伤 无损探伤除渗透探伤外还包括荧光探伤、磁粉探伤、射线探伤和超声波探伤等检验手段。

（1）磁粉探伤。主要用来检查铁磁性材料表面和近表面的微小裂纹、夹渣、未焊透等缺陷。磁粉探伤的原理如图 $10\sim14$ 所示。将被检验的工件放在较强的磁场中，在焊接区撒上铁磁粉。当被检验表面和近表面有缺陷时,就相当于那里有一对磁极的局部磁场,就会吸引较多的铁磁粉,从而显示出缺陷的轮廓。只有当磁力线的方向与缺陷垂直时,检验的灵敏度才高。所以,在实际应用中,要从几个方向对焊件进行磁化,观察铁磁粉所显示出来的缺陷形状。

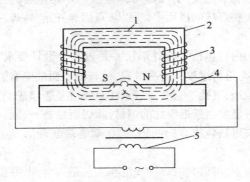

图 10-14 磁粉探伤原理图
1. 磁力线 2. 铁芯 3. 线圈 4. 试件 5. 变压器

(2)荧光和着色探伤。荧光探伤原理与渗透探伤相似,主要不同处是在渗透液中加入荧光粉。涂显示物质后,用水银石英灯照射焊件,利用水银石英灯发出的紫外线激发发光材料。所涂显示物质从缺陷中吸附出的渗透液,在紫外线的照射下发出萤光,从而显示出缺陷的形状。

着色探伤是在渗透液中加入着色液体,使所涂显示物质显示出缺陷的形状。

(3)射线探伤。射线探伤是用 X 射线或 γ 射线透过金属材料对照相胶片发生感光作用,从而判断和鉴定焊缝内部质量的方法,是检查焊缝内部缺陷的一种比较准确可靠的手段。

当 X 射线或 γ 射线通过被检查的焊缝时,由于焊缝内的缺陷对射线的衰减和吸收能力不同,使射线通过焊接接头后的强度不一样,作用到感光胶片上,使胶片有不同程度的感光。胶片冲洗后,即可用来判断缺陷的位置、性质、大小形状和分布情况。

对于母材厚度在 200mm 以下的工件,可用 X 射线透视照相检查裂纹、未焊透、气孔和夹渣等焊接缺陷;对于厚度小于 300mm 的工件,可

用 γ 射线透视来识别焊接缺陷;对于厚度小于 1000mm 的工件,可用高能 X 射线透视来识别焊接缺陷。

(4)超声波探伤。金属探伤的超声波频率在 0.5～5MHz 之间,可在金属中传播很远。当遇到两介质的分界面(缺陷)时,被反射回来,在荧光屏上形成反射脉冲波。根据脉冲波的位置和特征,就可以确定缺陷的位置、形状和大小。

超声波探伤主要用于厚壁焊件的探伤,检查裂纹的灵敏度较高。其缺点是判断缺陷性质的直观性差,而且对缺陷尺寸的判断不够准确,靠近表面层的缺陷不易被发现。

(二)破坏性检验

1.折断面检验 焊缝的折断面检查简单、迅速,不需要特殊设备,在生产中和安装工地现场被广泛地采用。

折断面检查,为保证焊缝在纵剖面处断开,可先在焊缝表面沿焊缝方向刻一条沟槽,铣、刨、锯均可,槽深约为焊缝厚度的 1/3,然后用拉力机械或锤子将试样折断,即可观察到焊接缺陷,如气孔、夹渣、未焊透和裂纹等。根据折断面有无塑性变形的情况,还可判断断口是韧性破坏还是脆性破坏。

2.钻孔检验 在无条件进行非破坏性检验的情况下,可以对焊缝进行局部钻孔检验。一般钻孔深度约为焊件厚度的 2/3,为了便于发现缺陷,钻孔部位可用 10% 的硝酸水溶液浸蚀,检查后钻孔处予以补焊。钻头直径比焊缝宽度大 2～3mm,端部磨成 90°角。

3.力学性能试验 这是为了评定各种钢材或焊接材料焊接后的接头和焊缝的力学性能。其试验内容如下:

(1)拉伸试验。拉伸试验是为了测定焊接接头或焊缝金属的抗拉强度、屈服强度、断面收缩率和延伸率等力学性能指标。拉伸试样可以从焊接试验板或实际焊件中截取,试样的截取位置及形式见图 10-15。

(2)弯曲试验。弯曲试验的目的是测定焊接接头的塑性,以试样任何部位出现第一条裂缝时的弯曲角度作为评定标准。也可以将试样弯到技术条件规定的角度后,再检查有无裂纹。弯曲试样的取样位置和弯曲试验的示意图如图 10-16 和图 10-17 所示。

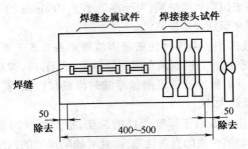

图 10-15　试样的截取位置及形式

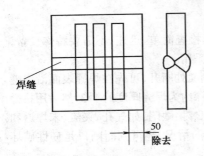

图 10-16　弯曲试样取样位置

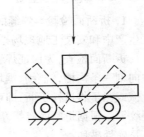

图 10-17　弯曲试验

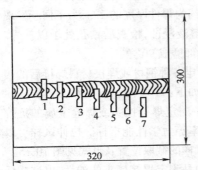

图 10-18　焊接试样上冲击试验缺口的位置

（3）冲击试验。冲击试验是为测定焊接接头或焊缝金属在受冲击时的冲击韧度。通常是在一定温度下，把有缺口的冲击试样放在试验机上，测定试样的冲击值。试样的缺口位置与试验的目的有关，可以开在焊缝中间、熔合线上，或热影响区，如图 10-18 所示。

4. 化学分析试验　焊缝的化学分析试验是检查焊缝金属的化学成分。其试验方法通常用直径为 6mm 的钻头，从焊缝中钻取试样。一般常规分析需试样 $50\sim60g$。

碳钢分析的元素有碳、锰、硅、硫和磷等；合金钢或不锈钢焊缝,需分析铬、钼、钒、钛、镍、铝、铜等；必要时还要分析焊缝中的氢、氧或氮的含量。

5.焊接接头的金相组织检验　其检验方法是在焊接试板上截取试样,经过打磨、抛光、浸蚀等步骤,然后在金相显微镜下进行观察,可以观察到焊缝金属中各种夹杂物的数量及其分布、晶粒的大小以及热影响区的组织状况。必要时可把典型的金相组织摄制成金相照片,为改进焊接工艺、选择焊条、制定热处理规范提供必要的资料。

三、焊接质量检验

焊接质量是指焊缝或焊接接头在各种复杂环境工作中能满足某种使用性能要求的能力。焊接质量决定着产品的质量,是焊接结构在使用和运行中安全的基本保证。

(一)焊缝外观质量的检查

根据《建筑钢结构焊接技术规程》(JGJ81—2002)的规定,焊缝外观质量应符合下列规定:

(1)一级焊缝不得存在未焊满、根部收缩、咬边和接头不良等缺陷,一级焊缝和二级焊缝不得存在表面气孔、夹渣、裂纹和电弧擦伤等缺陷。

(2)二级焊缝的外观质量应符合表 10-1 的有关规定。

(3)三级焊缝的外观质量应符合表 10-1 的有关规定。

表 10-1　焊缝外观质量允许偏差

焊缝质量等级 检验项目	二　级	三　级
未焊满	$\leqslant 0.2 + 0.02t$ 且 $\leqslant 1$mm,每 100mm 长度焊缝内未焊满累积长度$\leqslant 25$mm	$\leqslant 0.2 + 0.04t$ 且 $\leqslant 2$mm,每 100mm 长度焊缝内未焊满累积长度$\leqslant 25$mm
根部收缩	$\leqslant 0.2 + 0.02t$ 且 $\leqslant 1$mm,长度不限	$\leqslant 0.2 + 0.04t$ 且 $\leqslant 2$mm,长度不限

检验项目 \ 焊缝质量等级	二 级	三 级
咬 边	≤0.05t 且≤0.5mm,连续长度≤100mm,且焊缝两侧咬边总长≤10%焊缝全长	≤0.1t 且≤1mm,长度不限
裂 纹	不允许	允许存在长度≤5mm 的弧坑裂纹
电弧擦伤	不允许	允许存在个别电弧擦伤
接头不良	缺口深度≤0.05t 且≤0.5mm,每1000mm 长度焊缝内不得超过1处	缺口深度≤0.1t 且≤1mm,每1000mm 长度焊缝内不得超过1处
表面气孔	不允许	每50mm 长度焊缝内允许存在直径<0.4t 且≤3mm 的气孔2个;孔距应≥6倍孔径
表面夹渣	不允许	深≤0.2t,长≤0.5t 且≤20mm

注:表中 t 指板厚(mm)。

在进行焊缝的外观质量检查时,焊缝的焊脚尺寸应符合表 10-2 的有关规定;焊缝的余高及错边应符合表 10-3 的有关规定。

对焊缝外观检查一般用目测,裂纹的检查应使用 5 倍放大镜并在合适的光照条件下进行,必要时可采用磁粉探伤或渗透探伤,尺寸的测量应使用专用量具和卡规。所有焊缝应冷却到环境温度后才能进行外观检查。一般钢材的焊缝应以焊接完成 24h 后的检查结果作为验收依据。由于低合金结构钢焊缝的延迟裂纹延迟时间较长,对于某些低合金结构钢(Ⅳ类钢),应在焊接完成后 48h 的检查结果作为验收依据。

对于电渣焊、气电立焊接头的焊缝,外观成形应光滑,不得有未熔合、裂纹等缺陷;当板厚小于 30mm 时,压痕、咬边深度不得大于 0.5mm;板厚大于或等于 30mm 时,压痕、咬边深度不得大于 1.0mm。

表 10-2　焊缝焊脚尺寸允许偏差

序号	项 目	示 意 图	允许偏差 (mm)
1	一般全焊透的角接与对接组合焊缝		$h_f \geqslant \left(\dfrac{t}{4}\right)^{+4}_{0}$ 且 $\leqslant 10$
2	需经疲劳验算的全焊透角接与对接组合焊缝		$h_f \geqslant \left(\dfrac{t}{2}\right)^{+4}_{0}$ 且 $\leqslant 10$
3	角焊缝及部分焊透的角接与对接组合焊缝		$h_f \leqslant 6$ 时 $0\sim1.5$　　$h_f > 6$ 时 $0\sim3.0$

注:1　$h_f > 8.0$mm 的角焊缝其局部焊脚尺寸允许低于设计要求值 1.0mm,但总长度不得超过焊缝长度的 10%;

2　焊接 H 形梁腹板与翼缘板的焊缝两端在其两倍翼缘板宽度范围内,焊缝的焊脚尺寸不得低于设计要求值。

表 10-3   焊缝余高和错边允许偏差

序号	项目	示意图	允许偏差(mm)	
			一、二级	三级
1	对接焊缝余高(C)		$B<20$ 时，C 为 $0\sim3$；$B\geqslant20$ 时，C 为 $0\sim4$	$B<20$ 时，C 为 $0\sim3.5$；$B\geqslant20$ 时，C 为 $0\sim5$
2	对接焊缝错边(d)		$d<0.1t$ 且$\leqslant2.0$	$d<0.15t$ 且$\leqslant3.0$
3	角焊缝余高(C)		$h\leqslant6$ 时，C 为 $0\sim1.5$；$h_{\mathrm{f}}>6$ 时，C 为 $0\sim3.0$	

(二)焊缝的无损检测

焊缝的无损检测应符合《钢熔化焊缝对接接头射线照相和质量分级》(GB 3323—1987)和《钢焊缝手工超声波探伤方法和探伤结果分级》(GB 11345—1989)标准的规定。

1. 钢熔化焊对接接头射线照相和质量分级　根据《钢熔化焊对接接头射线照相和质量分级》(GB 3323—1987)的规定,焊缝质量的分级根据缺陷的性质和数量、焊缝质量分为四级：

Ⅰ级焊缝内应无裂纹、未熔合、未焊透和条状夹渣。

Ⅱ级焊缝内应无裂纹、未熔合和未焊透。

Ⅲ级焊缝内应无裂纹、未熔合以及双面焊和加垫板的单面焊中的未焊透。不加垫板的单面焊中的未焊透允许长度按表 10-7 中条状夹渣长度的Ⅲ级评定。

焊缝缺陷超过Ⅲ级者为Ⅳ级。

(1)圆形缺陷分级。长宽比小于或等于 3 的缺陷定义为圆形缺陷。它们可以是圆形、椭圆形、锥形或带有尾巴(在测定尺寸时应包括尾部)等不规则的形状。包括气孔、夹渣和夹钨。圆形缺陷分级是根据评定区域内圆形缺陷存在的点数来决定的。评定区域的大小根据母材厚度依照表 10-4 选定,并应选缺陷最严重的部位。评定圆形缺陷时应将缺陷尺寸换算成缺陷点数,详见表 10-5。

表 10-4　圆形缺陷评定区尺寸

母材厚度 δ(mm)	≤25	>25~100	>100
评定区尺寸(mm)	10×10	10×20	10×30

表 10-5　缺陷点数换算表

缺陷长径(mm)	≤1	>1~2	>2~3	>3~4	>4~6	>6~8	>8
点数	1	2	3	6	10	15	25

当圆形缺陷的长径在母材厚度 T≤25mm 时,小于 0.5mm;25mm＜T＜50mm 时,小于 0.7mm;T>50mm,缺陷的长径小于 1.4% T 时,可以不计点数。

圆形缺陷的分级详见表 10-6。

表 10-6　圆形缺陷的分级

缺陷点数　母材厚度(mm)　质量等级	评定区(mm)					
	10×10			10×20		10×30
	≤10	>10~15	>15~25	>25~50	>50~100	>100
Ⅰ	1	2	3	4	5	6
Ⅱ	3	6	9	12	15	18
Ⅲ	6	12	18	24	30	36
Ⅳ	缺陷点数大于Ⅲ级者					

注:表中数字是允许缺陷点数的上限。

Ⅰ级焊缝和母材厚度等于或小于 5mm 的 Ⅱ 级焊缝内不计点数的圆形缺陷,在评定区域内不得多于 10 个,圆形缺陷长径大于 $\frac{1}{2}$ 板厚(δ)时,评为Ⅳ级。

(2)条状夹渣的分级。长宽比大于 3 的夹渣定义为条状夹渣。条状夹渣的分级详见表 10-7。

如果在圆形缺陷评定区域内,同时存在圆形缺陷和条状夹渣或未焊透时,应各自评级,将级别之和减 1 作为最终级别。

表 10-7　条状夹渣分级　　　　　　　　　(mm)

质量等级	单个条状夹渣长度	条状夹渣总长
Ⅱ	$T\leqslant12{:}4$ $12<T<60{:}\frac{1}{3}T$ $T\geqslant60{:}20$	在任意直线上,相邻两夹渣间距不超过 $6L$ 的任何一组夹渣,其累计长度在 $12T$ 焊缝长度内不超过 T
Ⅲ	$T\leqslant9{:}6$ $9<T<45{:}\frac{2}{3}T$ $T\geqslant45{:}30$	在任意直线上,相邻两夹渣间距均不超过 $3L$ 的任何一组夹渣,其累计长度在 $6T$ 焊缝长度内不超过 T
Ⅳ	大于Ⅲ级者	

注:(1)表中"L"为该组夹渣中最长者的长度;"T"为母材厚度。

(2)长宽比大于 3 的长气孔的评定与条状夹渣相同。

(3)当被检焊缝长度小于 $12T$(Ⅱ级)或 $6T$(Ⅲ级)时,可按比例折算。当折算的条状夹渣总长小于单个夹渣长度时,以单个条状夹渣长度为允许值。

(3)焊缝内部缺陷的辨认。X 射线适于焊件厚度在 50mm 以下使用,γ 射线适于厚度较大的工件。检验后在照相底片上淡色影像的焊缝中所显示的深色斑点和条纹即是缺陷,其尺寸、形式与焊缝所具有的内部缺陷相当,如图 10-19 所示。

①裂纹的辨认。裂纹在底片上一般呈现为略带曲折的、波浪状的黑色细条纹,有时呈直线细纹,轮廓较为分明,两端较为尖细,中部稍宽,一般无分支,两端黑线较浅,最后消失。裂纹在底片上的影像如图 10-19b 所示。

②未焊透的辨认。未焊透在底片上常是一条断续或连续的黑直线。在不开坡口的对接焊缝中,宽度常是较均匀的。V 形坡口焊缝中

未焊透在底片上的位置,多偏离焊缝中心,呈断续的线状,宽度不一致,黑度不均匀。V形、X形坡口双面焊缝中的中部或根部未焊透在底片上呈现为黑色较规则的线状,如图10-19a所示。

③气孔的辨认。气孔在底片上的特征是分布不一致,有稠密的,也有稀疏的,如图10-19c所示。焊条电弧焊产生的气孔多呈现圆形或椭圆形黑点,其黑度一般是在中心处较大,随之均匀地向边缘减小。

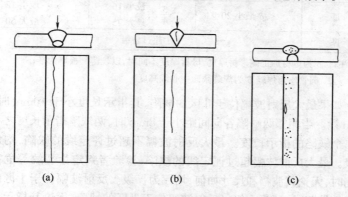

图10-19　照相底片上的缺陷辨认

④夹渣的辨认。夹渣在底片上多呈现为不同形状的条或条纹。点状夹渣呈单独的黑点,外部不太规则,带有棱角,黑色较均匀。条状夹渣呈宽而短的粗线条状。长条形夹渣线条较宽,宽度不太一致。各种夹渣在底片上的影像如图10-19c所示。

2. 钢焊缝手工超声波探伤质量分级　根据《钢焊缝手工超声波探伤方法和探伤结果分级》(GB 11345—1989)的规定,焊缝缺陷的等级分为4级。最大反射波幅位于Ⅱ区的缺陷,根据缺陷指示长度按表10-8评定。

表10-8　缺陷指示长度评定缺陷等级

检验等级 板厚(mm) 评定等级	A	B	C
	8~50	8~300	8~300
Ⅰ	$\frac{2}{3}\delta$,最小12	$\frac{1}{3}\delta$,最小10 最大30	$\frac{1}{3}\delta$,最小10 最大20

检验等级 板厚(mm) 评定等级	A	B	C
	$8\sim50$	$8\sim300$	$8\sim300$
Ⅱ	$\frac{3}{4}\delta$, 最小 12	$\frac{2}{3}\delta$, 最小 12 最大 50	$\frac{1}{2}\delta$, 最小 10 最大 30
Ⅲ	$<\delta$ 最小 20	$\frac{3}{4}\delta$, 最小 16 最大 75	$\frac{2}{3}\delta$, 最小 12 最大 50
Ⅳ	超过Ⅲ级		

注:1. δ 为母材加工侧母材厚度,母材厚度不同时,以较薄侧板厚为准;

2. 圆管座角焊缝 δ 为焊缝截面中心线高度。

如果最大反射波幅位于Ⅱ区的缺陷,其指示长度小于 10mm 时,按 5mm 计。当相邻两缺陷各向间距小于 8mm 时,两缺陷指示长度之和作为单个缺陷的指示长度。最大反射波幅不超过评定线的缺陷,均评为Ⅰ级。最大反射波幅超过评定线的缺陷,检验者判定为裂纹等危害性缺陷时,无论其波幅和尺寸如何,均评为Ⅳ级。反射波幅位于Ⅰ区的非裂纹性缺陷,均评为Ⅰ级。反射波幅位于Ⅲ区的缺陷,无论其指示长度如何,均评为Ⅳ级。

上述标准及其内容适用于母材厚度不小于 8mm 的铁素体类型钢、全焊透熔化焊对焊缝脉冲反射法手工超声波检验,不适用于铸钢及奥氏体型不锈钢焊缝、外径小于 159mm 的钢管对接焊缝、内径≤200mm 的管座角焊缝、外径小于 250mm 和内外径之比小于 80% 的纵向焊缝。

3. 无损检测 根据《建筑钢结构焊接技术规程》(JGJ81—2002)的规定,内部缺陷的无损检测应在外观检验合格后进行,检测报告的签发人员必须持有相应探伤方法的Ⅱ级或Ⅱ级以上资格证书。

采用钢焊缝手工超声波探伤方法,对设计要求全焊透的焊缝检测:一级焊缝应进行 100% 的检验,其合格等级为《钢焊缝手工超声波探伤方法和探伤结果分级》(GB 11345—1989)B 级检验的Ⅱ级和Ⅱ级以上;二级焊缝应进行抽检,抽检比例应不小于 20%,其合格等级应为《钢焊缝手工超声波探伤方法和探伤结果分级》(GB 11345—1989)B 级检验的Ⅲ级及Ⅲ级以上。

若设计文件指定进行射线探伤(或超声波)不能对缺陷性质作出判断时,可采用射线探伤进行检测和验证。一级焊缝评定合格等级应为《钢熔化焊对接接头射线照相和质量分级》(GB 3323—1987)的Ⅱ级及Ⅱ级以上;二级焊缝评定合格等级应为《钢熔化焊对接接头射线照相和质量分级》(GB 3323—1987)的Ⅲ级及Ⅲ级以上。

　　对于全焊透的三级焊缝可以不进行无损检测。

　　当外观检查发现有裂纹时,应对该批产品同类焊缝进行100%的表面检测。外观检查怀疑有裂纹时,应对怀疑部位进行表面探伤;设计图纸规定进行表面探伤或检查人员认为有必要时,应进行表面探伤。

　　一般应采用磁粉探伤进行表面缺陷检测。确因结构原因或材料原因不能使用磁粉探伤时,方可采用渗透探伤。磁粉探伤和渗透探伤的合格标准应符合本节焊缝外观质量检查的有关规定。磁粉探伤应符合现行标准《焊缝磁粉检验方法和缺陷磁痕的分级》(JB/T 6061—1992)的规定。渗透探伤应符合现行标准《焊缝渗透检验方法和缺陷迹痕的分级》(JB/T 6062—1992)的规定。

(三)焊缝的抽样检查

　　根据《建筑钢结构焊接技术规程》(JGJ81—2002)的规定,对焊缝抽样检查时,应符合下列要求:

　　1. 焊缝处数的计算方法　工厂制作的焊缝长度小于等于1000mm时,每条焊缝为一处;长度大于1000mm时,将其划分为每300mm为1处;现场安装时,每条焊缝为1处。

　　2. 确定检查批　应按焊接部位或接头形式分别组成批,批的大小宜为300~600处。工厂制作的焊缝可以同一工区(车间)按一定的焊缝数量组批;多层框架结构可以每节柱的所有构件组批;现场安装焊缝可以区段组批;多层框架结构可以每层(节)的焊缝组批。抽样检查除设计指定的焊缝外应采取随机取样方式取样。

　　3. 验收合格的标准　抽样检查的焊缝数如果不合格率小于2%时,该批验收应定为合格,不合格率大于5%时,该批验收定为不合格;不合格率为2%~5%时,应加倍抽验,且必须在原不合格部位两侧的焊缝延长线上各增加一处,如在所有抽检焊缝中不合格率不大于3%时,该批验收定为合格,大于3%时,该批验收定为不合格。当批量验收不合格时,应对该批余下焊缝的全数进行检查。当检查出一处裂纹缺陷时,应加倍抽查,如在加倍抽检焊缝中未检查出其他裂纹缺陷时,该批验收定为合格;当检查出多处裂纹缺陷或加倍抽查又发现裂纹缺陷时,应对该批余下焊缝的全数进行检查。

对于所有查出的不合格焊接部位应按《建筑钢结构焊接技术规程》(JGJ81—2002)熔化焊缝缺陷返修的规定予以补修,直至检查合格。

第十一章　焊条电弧焊安全技术

　　焊接与切割属于特种作业,不仅对操作者本人,也对他人和周围设施的安全构成重大影响。国家制定的《特种作业人员安全技术考核管理规则》(GB 5306—1985)对特种作业的人员应具备的条件、培训、考核、发证、复审和工作变迁等都作了具体的规定,明确指出从事焊接与切割的人员,必须经安全教育、安全技术培训,取得操作证才能上岗。

　　现行国家标准《焊接与切割安全》(GB 9448—1999)是电焊工及焊接设备的操作安全、劳动保护、改善焊接与切割工业卫生条件等的基本依据,也是对电焊操作的基本要求。

第一节　电焊作业的危害因素

　　电焊作业的危害因素包括:触电、电弧辐射、焊接烟尘、有害气体、放射性物质、噪声、高频电磁场、燃烧和爆炸等。

一、触电

　　触电是电焊操作的主要危险。触电是指人体触及带电体、电流通过人体的事故。电流通过人体内部称为电击。电流通过心脏会引起心室颤动,更大的电流会促使心脏停止跳动,导致死亡。电流通过头部或中枢神经会使人立即昏迷,若电流过大会使人脑和中枢神经受到严重破坏甚至死亡。电流通过脊髓,可能导致截肢和瘫痪。高处作业的人员,因触电、痉挛而摔倒,形成坠落等二次事故。

　　由于电流的热效应、化学效应和机械效应,对人体造成伤害称电伤。电伤多见于皮肤外部,而且往往留下伤痕,电伤也属于触电事故。

　　通过人体的电流超过 0.05A 时,就有生命危险;如果有 0.1A 的电流流过人体,只要 1s 就会发生触电死亡事故。电焊操作时,一旦发生设备绝缘损坏等故障,极易发生触电事故。焊机的空载电压大多超过安全电压。目前使用量最多的交流手弧焊机,其空载电压一般为70V。当焊工身上出汗,鞋袜潮湿,又无绝缘鞋套及绝缘垫板,其人体电阻降到1600Ω以下时,焊工的手一旦接触电焊钳口,通过人体的电流可达40~50mA,使焊工手部发生痉挛,甚至不能摆脱而发生触电。焊条电弧焊焊工更换焊条时,手一旦接触钳口,身体其他部位直接接触金属结构而连通电焊机的另一极,更易发生触电事故。

二、电弧辐射

焊接电弧温度焊条电弧焊可达3000℃以上,等离子弧的电弧温度在其弧柱中心可达18000~24000K。在此高温下可产生强的弧光,电弧弧光主要包括红外线、紫外线和可见光线。弧光辐射到人体上被体内组织吸收,引起组织的热作用、光化学作用或电离作用,致使人体组织发生急性或慢性的损伤。

皮肤受电焊弧光强烈紫外线作用时,可引起皮炎,呈弥漫性红斑,有时出现小水泡、渗出液和浮肿,有烧灼感并发痒。电焊弧光紫外线作用严重时,还伴有头晕、疲劳、发烧、失眠等症。因电焊弧光紫外线过度照射引起眼睛的急性角膜炎、结膜炎,称为电光性眼炎。若长期受紫外线照射会引起水晶体内障眼疾。

焊条电弧焊可以产生全部波长的红外线(760~1500nm)。红外线波长越短,对机体危害作用就越强。长波红外线可被皮肤表面吸收,使人产生热的感觉,短波红外线可被组织吸收,使血液和深部组织加热,产生灼伤。眼睛长期接受短波红外线的照射,可产生红外白内障和视网膜灼伤。

焊接电弧的可见光亮度,比肉眼通常能承受的光度约大10000倍。被照射后眼睛疼痛,看不清东西,通常叫电焊"晃眼"。不带防护面罩禁止观看电焊弧光。

三、焊接烟尘

焊接操作中的金属烟尘包括烟和粉尘。焊条和母材金属熔融时所产生的蒸气在空中迅速冷凝及氧化形成的烟,其固体微粒直径往往小于 $0.1\mu m$。直径 $0.1\sim10\mu m$ 的微粒称为粉尘。飘浮于空气中的粉尘和烟等微粒,统称气溶胶。焊条电弧焊的金属烟尘还来源于焊条药皮的蒸发和氧化。

有关现场调查的测定结果表明,在没有局部抽风装置的情况下,室内使用碱性焊条单支焊钳焊接时,空气中焊接烟尘浓度可达 $96.6\sim246mg/m^3$。采用 E4303(J422)焊条在通风不良的罐内进行焊接时,空气中烟尘浓度为 $186.5\sim286mg/m^3$,采用 E5015(J507)焊条时为 $226.4\sim412.8mg/m^3$。以上数字说明:碱性焊条比酸性焊条,通风不良的罐、舱内比一般厂房内空气中焊接烟尘的浓度有明显的增高,而且远远高于国家规定车间空气中电焊烟尘最高允许浓度 $6mg/m^3$ 的标准。

金属烟尘是电弧焊的一种主要有害因素,尤其是焊条电弧焊。焊接烟尘的成分复杂,主要为铁、硅、锰等金属的氧化物,对于碱性焊条还有钙、钾、钠的氟化物。其中主要毒物是锰的氧化物(MnO)。焊接烟尘是造成焊工尘肺的直接原因。焊工尘肺多在接触焊接烟尘 10 年,有的长达 $15\sim20$ 年以上发病,其症状为气短、咳嗽、咯痰、胸闷和胸痛等,可通过 X 光透视诊断。

锰中毒也由焊接烟尘引起,锰的化合物和锰尘通过呼吸道和消化道侵入人体。电焊工锰中毒发生在使用高锰焊条以及高锰钢的焊接中,发病多在接触 $3\sim5$ 年以后,甚至可长达 20 年才逐渐发病。锰及其化合物主要作用于末梢神经和中枢神经系统,轻微中毒可引起头晕、失眠及舌、眼睑和手指轻微震颤。中毒进一步发展,表现出转弯、跨越、下蹲困难,甚至走路左右摇摆或前冲后倒,书写时震颤不停等。

此外,焊接烟尘还引起焊工金属热,其主要症状是工作后发烧、寒战、口内金属味、恶心、食欲不振等。翌晨经发汗后症状减轻。一般在密闭罐、船舱内使用碱性焊条易引起焊工金属热。

四、有害气体

焊接、切割时,在电弧的高温和强烈的紫外线的作用下,在弧区周围形成多种有害气体。其中主要有:臭氧、氮氧化物、一氧化碳、二氧化碳和氟化氢等。

臭氧是由于紫外线照射空气,发生光化学作用而产生的。臭氧产生于距离电弧约 1m 远处,气体保护焊比焊条电弧焊产生的臭氧要多得多。臭氧浓度超过允许值时,往往引起咳嗽、胸闷、乏力、头晕、全身酸痛等,严重时可引起支气管炎。

氮氧化物是由于焊接高温的作用,使空气中的氮、氧分子氧化而成。电焊有害气体中的氮氧化物主要为二氧化氮和一氧化氮。一氧化氮不稳定,很容易继续氧化为二氧化氮。氮氧化物为刺激性气体,能引起激烈咳嗽、呼吸困难和全身无力等。

焊接、切割中产生一氧化碳的途径大体有三种:一种是二氧化碳与熔化了的金属元素发生反应而生成;二是由于二氧化碳在高温电弧作用下分解而产生;三是气焊时,氧、乙炔等可燃气体燃烧比例不当而形成的。一氧化碳经呼吸道由肺泡进入血液与血红蛋白结合成碳氧血红蛋白,使人体缺氧,造成一氧化碳(煤气)中毒。

二氧化碳气体保护焊和气焊作业都会出现和产生大量二氧化碳气体。二氧化碳是一种窒息性气体,人体吸入过量二氧化碳引起眼睛和呼吸系统刺激,重症者可出现呼吸困难、知觉障碍、肺水肿等。

氟化氢的产生主要是由于碱性焊条药皮中含有的萤石(CaF_2)在电弧高温下分解形成。氟化氢极易溶于水而形成氢氟酸,具有较强的腐蚀性。吸入较高浓度的氟化氢,强烈刺激上呼吸道,还可引起眼结膜溃疡以及鼻黏膜、口腔、喉及支气管黏膜的溃疡,严重时可发生支气管炎、肺炎等。

五、放射性物质

氩弧焊和等离子弧焊、切割使用钍钨极,这种钍钨极含有的氧化钍质量分数为 1%~2.5%。钍是天然的放射性物质。但从实际检测结果可以认为,焊接、切割时产生的放射性剂量对焊工健康尚不足以造成损害。但钍钨极磨尖时放射性剂量超过卫生标准,大量存放钍钨极应采取相应的防护措施。

人体长时间受放射性物质射线照射,或放射性物质进入并积蓄在体内,则可造成中枢神经系统、造血器官和消化系统的疾病。

六、高频电磁场

非熔化极氩弧焊和等离子弧焊接、切割等,采用高频振荡器来激发引弧,因而在引弧瞬间(2~3s)有高频电磁场存在。经测定电场强度较高,超过了卫生标准(20V/m)。

电焊振荡器所产生的高频电磁场,对人体有一定影响,虽危害不大,但长期接触较大的高频电磁场,会引起头晕、头痛、疲乏无力、记忆力减退、心悸、胸闷和消瘦等症状。此外,在不停电更换焊条时,高频电磁场会使焊工产生一定的麻电感觉,这在高处作业是很危险的。

七、噪声

在等离子弧喷枪内,由于气流的压力起伏、振动和摩擦,并从喷枪口高速喷射出来,产生噪声。噪声的强度与成流气体的种类、流动速度、喷枪的设计以及工艺性能有密切关系。等离子弧喷涂时声压级可达123dB,常用功率(30kW)等离子弧切割时为111.3dB,大功率(150kW)等离子弧切割时则可达118.3dB。上述检测结果均超过了卫生标准90dB。

噪声对中枢神经系统和血液循环系统都有影响,能引起血压升高、心动过快、厌倦和烦躁等。长期在强噪声环境中工作,还会引起听觉障碍。

第二节　电焊工作业安全技术

一、焊接安全用电

(一)焊接电源的安全措施

1. 安装时的安全措施

(1)安装焊接电源时,要注意配电系统开关、熔断器、漏电保护开关等是否合格、齐全;导线绝缘是否完好;电源功率是否够用。当电焊机空载电压较高,而又在有触电场合作业时,则必须采用空载自动断电装置。焊接引弧时电源开关自动闭合;停止焊接、更换焊条时,电源开关自动断开。

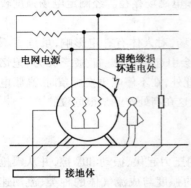

图 11-1　电焊机接地保护

(2)焊接变压器的一次线圈与二次线圈之间、引线与引线之间、绕组和引线与外壳之间,其绝缘电阻不得小于 $1M\Omega$。绕组或线圈引出线穿过设备外壳时应设绝缘板;穿过设备外壳的铜螺栓接线柱,应加设绝缘套和垫圈,并用防护盖盖好。有插销孔分接头的焊机,插销孔的导体应隐蔽在绝缘板之内。

(3)为了确保安全,不发生触电事故,所有电焊机及其他焊接设备的外壳都必须接地。在电源为三相三线制或单相制系统中,应安设保护接地线。在电网为三相四线制中性点接地系统中,应安设保护接零线。电焊机的接地保护详见图 11-1,接零保护详见图 11-2。

弧焊变压器的二次线圈与焊件相接的一端,也必须接地或接零。当一次线圈与二次线圈的绝缘击穿,高压出现在二次回路时,这种接地和接零能保证焊工的安全。但必须指出,二次线圈一端接

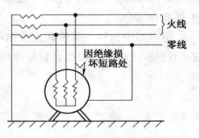

图 11-2　电焊机接零保护

地或接零时,焊件则不应接地或接零,否则一旦二次回路接触不良,大的焊接电流可能将接地线或接零线熔断,不但使焊工安全受到威胁,而且易引起火灾。焊机与焊件的正确与错误的保护性接地与接零见图 11-3。

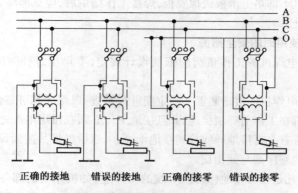

正确的接地　　错误的接地　　正确的接零　　错误的接零

图 11-3　焊机与焊件的接地与接零

(4)安装多台焊接变压器时,应分接在三相电网上,尽量使电网中三相负载平衡。

(5)空载电压不同的电焊机不能并联使用。因并联时在空载情况下各焊接变压器间出现不均衡环流。焊接变压器并联时,应将它们的初级绕组接在电网的同一相,次级绕组也必须同相相联,详见图 11-4。

(6)硅整流焊机通常都有风扇,以便对硅整流元件和内部线圈进行通风冷却。接线时要保证风扇转向正确,通风窗离墙壁和其他阻挡物之间不应小于 300mm,以使电焊机内部热量顺利排出。

(7)在室内焊接时,电焊机应放在通风良好的干燥场所,不允许放在高湿度(相对湿度超过 90%)、高温度(周围空气温度超过 40℃)以及有腐蚀性气体等不良场所。

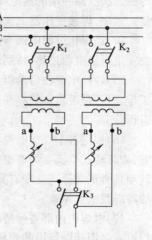

图 11-4　并联运行图

(8)在户外露天焊接时,必须把电焊机放在避雨、通风的地方并予以防护。如果必须把电焊机放在潮湿处进行工作,则要加强安全措施,并在焊机下部垫上木板或橡胶板,焊接工作结束后,应立即将焊机移放在干燥处。

2.使用时的安全措施

(1)电焊机的工作负荷应依照设计规定,不得任意长时间超载运行。

(2)电焊机的接地装置必须定期进行检查,以保证其可靠性。移动式电焊机在工作前必须接地,并且接地工作必须在接通电源之前做好。接地时应首先将接地导线接到接地干线上,然后再将其接到设备上;拆除地线的顺序则与此相反。

(3)凡是在有接地(或接零)线的工件上(如机床上的部件等)进行焊接时,应将焊件上的接地线(或接零线)暂时拆除,焊完后再恢复。其目的是防止一旦焊接回路接触不良,大的焊接工作电流可能会通过接地线或接零线将地线或零线熔断。在焊接与大地紧密相连的工件(如水道管路、房屋立柱等)时,如果焊件本身接地电阻小于 4Ω,则应将电焊机二次线圈一端的接地线(或接零线)的接头暂时脱开,焊完后再恢复。总之,焊接变压器二次端与焊件不应同时存在接地(或接零)装置。

(4)在焊接过程中偶有短路是允许的,但短路时间不可过长,否则会发生焊接电源过热,特别是硅整流式焊接电源易被烧坏。

(5)焊接电源在启动以后,必须要有一定的空载运行时间,观察其工作、声音是否正常等。在调节焊接电流及极性开关时,也要在空载下进行。

(6)根据各类焊接电源的特点,在使用中应注意观察易出问题的地方,如旋转式直流弧焊电源电刷打火是否过大、弧焊整流器的空冷风扇转动是否正常等。发现有异常现象时,要立刻切断电源检查。较大的故障应找电工检修。

(7)电焊机内部要保持清洁,应定期用压缩空气吹净灰尘。使用新焊机或启用长期停用的焊机时,应仔细观察电焊机有无损坏处。在使用焊机前,必须按照产品说明书或有关技术要求进行检验。初、次级线圈的绝缘电阻达不到要求时,应予以干燥处理,损坏、失效处须修复。

(8)焊接作业结束后,及时切断焊机电源。

(二)焊钳和焊接电缆的安全要求

1.焊钳 焊钳是用来夹持焊条和传递电流的,是电焊工的主要工具。焊钳必须符合以下安全要求:

(1)焊钳应保证在任何角度下都能夹紧焊条,而且更换焊条方便;能使电焊工不必接触导电体部分即可迅速更换焊条。

(2)焊钳必须具有良好的绝缘和隔热能力。由于电阻热,特别是焊接电流较大时,焊把往往发热烫手。因此,手柄的绝热层要求绝热性能良好。

(3)焊钳与电缆的连接应简便可靠。橡胶包皮要有一段深入到钳柄内部,使导体不外露,起到屏护作用。

(4)焊钳的弹簧失效时,应立即更换。钳口处应经常保持清洁。

(5)焊钳应结构轻便,易于操作。焊钳的质量一般在400~700g。

2.焊接电缆 焊接电缆是连接电焊机和焊钳等的绝缘导线,应符合以下安全要求:

(1)焊接电缆应具有良好的导电能力和绝缘外层。一般是用紫铜制成,外包胶皮绝缘套。要保证焊接电缆绝缘良好。

(2)焊接电缆应轻便柔软,能任意弯曲和扭转,便于操作。因此,必须用多股细导线组成。焊机与焊钳连接的焊接电缆的长度,应根据工作时的具体情况,一般以20~30m为宜。太长会增大电压降,太短则操作不方便。

(3)焊接电缆的过度超载,是绝缘损坏的主要原因。焊接电缆的选择应根据焊接电流的大小和所需电缆的长度,按规定选用较大的截面积,以防止由于导体过热而烧坏绝缘层。

(4)焊接电缆应用整根的,一般中间不得有接头。如需用短线接长时,则接头部分不应超过两个,接头部分应用铜导体做成,要坚固可靠,如接触不良,则会产生高温。

(5)严格禁止借用厂房的金属结构、管道、轨道或其他金属物的搭接来代替焊接电缆使用。

(6)不得将焊接电缆放在电弧附近或炽热的焊缝金属旁,避免高温烧坏绝缘层,同时也要避免碾压和磨损等。

(7)电焊机与电力网连接的电源线,由于其电压较高,除了保证具有良好的绝缘外,长度越小越好,一般以不超过 3m 为宜。如确需用较长的导线时,应采取间隔的安全措施,即应离地面 2.5m 以上沿墙用瓷瓶布设,不得将电源导线拖在工作现场的地面上。

二、焊条电弧焊防触电措施

电焊工在焊条电弧焊操作时接触电的机会比较多。一般焊接设备所用的电源电压为 220V 或 380V,电焊机的空载电压一般都在 60V 以上,而 40V 的电压就会对人身造成危险。因而防触电是电焊工操作安全技术的首要内容。

(一)常见的焊接触电事故

焊接触电事故,常在以下情况发生:

(1)手和身体某部碰到裸露的接线头、接线柱、极板、导线及破皮或绝缘失效的电线、电缆而触电。

(2)在更换焊条时,手或身体某部接触焊钳带电部分,而脚和其他部位对地面或金属结构之间绝缘不好。如在金属容器、管道、锅炉内或在金属结构潮湿的地方焊接时,最容易发生触电事故。

(3)焊接变压器的一次绕组和二次绕组之间的绝缘损坏时,手或身体部位碰到二次线路的裸导体而触电。

(4)电焊设备的罩壳漏电,人体碰触罩壳而触电。

(5)由于借用厂房的金属结构、管道、轨道、天车吊钩或其他金属物搭接作为焊接回路而发生触电事故。

(6)防护用品有缺陷或违反安全操作规程发生触电事故。

(7)在危险环境中作业。电焊工作业的危险环境一般指:潮湿;有导电粉尘;被焊件直接与泥、砖、湿木板、钢筋混凝土、金属或其他导电材料铺设的地面接触;炎热、高温;焊工身体能够同时有一处接触接地导体,另一处接触电器设备的金属外壳。

在焊接作业中,对于预防触电,要随时随地引起高度警惕。

(二)焊接触电的防护措施

电焊工在操作时应按照以下安全用电规程操作:

（1）焊接工作前，应先检查焊机、设备和工具是否安全。如焊机外壳接地、焊机各接线点接触是否良好、焊接电缆的绝缘有无损坏等。

（2）改变焊机接头、更换焊件需要改接二次回路时、转移工作地点、更换熔丝以及焊机发生故障需检修时，必须先切断电源。推拉闸刀开关时，必须戴绝缘手套，同时头部偏斜，以防电弧火花灼伤脸部。

（3）更换焊条时，焊工必须使用焊工手套，要求焊工手套保持干燥、绝缘可靠。对于空载电压和焊接电压较高的焊接操作和在潮湿环境操作时，焊工应用绝缘橡胶衬垫确保焊工与焊接件绝缘。特别是在夏天由于身体出汗后衣服潮湿，不得靠在焊件、工作台上，以防止触电。

（4）在金属容器内或狭小工作场地焊接金属结构时，必须采取专门防护措施。必须采用绝缘橡胶衬垫、穿绝缘鞋、戴绝缘手套，以保障焊工身体与带电体绝缘。要有良好的通风和照明。必须采用绝缘和隔热性能良好的焊钳。须有两人轮换工作，互相照顾，或有人监护，随时注意焊工的安全动态，遇危险时立即切断电源，进行抢救。

（5）在光线不足的较暗环境工作时，必须使用手提工作行灯。一般环境下，使用电压不超过 36V 的照明行灯。在潮湿、金属容器等危险环境，照明行灯电压不得超过 12V。

（6）加强电焊工的个人防护。个人防护用具包括完好的工作服、焊工用绝缘手套、绝缘套鞋及绝缘垫板等。绝缘手套不得短于 300mm，应用较柔软的皮革或帆布制作，经常保持完好和干燥。焊工在操作时不应穿有铁钉的鞋或布鞋，因为布鞋极易受潮导电。在金属容器内操作时，焊工必须穿绝缘套鞋。电焊工的工作服必须符合规定，穿着完好，一般焊条电弧焊穿帆布工作服，氩弧焊等穿毛料或皮工作服。

（7）焊接设备的安装、检查和修理，必须由电工来完成。设备在使用中发生故障时，焊工应立即切断电源，并通知维修部门检修，焊工不得自行修理。

（8）遇有人触电时，不得赤手去拉触电人，应迅速切断电源。焊工应掌握对触电人的急救方法。

三、碳弧气刨安全技术

碳弧气刨安全技术除遵守焊条电弧焊的有关规定外，还应注意以下几点：

(1)碳弧气刨时电流较大,要防止焊机过载发热。

(2)碳弧气刨时烟尘大,因碳棒使用沥青粘结而成,表面镀铜,在烟尘中含有质量分数为1%～1.5%的铜,并在产生的有害气体中含有毒性较大的苯类有机化合物,所以操作者应佩戴送风式面罩。在作业场地必须采取排烟除尘措施,加强通风。为了控制烟尘的污染,可应用水弧气刨,即在碳弧气刨的基础上增加供水系统,并对碳弧气刨枪进行改动,保证碳弧气刨枪喷出挺拔的水雾,达到消烟除尘的目的。

四、容器焊接作业安全技术

容器焊接作业安全技术除遵守一般焊接作业的规定外,还应注意以下几点：

(1)在密闭容器、罐、桶、舱室中焊接、切割,应先打开施焊工作物的孔、洞,使内部空气流通,以防止焊工中毒、烫伤,必要时应设专人监护。工作完成或暂停时,焊接工具、电缆等应随人带出,不得放在工作地点。

(2)在狭窄和通风不良的容器、管段、坑道、检查井、半封闭地段等处焊接时,必须采取专门的防护措施。通过橡胶衬垫、穿绝缘鞋、戴绝缘手套确保焊工与带电体绝缘,并有良好的通风和照明。

(3)容器内作业须使用12V灯具照明,灯泡要有金属网罩防护。容器内潮湿时不应进行电焊作业。

(4)在必要情况下,容器内作业人员应佩戴呼吸器和救生索。

(5)焊补化工容器前,必须用惰性较强的介质(如氮气、二氧化碳气、水蒸气或水)将容器原有可燃物或有毒物彻底排出,然后再实施焊补,即置换焊补。经对容器内、外壁彻底清洗置换后,容器内的可燃物质含量应低于该物质爆炸下限的1/3。有毒物质含量应符合《焊接与切割安全》(GB 9448—1999)的相关规定,并在焊接时随时进行检测。

(6)焊补带压不置换化工容器时,容器中可燃气体的含氧量的质量分数应控制在1%以下;被焊补容器必须保持一定的、连续稳定的正压。正压值可根据实际情况控制在1.5～5kPa。超过规定要求时应立即停止作业。

（7）带压不置换焊补作业时，如发生猛烈喷火，应立即采取灭火措施。火焰熄灭前不得切断容器内燃气源，并要保持系统内足够的稳定压力，以防容器内吸入空气形成混合气而发生爆炸事故。

（8）置换焊补、带压不置换焊补作业均必须办理动火审批手续，制定现场安全措施和落实监督责任制度后方可实施焊接作业。

五、电焊工高处作业安全技术

（1）在高处作业时，电焊工首先要系上带弹簧钩的安全带，并把自身系在构架上。为了保护下面的人不致被落下的熔融金属滴和熔渣烧伤，或被偶然掉下来的金属物等砸伤，要在工作处的下方搭设平台，平台上应铺盖铁皮或石棉板。高出地面 1.5m 以上的脚手架和吊空平台的铺板须用不低于 1m 高的栅栏围住。

（2）在上层施工时，下面必须装上护栅以防火花、工具和零件及焊条等落下伤人。在施焊现场 5m 范围内的刨花、麻絮及其他可燃材料必须清除干净。

（3）在高处作业的电焊工必须配用完好的焊钳、附带全套备用镜片的盔式面罩、锋利的錾子和手锤，不得用盾式面罩代替盔式面罩。焊接电缆要紧绑在固定处，严禁绕在身上或搭在背上工作。

（4）焊接用的工作平台，应保证焊工能灵活方便地焊接各种空间位置的焊缝。安装焊接设备时，其安装地点应使焊接设备发挥作用的半径越大越好。使用活动的电焊机在高处进行焊条电弧焊时，必须采用外套胶皮软管的电源线；活动式电焊机要放置平稳，并有完好的接地装置。

（5）在高处焊接作业时，不得使用高频引弧器，以防万一触电、失足坠落。高处作业时应有监护人，密切注意焊工安全动态，电源开关应设在监护人近旁，遇到紧急情况立即切断电源。高处作业的焊工，当进行安装和拆卸工作时，一定要戴安全帽。

（6）遇到雨、雾、雪、阴冷天气和干冷时，应遵照特种规范进行焊接工作。电焊工工作地点应加以防护，免受不良天气影响。

（7）电焊工除掌握一般操作安全技术外，高处作业的焊工一定要经过专门的身体检查，通过有关高处作业安全技术规则考试才能上岗。

六、焊接作业的防火、防爆措施

(1)在焊接现场要有必要的防火设备和器材,诸如消火栓、砂箱、灭火器。电气设备失火,应立即切断电源,应采用干粉灭火。

(2)禁止在贮有易燃、易爆物品的房间或场地进行焊接。在可燃性物品附近进行焊接作业时,必须有一定的安全距离,一般距离应大于5m。

(3)严禁焊接装有可燃性液体和可燃性气体的容器及具有压力的压力容器和带电的设备。

(4)对于存有残余油脂、可燃液体、可燃气体的容器,应先用蒸汽吹洗或用热碱水冲洗,然后开盖检查,确认冲洗干净后方能进行焊接。对密封容器不准进行焊接。

(5)在周围空气中含有可燃气体和可燃粉尘的环境严禁焊接作业。

七、触电急救

(一)现场抢救要点

1. 迅速将触电者脱离电源　发现有触电者时切不可惊慌失措,应采取措施尽快使触电者脱离电源,这是减轻伤害和救护的关键。脱离1000V以下电源的方法有:切断电源、挑开电源、拉开触电者、割断电源线。切断电源即断开电源开关、拔出插头或按下停电按钮。挑开电源必须使用绝缘物(干燥的木棒、绳索等)挑开电线或电气设备,使之与触电者脱离。若触电者俯仰在漏电设备上,或电源线被压在触电者身下,抢救人员应穿上绝缘鞋,或站在干燥的木板上,用干燥的绳索套在触电者身上,使触电者被拉开,脱离电源。若触电现场远离电源开关、挑不开电线或触电者肌肉收缩紧握电线时,可用绝缘胶套的钳子剪断电线。脱离1000V以上高压电源时,应立即通知有关部门停电;抢救者穿绝缘靴、戴绝缘手套,用符合电源电压等级的绝缘棒或绝缘钳,使触电者脱离电源;用安全的方法使线路短路,迫使保护器件动作,以断开电源。

2. 准确及时实行救治　触电者脱离电源后,抢救人员必须在现场及时就地实施救治,千万不能停止救治措施而等待急救车或长途运送医院。抢救奏效的关键是迅速,而迅速的关键是必须准确地就地救治。救治实施人工呼吸或胸外心脏挤压等方法,要坚持不断,不可轻率停止,即使在运送医院途中也不能中止。直到触电者自主呼吸和心跳后,方可停止人工呼吸或胸外心脏挤压。

当触电者全部具有以下五个征象时,方可停止抢救;若其中有一个征象未出现,也应该努力抢救到底。五个征象是:①心跳、呼吸停止。②瞳孔散大。③出现尸斑。④尸僵。⑤血管硬化或肛门松弛。

(二)对症救治方法

(1)对神志清醒、能回答问话,只感心慌、乏力、四肢发麻的轻症状触电者,就地休息 1~2h,并请医生现场诊断和观察。

(2)对神志不清或失去知觉,但呼吸正常的触电者,可抬到附近空气清新的干燥地方,解开衣服,暂不做人工呼吸,请医生尽快到现场急救。

(3)对无知觉、无呼吸,但有心脏跳动的触电者,要采用人工呼吸救治。采用对口呼吸的效果为好,其操作要领如下:

①使触电者仰卧,清除口中血块和呕吐物后使其头部尽量后仰,鼻孔朝天,下腭尖部与胸大致保持同一水平线上。救护人员在触电者头部一侧,掐住触电者的鼻子,使其嘴巴张开,准备接受吹气。

②救护人做深呼吸后,紧贴触电者的口向内吹气,为时约 2s,并观察触电者的胸部是否膨胀,以确定吹气量是否得当,如图 11-5 所示。

③救护人吹气完毕换气时,其口应立即离开触电者嘴部,并放松掐紧的鼻子,让他自行呼吸 3s。按照上述方法反复循环进行。

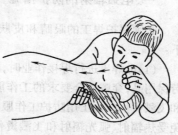

图 11-5 掐鼻吹气、观察效果

(4)触电者心脏停止跳动,但呼吸未停,应当进行胸外挤压法救治。其操作要领如下:

①触电者仰卧在比较坚实的地面或木块上,姿势同人工呼吸法。

②救护人跪在触电者腰部一侧或骑跪在他身上,两手相叠,手掌根

部放在两乳头之间略下一点。

③手掌根部用力向下挤压,压陷3~4cm,压出心脏的血液,随后迅速放松,让触电者胸廓自动复原,血液充满心脏。按上述动作反复循环进行,每分钟挤压60次为宜。

(5)触电者心跳和呼吸匀已停止,则人工呼吸和胸外挤压交替进行。每次对口吹气2~3次,再进行心脏挤压10~15次,照此反复循环进行。

第三节　焊接劳动保护

电焊工在焊接作业中会不可避免地产生各种有害因素,这些有害因素如电弧辐射、高频电磁场、金属和非金属粉尘、有毒气体、金属飞溅、放射性物质和噪声等。焊接方法、焊接规范、焊接母材和焊接材料以及操作者的熟练程度不同时,上述的有害因素表现的形式差别很大。因而必须建立和健全劳动安全卫生制度,严格执行国家劳动安全卫生的相关规程和标准,积极防止和减少职业危害。对有害因素的防护措施即劳动保护。

一、电弧辐射的防护措施

必须保护焊工的眼睛和皮肤免受弧光辐射作用。其防护措施如下:

(1)电焊工进行焊接作业时,应按照劳动部门颁发的有关规定使用劳保用品,穿戴符合要求的工作服、鞋帽、手套、鞋盖等,以防电弧辐射和飞溅烫伤。焊工用防护工作服,要求有隔热和屏蔽作用,以保护人体免受热辐射、弧光辐射和飞溅烫伤等危害。常用的有白帆布工作服或铝膜防护服。电焊工手套宜用牛绒面革或猪绒面革制作,以保证绝缘性能好和耐热不易燃烧。工作鞋一般采用胶底翻毛皮鞋。新研制的焊工安全鞋具有阻燃、防砸性能,绝缘性能用干法和湿法测试,通过电压7.5kV保持2min的绝缘试验,鞋底可耐热200℃保持15min。

(2)电焊工进行焊接作业时,必须使用镶有吸收式滤光镜片的面罩。滤光片应根据焊接电流强度,按照表11-1选择。使用的手持式和头盔式保护面罩应轻便、不易燃、不导电、不导热、不漏光。目前已采用护目镜可启闭的 MS 型面罩,如图 11-6 所示。MS 型手持式面罩护目镜启闭按钮在手柄上。头盔式面罩护目镜启闭开关设置在电焊钳绝缘手柄上。引弧及敲渣时都不必移开面罩,电焊工操作方便,可得到更好的防护。

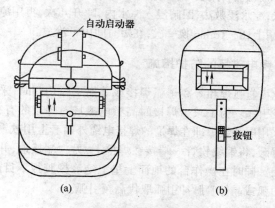

图 11-6　MS 型电焊面罩

(a)头盔式　(b)手持式

表 11-1　国产护目镜用玻璃的牌号及用途

玻璃牌号	颜色深浅	用　　途
12	最暗	供电流大于 350A 的焊接用
11	中等	供电流在 100～350A 的焊接用
10	最浅	供电流小于 100A 的焊接用

(3)为保护焊接工地其他工作人员的眼睛,一般在小件焊接的固定场所应安装防护屏,防护屏采用石棉板、玻璃纤维板和铁板等不易燃烧的板材,并涂上灰色或黑色。屏高约 1.8m,屏底距地面应留 250～300mm 的间隙,以供流通空气。在工地焊接时,电焊工在引弧时应提醒

周围人员注意避开弧光,以免弧光伤眼。

(4)在夜间工作时,焊接现场应有良好的照明,否则由于光线亮度反复剧烈变化,容易引起电焊工眼睛疲劳。

(5)一旦发生电光性眼炎,可到医院就医,也可用以下方法治疗:奶汁滴治法,用人奶或牛奶每隔 $1\sim2$min 向眼内滴一次,连续 $4\sim5$ 次就可止泪;凉物敷盖法,用黄瓜片或土豆片盖在眼上,闭目休息 20min 即可减轻症状;凉水浸敷法,眼睛浸入凉水内,睁开几次,再用凉水浸湿毛巾,敷在眼睛上,$8\sim10$min 换一次,在短时间内可治愈。

二、高频电磁场的防护措施

非熔化极氩弧焊和等离子弧焊接或等离子弧切割时,采用高频振荡器来激发引弧。为了减少焊接时高频电磁场对焊工的有害影响,焊接电缆应采用屏蔽线。即在焊枪的焊接电缆外面套上用软铜丝编织的软管进行屏蔽,将铜线软管一端接在焊枪上,另一端接地,并在外面用绝缘布包上。同时在操作台的地面上垫上绝缘橡胶板。目前,已广泛采用接触引弧或晶体管脉冲引弧取代高频引弧。

三、焊接烟尘和有毒气体的防护措施

(一)焊接通风除尘

对焊接烟尘和有毒气体防护的主要措施是焊接通风除尘。在车间内、室内、罐体内、船舱内及各种结构封闭空间内进行的焊条电弧焊和气体保护焊,都应采用适宜的通风除尘方式。

焊接通风除尘的排烟方式主要有:全面通风换气、局部排风、小型电焊排烟机组等。

全面机械通风是通过管道及风机等机械通风系统进行全车间通风换气。设计时应按每个焊工通风量不小于 57m³$/$min 来考虑。当焊接作业室内净高度小于 $3.5\sim4$m 或每个焊工工作空间小于 200m³ 时,以及工作间(室、舱、柜)内部结构影响空气流动,且焊接作业点焊接烟尘浓度超过 6mg$/$m³,有毒气体浓度超过表 11-2 的规定时,应采取全面通风换气。

表 11-2　焊接有毒气体测量值及允许值

有害物质名称	现场测量值 （mg/m³）	最高允许浓度 （mg/m³）
臭氧(O_3)	0.13～0.26	0.3
氧化氮（换算成 NO_2）	0.1～1.11	5
一氧化碳(CO)	4.2～15①	30
二氧化碳(CO_2)	—	9000②
氟化氢及氟化物（换算成 F）	16.75～51.2	—

注：①为船舱、锅炉、罐内等通风不良处测定值。

②为美、日、德规定值。

　　在车间侧墙上安装换气扇通风方式效果不佳，应采用引射排烟或吹吸式通风方式，如图 11-7 所示。

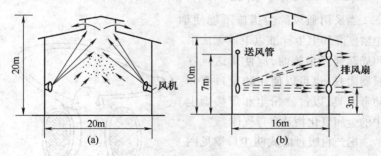

图 11-7　车间内排烟通风示意图

（a）引射排烟　（b）吹吸式通风

　　局部通风措施有：排烟罩、轻便小型风机、压缩空气引射器、排烟除尘机组等。电焊排烟除尘机组是将吸烟罩、软管、风机、净化装置及控制元件组装成一个便于移动的整体排烟除尘装置，以适应电焊工作业点分散、移动范围大的特点。近年来已研制了供狭小空间使用的手提式小型轻便机组、供多工位使用的排风量较大的移动式机组、供车间定点悬挂的机组、利用电磁铁在球罐和容器等密封空间内移动及悬挂的机组、供打磨焊道用的吸尘式打磨机组等。图 11-8 所示为 CY-21 型焊接烟尘净化器。

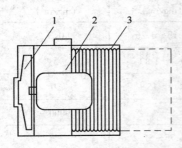

图 11-8　CY-21 型焊接烟尘净化器示意图
1. 风机　2. 电机　3. 可伸缩滤袋

采用局部通风或小型通风机组等换气方式,其排烟罩口风量、风速应根据风口至焊接作业点的控制距离及控制风速计算。罩口的控制风速应大于 0.5m/s,并使罩口尽可能接近作业点,使用固定罩口时的控制风速不小于 1～2m/s。罩口的形式应结合焊接作业点的特点。采用下抽风式工作台,应使工作台上网格筛板上的抽风量均匀分布,并保持工作台面积抽风量每平方米大于 3600m³/h。

(二)个人防护用品

当采用通风除尘措施不能使烟尘浓度降到卫生标准以下或无法采用局部通风措施时,应使用送风呼吸器面具,也可以使用防尘口罩和防毒面具,以过滤粉尘和焊接烟尘中的金属氧化物及有毒气体。

国产自吸过滤式防尘口罩见图 11-9,防尘口罩等级和使用范围见表 11-3。

四、放射性防护措施

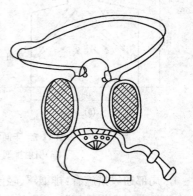

图 11-9　自吸过滤式防尘口罩

射线探伤等焊接无损检验时,应注重放射性的防护。氩弧焊使用的钍钨棒电极中的钍,是天然的放射性元素,也应采取有效的防护措施,以防钍的放射性烟尘进入体内。射线的防护措施有:

(1)采用高效率的排烟系统和净化装置,将焊接烟尘排到室外。

表 11-3 国产过滤式防尘口罩等级与使用范围

级 别	阻尘率 (%)	使用范围	
		粉尘含游离硅 $W(Si)(\%)$	作业环境粉尘浓度 (mg/m^3)
1	≥99	>10	<200
		>10	<100
2	≥95	>10	<40
		<10	<200
3	≥90	<10	<100
4	≥85	<10	<70

(2)钍钨棒贮存地点要固定在地下封闭箱内。大量存放时应藏于铁箱里,并安装排气管。

(3)应备有专用砂轮来磨钍钨棒,砂轮机要安装除尘设备,如图 11-10。砂轮机所处地面上的磨屑要经常作湿式扫除,并集中深埋处理。磨尖钍钨棒时应戴除尘口罩。

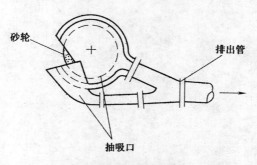

图 11-10 砂轮抽排装置

(4)手工焊接操作时,必须戴送风防护头盔或采取其他有效措施。采用密闭罩施焊时,在操作中不应打开罩体。

(5)接触钍钨棒后以流动水和肥皂洗手,并经常清洗工作服及手套等。

(6)尽量选用铈钨极,从根本上解决放射性的问题。

五、噪声防护措施

焊接作业中噪声主要来源于等离子焊。等离子弧喷涂、旋转式电弧焊机、风铲铲边及锤击钢板等。其防护措施首先是隔离噪声源,如将等离子弧焊及其喷涂隔离在专门的工作室内操作,将旋转式电弧焊机放在车间隔墙外;其次是改进工艺,如用矫直机代替敲击校正;第三是佩戴耳塞、耳罩等个人防护用品。常用的耳塞一般由软塑料或软橡胶制成,其隔声值为 15~25dB,重量不超过 2g。

附　录

附录一　常用钢的种类、牌号、力学性能及焊接性

种类	牌号	性能					焊接性
		$\sigma_s(\text{kgf/mm}^2)$ 1组、2组、3组	σ_b (kgf/mm^2)	$\delta(\%)$		a_k kgf·m/mm^2	
				δ_5	δ_{10}		
低碳钢	Q215	24、23、22	38~40	27	23		焊接性好,一般不预热
	Q235	26、25、24	42~44	25	21		
	Q255	28、27、26	50~53		17		焊接性好,厚板结构预热150℃以上
	08	20	33	33			焊接性好,一般不预热
	10	21	34	31			
	15	23	38	27			
	20	25	42	25			
	25	28	46	23		9.0	焊接性好,厚板结构预热150℃以上
	30	30	50	21		8	
中碳钢	35	32	54	20		7	焊接性较差,预热温度一般为150~250℃
	45	36	61	16		5	
	55	39	66	13			焊接性很差,预热温度一般为250~400℃

种类	牌号	性　能					焊接性
		σ_s(kgf/mm^2) 1组、2组、3组	σ_b (kgf/mm^2)	δ(%)		a_k kgf·m/mm^2	
				δ_5	δ_{10}		
普通低合金钢	Q295(09MnV)	30	44	22			为295MPa级普低钢,焊接性好,一般情况不预热
	Q295(09Mn2)	30	45	21			
	Q295(12Mn)	30	45	21			
	Q295(09MnNb)	30	46	24			
	Q345(12MnV)	35	50	21			为345MPa级普低钢,焊接性好,一般情况不预热
	Q345(14MnNb)	36	50	20			
	Q345(16Mn)	35	52	21			
	Q345(16MnRE)	35	52	21			
	Q390(15MnV)	42	56	19			为390MPa级普低钢,焊接性较好,一般情况不预热或预热到100～150℃
	Q390(15MnTi)	40	54	19			
	Q390(16MnNb)	40	54	19			
	Q420(15MnVN)	48	65	17			为420MPa级普低钢,焊接性较好,预热到150℃以上施焊
	Q420 (15MnVTiRE)	45	56	18			
	30Cr	70	90	11			一般不预热,只有厚度大及刚度大时要预热到100～150℃
	12CrMo	27	42	24			
合金结构钢	15CrMo	30	45	22		12	焊接性较好,裂缝倾向较小。调整规范参数即可获得优质接头
	20CrMo	60	80	12		9	
	20CrMnSi	60	80	10		6	

种类	牌号	性 能					焊 接 性
		σ_s(kgf/mm^2) 1组、2组、3组	σ_b (kgf/mm^2)	δ(%) δ_5	δ_{10}	a_k kgf·m/mm^2	
合金结构钢	40Cr	80	100	9		6	焊接性较差,大多数情况下要预热。仅依靠调整规范很难获得优质接头,裂缝倾向大。用非奥氏体钢焊条且板厚大于81mm时,焊后一定要热处理,焊前预热到150~200℃
	30Mn2	60	75	12		8	
	30CrMo	80	95	12		8	
	35CrMo	85	100	12		8	
	35SiMn	75	90	15		6	
	30CrMnSi	90	110	10		5	
	40CrSi	105	125	12		5	焊接性不良。裂缝倾向极大,必须严格控制焊接工艺条件,焊前预热及焊后热处理。除用奥氏体钢焊条外,均须焊后热处理,焊前预热到200~450℃
	50Mn	40	66	13		4	
	45Mn2	75	90	10		6	
	50Cr	95	110	9		5	
	35CrMnSi	130	165	9		5	
不锈钢	0Cr18Ni9	20	50	45			焊接性较好,但当焊接工艺选择不当时,容易出现热裂纹或在使用前发生晶间腐蚀等缺陷(属于奥氏体不锈钢)
	1Cr18Ni9	20	55	45			
	1Cr18Ni9Ti	30	55	40			
	Cr18Ni11Nb	20	55	40			
	Cr18Ni 12Mo2Ti	22	55	40			

种类	牌号	性能					焊接性
		σ_s(kgf/mm^2) 1组、2组、3组	σ_b (kgf/mm^2)	δ(%)		a_k kgf·m/mm^2	
				δ_5	δ_{10}		
不锈钢	0Cr13	35	50	24			焊接性较差,焊接时主要是裂缝倾向大,易产生脆化(属于铁素体不锈钢)
	Cr17	25	40	20			
	Cr28	30	45	20			
	Cr17Ti	30	45	20			
	1Cr13	42	60	20		9	焊接性较差,有强烈的淬硬倾向,焊后残余应力较大,故裂缝倾向较大(为马氏体不锈钢)
	2Cr13	45	66	16		8	

注:1kgf≈10N。

附录二 焊接接头的基本形式与基本尺寸（GB 985—1988）

序号	工作厚度 δ(mm)	名称	符号	坡口形式	焊缝形式	坡口尺寸(mm)					说明
						α°(β°)	b	p	H	R	
1	1~2	卷边坡口	八			—	—	—	—	1~2	大多不加填充材料
			八			—	0~1.5	—	—	—	
2	1~3	I形坡口	‖			—	0~1.5	—	—	—	
	3~6					—	0~2.5	—	—	—	

续附录二

序号	工件厚度 δ(mm)	名称	符号	坡口形式	焊缝形式	坡口尺寸(mm)					说明
						α°(β°)	b	p	H	R	
3	2~4	I 形带垫板坡口				—	0~3.5	—	—	—	
4	3~26	Y 形坡口				40~60	0~3	1~4	—	—	
5	>16	V 形带垫板坡口				(5~15)	6~15	—	—	—	

续附录二

序号	工件厚度 δ(mm)	名称	符号	坡口形式	焊缝形式	坡口尺寸(mm)					说 明
						α°(β°)	b	p	H	R	
6	6~26	Y形带垫板坡口				45~55	3~6	0~2	—	—	
7	>20	V、Y形坡口				60~70 (8~10)	0~3	1~3	8~10	—	
8	20~60	带钝边U形坡口				(1~8)	0~3	1~3	—	6~8	

续附录二

序号	工件厚度 δ(mm)	名称	符号	坡口形式	焊缝形式	α°(β°)	b	p	H	R	说明
9	12~60	双Y形坡口	Y			40~60	0~3	1~3	—	—	
10	>10	双V形坡口	X					—	$\frac{\delta}{2}$	—	

续附录二

序号	工件厚度 δ(mm)	名称	符号	坡口形式	焊缝形式	α°(β°)	b	p	H	R	说明
11	>10	2/3双V形坡口	╳			40~60		—	$\dfrac{\delta}{3}$	—	
12	>30	双U形坡口带钝边	╳			(1~8)	0~3	2~4	$\dfrac{\delta-p}{2}$	6~8	
13		U Y形坡口	╳			40~60 (1~8)					

续附录二

序号	工件厚度 δ(mm)	名称	符号	坡口形式	焊缝形式	坡口尺寸(mm)					说明
						α°(β°)	b	p	H	R	
14	3~40	单边V形坡口				(35~50)	0~4	—	—	—	
15	>16	单边V形带垫板坡口				(12~30)	6~10	—	—	—	

续附录二

序号	工件厚度 δ(mm)	名称	符号	坡口形式	焊缝形式	坡口尺寸(mm)					说 明
						α°(β°)	b	p	H	R	
16	6~15 >15	V形带垫板坡口				30~40	3~5	—	—	—	
17	>16	带钝边J形坡口				20~30	5~8	—	—	6~8	
18	>30	带钝边双J形坡口				(10~20)	0~3	2~4	—	8	

续附录二

序号	工件厚度 δ(mm)	名称	符号	坡口形式	焊缝形式	α°(β°)	b	p	H	R	说明
19	>10	双单边V形坡口	△ K ▷ / K			(35~50)	0~3	—	$\dfrac{\delta}{2}$	—	
20	2~8	I形坡口	‖ / ‖▷			—	0~2	—	—	—	

续附录二

序号	工件厚度 δ(mm)	名称	符号	坡口形式	焊缝形式	坡口尺寸(mm)					说明
						α°(β°)	b	p	H	R	
21	4~30	错边I形坡口				—	0~2	—	—	—	
22	12~30	Y形坡口				40~50		0~3	—	—	α 值由设计确定

续附录二

序号	工件厚度 δ(mm)	名称	符号	坡口形式	焊缝形式	坡口尺寸(mm)					说明
						α°(β°)	b	p	H	R	
23	6~30	带钝边单边V形坡口				(35~50)	0~3	1~3	—	—	
24	20~40	带钝边双单边V形坡口							—	—	

续附录二

序号	工件厚度 δ(mm)	名称	符号	坡口形式	焊缝形式	坡口尺寸(mm)					说明
						α°(β°)	b	p	H	R	
25	20~40	带钝边双单边V形坡口				(40~50)	0~3	1~3	—	—	
26	2~30	I形坡口	=			—	—	—	—	—	仅适用于薄板
27		I形坡口				—	0~2	—	—	—	i值由设计确定

续附录二

序号	工件厚度 δ(mm)	名称	符号	坡口形式	焊缝形式	坡口尺寸(mm)					说明
						α°(β°)	b	p	H	R	
28	1~3	锁边坡口				30~60 (0~8)	—	—	—	—	
29	>2	塞焊坡口				—	—	—	—	—	孔径 φ≥(0.8~2)δ且≤10,若为长孔 L由设计确定,塞焊点间距由设计确定